高职高专畜牧兽医类专业系列规划教材

兽医微生物及免疫

SHOUYI WEISHENGWU JI MIANYI

主　编　廖勤丰　郑　敏　罗永莉

副主编　何　航　李文娟　徐茂森　陈亚强

　　　　王　敬　李龙娇　万　向　彭津津

U0240283

重庆大学出版社

内容简介

本书是以培养高素质技术技能人才为基本目标,以畜牧兽医类专业疫病防控相关岗位能力需求为导向,参照职业资格标准,尊重学生认知规律和同质化原则,开发基于工作过程的课程体系和教学内容。本书共分为5个教学项目和23个教学任务,具体为细菌的鉴别诊断、病毒的鉴别诊断、其他微生物的鉴别诊断、免疫学基础和微生物应用技术5个项目,细菌的形态和结构、细菌的生理和消毒、灭菌与微生物实验室生物安全等23个任务。

本书可供高职高专畜牧兽医、动物医学、动物防疫检疫、动物营养与饲料、宠物等相关专业学生使用,也可作为基层畜牧兽医工作人员的培训教材,以及相关从业者的参考书。

图书在版编目(CIP)数据

兽医微生物及免疫/廖勤丰,郑敏,罗永莉主编
. -- 重庆:重庆大学出版社,2020.8
高职高专畜牧兽医类专业系列规划教材
ISBN 978-7-5689-2325-5

Ⅰ.①兽… Ⅱ.①廖… ②郑… ③罗… Ⅲ.①兽医学
—微生物学—高等职业教育—教材②兽医学—免疫学—高
等职业教育—教材 Ⅳ.①S852.6②S852.4

中国版本图书馆 CIP 数据核字(2020)第 124053 号

兽医微生物及免疫

主 编 廖勤丰 郑 敏 罗永莉
策划编辑:袁文华

责任编辑:王晓蓉 邹 忌 版式设计:袁文华
责任校对:万清菊   责任印制:赵 晟

*

重庆大学出版社出版发行
出版人:饶帮华
社址:重庆市沙坪坝区大学城西路 21 号
邮编:401331
电话:(023)88617190 88617185(中小学)
传真:(023)88617186 88617166
网址:http://www.cqup.com.cn
邮箱:fxk@ cqup.com.cn(营销中心)
全国新华书店经销
重庆俊蒲印务有限公司印刷

*

开本:787mm×1092mm 1/16 印张:13.25 字数:332千
2020 年 8 月第 1 版   2020 年 8 月第 1 次印刷
印数:1—3 000
ISBN 978-7-5689-2325-5 定价:36.00 元

编委会

BIANWEIHUI

主　编　廖勤丰　郑　敏　罗永莉

副主编　何　航　李文娟　徐茂森　陈亚强

　　　　王　敬　李龙娇　万　向　彭津津

参　编　（排名不分先后）

　　　　骆世军　罗培清　黄石磊　张崇英

　　　　唐　欢　程邓芳　扎西丹珍　任思宇

FARMING

前 言

Preface

本书是以培养高素质技术技能人才为目标,以畜牧兽医专业疫病防控相关岗位能力需求为导向,参照职业资格标准,结合本课程特点和编者多年的教学经验,尊重学生认知规律和同质化原则,开发基于工作过程的课程体系和教学内容,围绕职业岗位需要对本书内容进行系统设计,采用项目任务式编写,每一项目又设"学习目标""思考与练习"等教学组织单元,并以任务的形式展开叙述,明确学生通过学习应达到的识记、理解和应用等方面的基本要求,做到理论知识"必需""实用""够用",并以兽医微生物与免疫中常规技术为基础,关键技术为重点,最新的先进技术为导向将课程核心理论知识和实践技能训练相结合。

本书共分为 5 个教学项目和 23 个教学任务,具体为细菌的鉴别诊断、病毒的鉴别诊断、其他微生物的鉴别诊断、免疫学基础和微生物应用技术 5 个项目,细菌的形态和结构、细菌的生理和消毒、灭菌与微生物实验室生物安全等 23 个任务。

本书编写分工为:廖勤丰编写项目四中任务三、任务四,并负责全书的课程体系与教学内容设计,以及书稿的校对与审核等工作;罗永莉编写绪论、项目一中任务一、任务二;郑敏负责提供部分教学图片;何航编写项目一中任务三、任务四;李龙娇编写项目一中任务五;徐茂森编写项目二中任务一、任务二;王敬编写项目二中任务三;万向编写项目三中任务一、任务二、任务三;彭津津编写项目三中任务四、任务五;骆世军编写项目三中任务六;陈亚强编写项目四中任务一、任务二;张崇英编写项目四中实训 14;黄石磊编写项目四中实训 15;李文娟编写项目五中任务一、任务二及项目五中实训 16;扎西丹珍编写项目五中实训 17;任思宇编写项目五中实训 18;罗培清、唐欢、程邓芳编写项目五中任务三。

本书可供高等职业教育畜牧兽医、动物医学、动物防疫检疫、动物营养与饲料、宠物养护与驯导、兽药生产与营销等专业学生使用,也可作为畜牧兽医从业人员的参考书籍。由于编者的知识水平有限,书中难免存在缺点和疏漏之处,恳请广大师生和读者批评指正。

编 者

2020 年 5 月

目 录

绪论　微生物概述

【学习目标】
1.掌握微生物的概念、分类和特点。
2.了解微生物学发展史及其代表科学家。
3.了解微生物与人类的关系以及在生产中的作用。

一、微生物概念、分类及特点

微生物是广泛存在于自然界的一群个体微小(一般<0.1 mm)、结构简单,必须借助光学或电子显微镜放大数百倍、数千倍甚至数万倍才能观察到的微小生物的总称。

根据其是否具有细胞结构可分为两大类:第一大类是具有细胞结构的,包括原核类和真核类;第二大类是无细胞结构的病毒。其特点如下:

(1)原核细胞型微生物:仅有核质,无核膜和核仁,缺乏完整的细胞器。这类微生物有细菌、放线菌、支原体、衣原体、立克次氏体和螺旋体。

(2)真核细胞型微生物:细胞核的分化程度高,有明显的核膜、核仁和染色体,细胞质中有完整的细胞器。真菌属于此类。

(3)非细胞型微生物:个体微小、必须在电子显微镜下才能看见,不具备细胞结构,必须在活细胞内才能增殖。病毒属于此类。20世纪70年代以来,还陆续发现了比病毒更小、结构更简单的亚病毒因子,包括卫星病毒、类病毒和朊病毒。卫星病毒是需要依赖辅助病毒才能完成增殖的亚病毒,如大肠杆菌噬菌体P4;类病毒是目前已知最小的可传染的致病因子,类病毒没有蛋白质外壳,能侵染高等植物;朊病毒是只有蛋白质而没有核酸的病毒,可引起人和动物的传染性海绵状脑病。

微生物具有个体微小、结构简单、繁殖迅速、容易培养、适应能力强、容易变异、种类繁多、分布广泛等特点。土壤、空气、水源,以及动物体内外、植物体表等处都有大量的微生物在活动。对于人和动物而言,微生物是一把锋利的双刃剑,它们能给人类带来巨大的利益,也能给人类造成严重的破坏。多数微生物对人类和动植物的生命活动是有益的,甚至是必需的。如在自然界的物质循环中,微生物作为分解者,将动物和植物的尸体分解为小分子的有机物和无机物回归土壤,使植物的营养得到保障;绿色植物通过光合作用将无机物转化为有机物,进一步使各种动物和人类能够在地球上生存。另外,微生物还在工业、农业、食品、医药卫生等行业中发挥作用。例如,我们日常生活中的酸奶、面包、馒头、葡萄酒、啤酒等都是利用微生物加工制成的;医药行业广泛使用的抗生素、疫苗、维生素是微生物的产物或加工产品;畜牧业生产中利用微生物加工饲料等。但是,也有小部分微生物能引起人类和动植物的传染病,我们把这种能引起人类和动植物发病的微生物称为病原微生物。

二、微生物学发展过程

人类真正看到微生物之前,实际上已经猜想或感觉到它们的存在。我国劳动人民很早就已经认识到微生物的存在,并在生产中应用它们,积累了丰富的经验。据考古学推测,4 000多年前,我国酿酒已十分普遍,当时古埃及人也掌握了制作面包、配制果酒等的技术。2 500 年前,我国已利用微生物制酱、酿醋,知道用"曲"治疗消化道疾病。6 世纪(北魏时期),我国贾思勰在其巨著《齐民要术》中详细地记载了制曲、酿酒、制酱和酿醋等工艺。9 世纪到 10 世纪,我国已发明用鼻苗法种痘。到了 16 世纪,古罗马医生 G. Fracastoro 才明确提出疾病是由肉眼看不见的生物引起的。我国明末(1641 年)医生吴又可也提出"戾气"学说,认为传染病的病因是一种看不见的"戾气",其传播途径以口、鼻为主。

尽管我们的祖先对微生物已有初步的认识,但直到 18 世纪以后微生物学才作为一门学科。微生物学的发展可概括为以下 3 个阶段。

(一)形态学时期

16 世纪显微镜开始出现。1683 年荷兰人列文虎克用自制的可放大 200 倍以上的显微镜,首次观察到微生物。1695 年,他将过去所观察到的微生物绘图并公之于世。从此以后,人们对微生物的形态、排列、大小等有了初步的认识,但仅限于形态方面。

(二)生理学及免疫学时期

1870—1920 年,微生物已经发展成了一门独立的科学,在理论上、技术上、生产上都取得了不少成果。在这个阶段,巴斯德作出历史性的贡献。1857 年他利用曲颈瓶试验证实,空气中确实含有微生物,它们引起有机质的腐败,彻底否定了"自然发生论"。1877 年,巴斯德在研究中发现将病原菌减毒可诱发免疫性,以预防鸡霍乱病。其后他又研究了牛、羊炭疽病和狂犬病,并首次制成狂犬疫苗,证实其免疫学说,为人类疫病防治作出重大贡献。巴斯德还证实酒精发酵是由酵母菌引起的,还发现乳酸发酵、醋酸发酵和丁酸发酵都是由不同细菌引起的,为进一步研究微生物的生理生化奠定了基础。一直沿用至今的巴斯德消毒法也是巴斯德的重要贡献。他不仅在实践上解决了当时法国酒变质的实际问题,而且也推动了微生物病原学说发展,并深刻影响医学的发展。巴斯德是微生物学、生理学、免疫学的奠基人。

继巴斯德之后,德国医生柯赫在病原菌的研究及微生物学实验方法的建立等方面作出突出的贡献。柯赫证实了炭疽病菌是炭疽病的病原菌;发现了肺结核病的病原菌,这是当时死亡率极高的传染性疾病,因此柯赫获得了诺贝尔奖;提出了证明某种微生物是否为某种疾病病原体的基本原则——柯赫法则。柯赫在微生物基本操作技术方面的贡献更是为微生物学的发展奠定了技术基础,这些技术包括配制培养基;利用固体培养基分离纯化微生物;创立了许多染色法,如细菌鞭毛染色法。这些技术仍是当今微生物学研究的重要基本技术。

在巴斯德的影响下,1860 年英国外科医生李斯特创立了消毒外科技术,为防腐、消毒及无菌操作奠定了基础。

俄国的伊凡诺夫斯基在 1892 年首先发现了烟草花叶病毒,扩大了微生物类群范围,为病毒学的建立奠定了基础。

微生物生理学建立发展的同时,免疫学开始兴起,我国明代已应用人痘预防天花。18世纪末,英国医生琴纳创制的牛痘苗和巴斯德创制的炭疽、狂犬病等疫苗为传染病的预防开辟了广阔的前景。

人们对抗感染免疫本质的认识,是从19世纪开始的。俄国学者梅契尼科夫提出了细胞免疫学说,德国的欧立希提出了体液免疫学说。他们从不同角度片面强调了免疫的部分现象,直到20世纪初才完全确认细胞免疫与体液免疫都是机体免疫的组成部分,两者相辅相成、共同发挥免疫作用。

(三)近代及现代微生物学的发展

进入20世纪,微生物学在理论研究、技术创新及实际应用等方面取得了重要进展。随着生物化学、分子生物学等学科的发展,核酸和蛋白质分子的深入研究,揭开了生物遗传的奥秘,也使微生物学研究进入了分子水平,而微生物基因表达和调控方面知识的不断积累,迎来了真正意义上的遗传工程时代。

对免疫球蛋白的类型、形成以及细胞免疫和体液免疫的认识有了飞跃式发展,对组织移植、免疫耐受的研究,进一步揭示了体内免疫反应的本质,证实了抗原抗体反应已不仅局限于抗感染免疫过程,而且扩展到非传染性疾病和整个生物学的领域。同时,这些理论在疾病的防控方面都发挥了重大的作用。

电子显微镜的发明、同位素示踪原子的应用、细胞培养、分子杂交、核磁共振等技术的应用,使微生物结构和成分的研究提高到亚细胞水平,对其功能及其生命活动的规律加深了理解;分子克隆技术、聚合酶链式反应(PCR)及电子计算机技术的综合应用,在微生物的鉴定、检测、致病与免疫等方面带来了革命性的变化。

现代微生物学已成为生物科学的一个重要分支,其本身也延伸出不同的新的分支学科,如微生物遗传学、免疫学和病毒学等。随着科学的发展,各领域理论和技术的相互渗透,微生物学的发展将会出现更多的新气象。

现代微生物学作为微生物学的一个重要分支,是从群体、个体及分子水平来研究各类微生物的形态、结构、新陈代谢、分类鉴定、抗原抗体反应及有关应用的学科。由于应用的领域不同,产生了包括动物微生物学等在内的许多分支学科,它们与人类的生活、环境、健康以及人类和动植物的传染病都有密切的关系。

【思考与练习】

1. 微生物有哪些种类?
2. 什么是病原微生物?
3. 微生物的发展经历了哪几个时期?

项目一　细菌的鉴别诊断

【学习目标】

1. 了解细菌基本形态和结构。
2. 掌握光学显微镜的使用。
3. 了解细菌的生长方式与生长曲线,掌握细菌的分离培养。
4. 掌握微生物的消毒、灭菌及实验室生物安全。
5. 掌握动物常见病原菌。
6. 掌握与动物相关的细菌的生物学特性、分离、培养、鉴定方法。
7. 基本能设计细菌的分离培养和鉴定的方案并实施。

任务一　细菌的形态和结构

细菌是原核生物界中的一大类单细胞微生物,它们的个体微小,形态与结构简单。广义的细菌除细菌外,还包括立克次氏体、支原体、衣原体、螺旋体及放线菌等。细菌在一定的环境条件下具有相对恒定的形态结构和生理生化特性,了解这些特性,对于细菌的分类鉴定、疾病的诊断、细菌的致病性与抗原性的研究,均有重要意义。

一、细菌的大小和形态

(一)细菌的大小

细菌个体微小,常用度量单位是微米(μm)。不同种类的细菌大小相差很大,即使是同一种细菌在不同的生长繁育阶段,其大小也可能差别很大。一般球菌的直径为 $0.5 \sim 2.0 \ \mu m$,较大杆菌直径为$(3.0 \sim 8.0) \ \mu m \times (1.0 \sim 1.25) \ \mu m$,中等杆菌直径为$(2.0 \sim 3.0) \ \mu m \times (1.0 \sim 1.25) \ \mu m$,小杆菌直径为$(0.7 \sim 1.5) \ \mu m \times (0.2 \sim 0.4) \ \mu m$,螺旋菌直径为$(2.0 \sim 20.0) \ \mu m \times (0.4 \sim 1.2) \ \mu m$。

细菌的大小,是以生长在适宜的温度和培养基中的青壮龄培养物(指对数期)为标准。在一定条件下,各种细菌的大小是相对稳定的,而且具有明显特征,可以作为鉴定细菌的依据之一。同种细菌在不同的生长环境(如动物体内、外)、不同的培养条件下,其大小会有所变化,测量时的制片方法、染色方法及使用的显微镜不同也会对测量结果产生一定影响,因此,测定细菌大小时,各种条件和技术操作等均应一致。

(二)细菌的基本形态

细菌的基本形态有球状、杆状和螺旋状 3 种(图 1.1),分别称为球菌、杆菌和螺旋菌,其中以杆状最为常见,球状次之,螺旋状较为少见。仅有少数细菌或一些细菌在培养不正常时为其他形状,如丝状、三角形、方形、星形等。

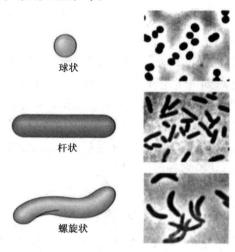

图 1.1 细菌的 3 种基本形态(左为模式图,右为电镜照片)

1. 球菌

球菌呈球形或近球形。根据其繁殖时细胞分裂面的方向不同,以及分裂后菌体之的排列情况,又可分为以下几种(图 1.2)。

(1)双球菌。沿一个平面分裂,分裂后两两相连,其接触面有时呈扁平或凹入状,菌体有时呈肾形或扁豆状,如脑膜炎双球菌;有时呈矛头状,如肺炎双球菌。

(2)链球菌。沿一个平面分裂,分裂后 3 个以上的菌体连接成短链或长链,如猪链球菌。

(3)葡萄球菌。沿多个不同方向的平面分裂,分裂后不规则地堆在一起,似一串葡萄,如金黄色葡萄球菌。

(4)四联球菌。细胞按两个互相垂直的平面分裂,子细胞呈田字形排列,如四联微球菌。

(5)八叠球菌。细胞按 3 个互相垂直的平面分裂,子细胞呈立方体排列,如尿素八叠球菌。

(a)双球菌   (b)链球菌   (c)葡萄球菌

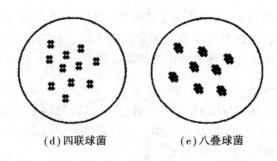

(d)四联球菌　　　　(e)八叠球菌

图1.2　球菌的形态及排列方式

2. 杆菌

杆菌一般呈正圆柱状,也有近似卵圆形的。不同杆菌其大小、长短、粗细差别较大,有短杆或球杆状(长宽非常接近),如甲烷短杆菌属;有长杆或棒杆状(长宽相差较大),如枯草芽孢杆菌。不同杆菌的端部形态各异,有的两端钝圆,如蜡状芽孢杆菌;有的两端平截,如炭疽芽孢杆菌;有的两端稍尖,如梭菌属;有的一端分支,呈"丫"或叉状,如双歧杆菌属;有的一端有一柄,如柄细菌属;也有的杆菌稍弯曲而呈月亮状或弧状,如脱硫弧菌属。杆菌的细胞排列方式有"八"字状、栅状、链状等多种(图1.3)。

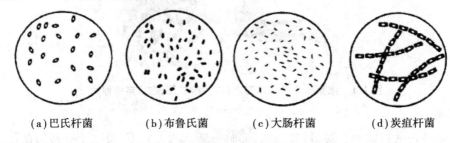

(a)巴氏杆菌　　(b)布鲁氏菌　　(c)大肠杆菌　　(d)炭疽杆菌

图1.3　各种杆菌的形态和排列

3. 螺旋菌

螺旋菌细胞呈弯曲状,常以单细胞分散存在。根据其弯曲的情况不同,可分为以下两种(图1.4)。

(1)弧菌。菌体呈弧形或逗号状,螺旋不足1周的称为弧菌,如霍乱弧菌。

(2)螺菌。菌体坚硬、回转如螺旋状,螺旋满2~6周的称为螺菌,如迂回螺菌。

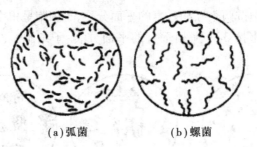

(a)弧菌　　　　　　(b)螺菌

图1.4　螺旋菌的形态和排列

在正常情况下,各种细菌的外形和排列方式相对稳定并具有特征性,可作为细菌分类和鉴定的依据之一。通常在适宜环境下细菌呈较典型的形态,但当环境条件改变或在老龄培养物中,会出现各种与正常形态不一样的个体,称为退化型或衰老型。这些衰老型的培养物,重新处于正常的培养环境中可恢复正常形态。但也有些细菌,即使在最适宜的环境条件下,其形态也很不一致,这种现象称为细菌的多形性。

二、细菌的结构

典型的细菌的结构可分为基本结构和特殊结构(图1.5)。

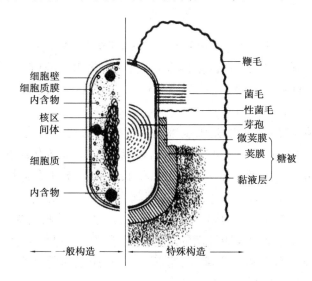

图1.5　细菌细胞结构模式图

1.细菌的基本结构

细菌的基本结构是指为所有的细菌细胞所共有的,而可能为生命所绝对必需的细胞构造,包括细胞壁、细胞膜、细胞质及其内含物和核区。

2.细菌的特殊结构

细菌的特殊结构是指某些细菌所特有的,可能具有某些特殊功能的细胞结构,如芽孢、荚膜、鞭毛、菌毛和性菌毛等。

(一)细菌的基本结构

1.细胞壁

细胞壁位于细菌的最外面,是一层厚实、坚韧而具有一定弹性的膜。其厚度因菌种而异,一般在10~80 nm。将细菌经高渗溶液处理后染色,或用特殊方法染色,在光学显微镜下观察,可看到细胞壁。或将细菌制成超薄切片,用电镜观察细胞壁的结构。

细胞壁的功能主要有:固定细菌外形和提高机械强度,使其免受渗透压等外力的损伤;为细菌的生长、分裂和鞭毛运动所必需;阻拦大分子有害物质(某些抗生素和水解酶)进入细菌体内;赋予细菌特定的抗原性、致病性(如内毒素),以及对抗生素和噬菌体的敏感性。

用革兰氏染色法染色,可以把细菌分为革兰氏阳性菌和革兰氏阴性菌两大类,它们的细胞壁结构和成分的区别,如图1.6所示。

7

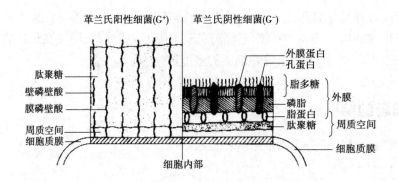

图1.6　G⁺细菌与G⁻细菌细胞壁构造的比较

（1）革兰氏阳性菌。革兰氏阳性菌的细胞壁较厚，为15～80 nm，其化学成分主要是肽聚糖，占细胞壁物质的40%～95%，形成15～30层的聚合体。此外，还有磷壁酸、多糖和蛋白质等。

①肽聚糖。又称黏肽或糖肽，是细菌细胞壁特有的物质。革兰氏阳性菌细胞壁的肽聚糖是由聚糖链支架、四肽侧链和五肽交联桥3部分组成的三维立体结构的复杂聚合物。

②磷壁酸。是革兰氏阳性菌特有的成分，呈长链穿插于肽聚糖层中，是特异的表面抗原。它带有负电荷，能与镁离子结合，以维持细胞膜上一些酶的活性。此外，它对宿主细胞具有黏附作用，是A群链球菌毒力因子或为噬菌体提供特异的吸附受体。

（2）革兰氏阴性菌。革兰氏阴性菌的细胞壁较薄，为10～15 nm，结构和成分较复杂，由外膜和周质间隙组成。外膜由脂多糖、磷脂、蛋白质和脂蛋白等复合构成，周质间隙是一层薄的肽聚糖，占细胞壁的10%～20%。

①脂多糖（LPS）。为革兰氏阴性菌所特有，位于外壁层的最表面，由类脂A、核心多糖和侧链多糖3部分组成。类脂A是一种结合有多种长链脂肪酸的氨基葡萄糖聚二糖链，是内毒素的主要毒性成分，发挥多种生物学效应，能致动物体发热，白细胞增多，甚至休克、死亡。各种革兰氏阴性菌类脂A的结构相似，无种属特异性。核心多糖位于类脂A的外层，由葡萄糖、半乳糖等组成，与类脂A共价联结，具有属特异性。侧链多糖在LPS的最外层，即为菌体（O）抗原，是由3～5个低聚糖单位重复构成的多糖链，其中单糖的种类、位置、排列和构型均不同，具有种、型特异性。此外，LPS也是噬菌体在细菌表面的特异性吸附受体。

②外膜蛋白（OMP）。是革兰氏阴性菌外膜层中镶嵌的多种蛋白质的统称。按含量及功能的重要性，可将OMP分为主要和次要两类。主要外膜蛋白包括微孔蛋白及脂蛋白，微孔蛋白能形成跨越外膜的微小孔道，起分子筛作用，仅允许小分子的营养物质（如双糖、氨基酸、二肽、三肽、无机盐等）通过，大分子物质不能通过，因此溶菌酶之类的物质不易作用到革兰氏阴性菌的肽聚糖。

（3）缺壁细菌。细胞壁是细菌的基本构造，在特殊情况下也可发现有几种细胞壁缺损的或无细胞壁的细菌存在。

①原生质体。指在人工条件下用溶菌酶或青霉素完成除去革兰氏阳性菌的细胞壁，形成仅由细胞膜包裹着细胞质的菌体。

②原生质球。指在人工条件下用溶菌酶处理革兰氏阴性菌，仅能除去细胞壁内层的肽聚糖，形成仍有外膜包裹的菌体。

原生质体和球状体的共同特点:无完整的细胞壁,细胞呈球状,对渗透压较敏感,即使有鞭毛也无法运动,对相应噬菌体不敏感,细胞不能分裂,等等。在合适的再生培养基中,原生质体可以恢复,长出细胞壁。原生质体或球状体比正常有细胞壁的细菌更易导入外源遗传物质和渗入诱变剂,故是研究遗传规律和进行原生质体育种的良好实验材料。

③L型细菌。一种由自发突变而形成细胞壁缺损的细菌(念珠状链杆菌)。它的细胞膨大,对渗透压十分敏感,在固体培养基表面形成"油煎蛋"似的小菌落(图1.7)。由于李斯特(Lister)研究所的第一字母是"L",故称L型细菌。许多G⁺菌和G⁻菌都可形成L型。目前L型细菌的概念有时用得较杂,甚至还把原生质体或球状体也包括在内。严格地说,L型细菌专指在实验室中通过自发突变形成的遗传性稳定的细胞壁缺陷菌株。L型细菌虽然丧失合成细胞壁的能力,但是由于质膜完整,在一定渗透压下不影响其生存和繁殖,只是不能保持原有细胞形态,菌体形成高度多形态的变异菌。

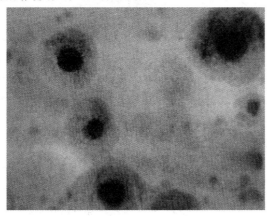

图1.7　典型L型菌落("油煎蛋"状)

2.细胞膜

细胞膜又称细胞质膜或胞浆膜,是一层紧贴在细胞壁内侧,包围着细胞质的柔软、脆弱、富有弹性的半透性薄膜,厚7~8 nm,约占细胞干重的10%。通过质壁分离、鉴别性染色、原生质体破裂等方法可在光学显微镜下观察到,或采用电子显微镜观察细菌超薄切片等方法,均可证明细胞膜的存在。

细胞膜的主要化学成分有磷脂(占20%~30%)和蛋白质(占50%~70%),还有少量糖类(如己糖)。其中蛋白质种类多达200种。

通过电子显微镜观察时,细胞膜呈现3层结构(图1.8),即在上下两层暗的电子致密层中间夹着一较亮的电子透明层。其结构类似于真核细胞膜的液态镶嵌结构,镶嵌在磷脂双分子中的蛋白质是具有特殊功能的酶和载体蛋白,与细胞膜的半透性等作用有关。

细胞膜的功能:能选择性地控制细胞内外的物质(营养物质和代谢产物)的运送与交换;维持细胞内正常渗透压的屏障作用;合成细胞壁各种组分(肽聚糖、磷壁酸、LPS等)和糖被等大分子的重要场所;进行氧化磷酸化或光合磷酸化的产能基地;许多酶(β-半乳糖苷酶、细胞壁和荚膜的合成酶及ATP酶等)和电子传递链的所在部位;鞭毛的着生点,并提供其运动所需的能量。

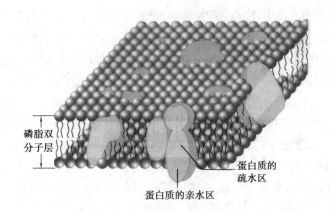

磷脂双分子层

蛋白质的疏水区

蛋白质的亲水区

图1.8 细胞膜的模式构造

3.细胞质及其内含物

细胞质是指被细胞膜包围的除核区以外的所有物质,是一种无色透明、均质的黏稠胶体。主要成分为水(含水量约为80%)、蛋白质、脂质、多糖类、核糖核酸和少量无机盐类等。

(1)核糖体。是以游离状态或多聚核糖体状态存在于细胞质中的一种颗粒状物质,由RNA(50%~70%)和蛋白质(30%~50%)组成。核糖体是合成蛋白质的场所,细菌的核糖体与人和动物的核糖体不同,所以某些药物(如红霉素和链霉素)能干扰细菌核糖体合成蛋白质,而对人和动物的核糖体不起作用。

(2)质粒。是在核质DNA以外,游离的小型双股DNA分子。多为共价闭合环状,也发现有线状,含细菌生命非必需的基因,控制细菌某些特定的性状,如产生菌毛、毒素、耐药性和细菌素等遗传性状。质粒能独立复制,可随分裂传给子代细菌,也可由性菌毛在细菌间传递。质粒具有与外来DNA重组的功能,所以在基因工程中被广泛用作载体。

(3)内含物。细菌等原核生物细胞内含有的一些储存营养物质或其他物质的颗粒样结构,如脂肪滴、糖原、淀粉粒及异染颗粒等。其中,异染颗粒是某些细菌细胞质中特有的一种酸性小颗粒,对碱性染料的亲和性特别强,特别是用碱性美蓝染色时呈红紫色,而菌体其他部分则呈蓝色。某些细菌(如棒状杆菌)的异染颗粒非常明显,常用于细菌的鉴定。

4.核质

细菌的核质位于细胞质内,没有核膜,没有核仁,没有固定形态,结构也很简单。构成核质的主要物质是一个大型的反复折叠高度缠绕的环状双链DNA分子,另外还含有少量的RNA和蛋白质。其功能是存储、传递和调控遗传信息。

(二)细菌的特殊结构

有些细菌除具有上述基本结构外,在一定条件下还有荚膜、鞭毛、菌毛和芽孢等特殊结构。

1.荚膜

某些细菌在生活过程中,可在细胞壁外面产生一层黏液性物质,包围整个菌体,称为荚膜。普通染色法染色时,可见菌体周围一层无色透明圈,用特殊的荚膜染色法染色可清楚地看到荚膜的存在。

荚膜的主要成分是水(约占90%以上)和多糖类,少数则是多肽,也有极少数二者兼有。

它不是细菌的必需构造,除去荚膜对菌体无影响。

荚膜能保护细菌抵抗吞噬细胞的吞噬、噬菌体的攻击,保护细胞壁免受溶菌酶、补体等杀菌物质的损伤,所以荚膜与细菌的毒力有关;荚膜能储留水分,有抗干燥的作用;荚膜具有抗原性与种和型的特异性,可用于细菌的鉴定。

2. 鞭毛

鞭毛是着生于某些细菌体表的细长、波浪形弯曲的丝状蛋白质附属物,其数目为 1～10根,是细菌的运动器官。鞭毛长 15～20 μm,但直径很细,仅为 10～20 nm,通常只能用电镜进行观察;但是经过特殊的鞭毛染色法,可以用普通光学显微镜观察。

大多数球菌(除尿素八叠球菌外)不生鞭毛,杆菌中有的生鞭毛有的不生鞭毛,螺旋菌一般都生鞭毛。根据细菌鞭毛的着生位置和数目,可将具鞭毛的细菌分为单生鞭毛菌、丛生鞭毛菌和周生鞭毛菌(图 1.9)。鞭毛的着生位置和数目是细菌种的特征,具有分类鉴定的意义。

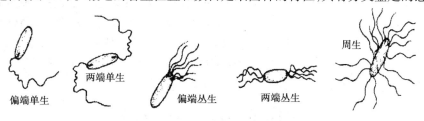

图 1.9 细菌鞭毛的类型

偏端单生   两端单生   偏端丛生   两端丛生   周生

鞭毛具有推动细菌运动的功能。鞭毛通过旋转而使菌体运动,犹如轮船的螺旋桨。鞭毛的运动速度很快,一般每秒可移动 20～80 μm。

3. 菌毛

菌毛又称纤毛、伞毛或须毛(图 1.10),是一种着生于某些细菌体表的纤细、中空、短直且数量较多(每菌有250～300 条)的蛋白质类附属物,具有使菌体附着于物体表面的功能。菌毛存在于某些 G^- 细菌(如大肠杆菌、伤寒沙门氏菌、铜绿假单胞菌和霍乱弧菌等)与 G^+ 细菌(链球菌属和棒杆菌属)中。

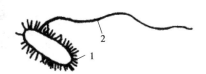

图 1.10 细菌的菌毛
1—菌毛;2—鞭毛

菌毛具有以下功能:促进细菌的黏附,尤其是某些 G^- 细菌致病菌,依靠菌毛而定植致病,菌毛也可以黏附于其他有机物质表面传播传染病;促使某些细菌缠集在一起而在液体表面形成菌膜以获取充分的氧气;是许多 G^- 细菌的抗原——菌毛抗原。

4. 芽孢

某些革兰氏阳性菌在一定条件下,胞浆和核质脱水浓缩,在菌体内形成一个折光性强、通透性低的圆形或椭圆形的休眠体,称为芽孢。带有芽孢的菌体称为芽孢体,未形成芽孢的菌体称为繁殖体。芽孢在菌体内成熟后,菌体崩解,形成游离芽孢。如炭疽杆菌、破伤风梭菌等均能形成芽孢。芽孢不能分裂繁殖,它是细菌抵抗外界不良环境、保存生命的一种休眠状态,但在适宜条件下能萌发形成一个新的繁殖体。

芽孢具有较厚的芽孢壁,多层芽孢膜,结构坚实,含水量少,应用普通染色法染色时,染料不易渗入,因而不能使芽孢着色,在显微镜下观察时,呈无色的空洞状。需用特殊的芽孢染色法染色才能让芽孢着色。细菌能否形成芽孢,芽孢的形状、大小以及在菌体的位置等,都随细菌的不同而不同,这在细菌鉴定上有重要意义(图 1.11)。例如:炭疽杆菌的芽孢为卵圆形,直径比菌体小,位于菌体中央,称为中央芽孢;肉毒梭菌的芽孢也是卵圆形,但直径比菌体大,使整个菌体呈梭形,位置在菌体偏端,称为偏端芽孢;破伤风梭菌的芽孢为圆形,比菌体大,位于菌体末端,称为末端芽孢,呈鼓槌状。

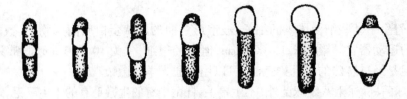

图 1.11　细菌芽孢的类型

细菌的芽孢具有多层结构(图 1.12)。由外到内依次为:芽孢外壁,主要成分是脂蛋白,透性差,有的芽孢无此层。芽孢衣,主要含疏水性角蛋白,芽孢衣非常致密,通透性差,能抗酶、抗化学物质和多价阳离子的透入。皮层,很厚,约占芽孢总体积的一半,主要含芽孢肽聚糖及 2,6-吡啶二羧酸钙盐(DPA-Ca),赋予芽孢异常的抗热性,皮层的渗透压很高。核心,由芽孢壁、芽孢膜、芽孢质和核区 4 部分构成,含水量极低。

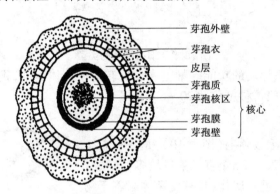

图 1.12　芽孢的结构

细菌芽孢的这些多层而且致密的结构,不易渗透各种理化因子,因其含水量少,蛋白质受热不易变性,且芽孢内特有的某些物质使芽孢能耐受高温、辐射、氧化、干燥等的破坏。一般细菌繁殖体经 100 ℃ 30 min 煮沸可被杀灭,但形成芽孢后,可耐受 100 ℃ 数小时,如破伤风梭菌的芽孢煮沸 1~3 h 仍然不死,炭疽杆菌芽孢在干燥条件下能存活数十年。

实训 1　显微镜的使用及细菌形态结构的观察

一、目的要求

能使用显微镜油镜观察细菌的基本形态和结构。

二、仪器及材料

显微镜、香柏油、乙醇乙醚(乙醇与乙醚的比例为3∶7)、擦镜纸、细菌染色标本。

三、方法与步骤

1. 油镜的识别

油镜是显微镜物镜的一种,因使用时必须浸于香柏油内,故称油镜。油镜与其他物镜有以下区别。

(1)油镜一般是所有物镜中最长的。

(2)油镜头上标有其放大倍数"100×"或"90×"。

(3)不同镜头有不同颜色线圈,使用时应先熟悉油镜头上的线圈颜色,并认准"oil"缩写,以防用错物镜。

2. 基本原理

因光线在香柏油中的折射率($n=1.515$)与在玻璃中的折射率($n=1.52$)相近,故可减少因折射而射入镜头外的光线,提高视野的亮度。

3. 使用方法

(1)放置。显微镜使用时应放置在洁净平稳的实验桌或实验台上。

(2)对光。打开电源,将聚光器升至最高,将光圈放大至最大,手动调节灯光旋钮至最大(老式显微镜调节凹面反光镜),使射入镜头中的光线最强。

(3)装片。将标本片安放于载物台上,用弹簧夹固定,将待检部位移至聚光器上,先用低倍镜寻找适当的视野,在细菌染色标本片的欲检部位滴1滴香柏油后,再换用油镜头观察。

(4)调焦。先用粗调节螺旋将载物台上升,使油镜头与标本片在滴油处几乎接触,然后,边用眼睛观察目镜,边用细调节螺旋向相反方向缓慢旋转,使载物台缓慢下降(切勿上升,防止压坏玻片及镜头),直至出现完全清晰的物像为止。

(5)保养。油镜用毕,先用粗调节螺旋将载物台下移或使油镜头上升,将细菌标本片取下,用擦镜纸吸去香柏油,如油已干或模糊不清者,可在擦镜纸上滴1~2滴乙醇乙醚后将玻片上的香柏油吸净,并立即用干擦镜纸拭去乙醇乙醚;用同样的方法将油镜头擦拭干净。然后将低倍镜转至中央或将物镜转成"八"字形,调节粗调节螺旋,使物镜头与载物台接触,下降聚光器。将显微镜用绸布盖好后装入镜箱,置于阴凉干燥处。

4. 细菌基本形态的观察

球菌、杆菌、螺旋菌标本片的观察。

5. 细菌特殊构造的观察

细菌荚膜、细菌鞭毛、细菌芽孢标本片的观察。观察时应注意荚膜的位置,芽孢形成后菌体的形态改变,芽孢的位置和形态,鞭毛的数量和位置等。

实训 2　细菌标本片的制备与染色

一、目的要求

能利用不同的材料进行细菌标本片的制备,学会细菌的常规染色。

二、仪器及材料

酒精灯、接种环、载玻片、盖玻片、染色缸、染色架、吸水纸、洗瓶、显微镜、香柏油、乙醇乙醚、擦镜纸、液体病料、固体病料、生理盐水、美蓝染色液、革兰氏染色液、瑞氏染色液。

三、方法与步骤

1. 细菌标本的制备

(1)液体培养物及液体病料。

①涂片。用接种环取 1 滴液体病料,于载玻片的中央均匀地涂布成适当大小的薄层。

②干燥。一般采用自然干燥,天气较冷时也可于酒精灯火焰上方 30 ~ 40 cm 处适当加热干燥。

③固定。分为火焰固定和化学固定两种。火焰固定时,将干燥好的载玻片涂面朝上,以其背面在酒精灯火焰上来回通过数次,略作加热,以不烫手背为度。化学固定时,可将干燥好的载玻片浸入甲醇中 2 ~ 3 min 后取出晾干,或在涂片上滴加数滴甲醇使其作用 2 ~ 3 min 后自然挥发干燥。此外,丙酮和酒精也可用作化学固定剂。作瑞氏染色的涂片不需固定,因染色液中含有甲醇,有固定作用。

④染色。根据不同的材料和菌种选择不同的染色法。

(2)固体培养物。用接种环取微量生理盐水于载玻片的中央,用接种环挑取 1 个菌落于生理盐水中混合,均匀地涂布成适当大小的薄层,干燥,固定,染色。

2. 细菌触片的制备

将固体病料(病变组织)作无菌切开,用切面在载玻片中央接触一下或稍用力印压成一薄层,干燥,固定,染色。

3. 细菌的染色法

(1)美蓝染色法。在已干燥、固定好的涂片或触片上滴加适量的美蓝染色液,染色 1 ~ 2 min 后,水洗,干燥(吸水纸吸干或自然干燥),镜检。菌体呈蓝色。

（2）革兰氏染色法。

①在已干燥、固定好的涂片上滴加适量的草酸铵结晶紫染色液,染色 1~2 min 后,水洗。

②加革兰氏碘液媒染,1~2 min 后,水洗。

③加 95% 酒精脱色,0.5~1 min 后,水洗。

④稀释石炭酸复红（或沙黄、番红）染色液复染,0.5 min 后,水洗,干燥,镜检。

结果:革兰氏阳性菌呈蓝紫色,革兰氏阴性菌呈红色。

（3）瑞氏染色法。在已干燥的涂片或触片上滴加瑞氏染色液,1~3 min 后再加与染液等量的中性蒸馏水或磷酸盐缓冲液,轻轻晃动载玻片使之与染色液混合均匀,再经 3~5 min 后,水洗,吸干或烘干后镜检。菌体呈蓝色,组织细胞的细胞质呈红色,细胞核呈蓝色。

（4）姬姆萨染色法。先将姬姆萨染色液原液稀释成常用的姬姆萨染色液（取 5~10 滴原液于 5 mL 新煮过的中性蒸馏水中,混合均匀）。在经甲醇固定好的涂片上滴加足量的染色液,或将涂片浸入盛有染色液的染色缸中,染色 30 min 或浸染数小时至 24 h 后取出,水洗,吸干或烘干后镜检。细菌呈蓝青色,组织细胞质呈红色,细胞核呈蓝色。

四、注意事项

（1）做细菌涂片时,不宜涂得过厚,以免影响制片效果。

（2）固定必须确实,火焰固定时温度不宜过高,以免破坏菌体结构。

（3）每种染液染色时,应保持染液不干,以免蒸发干,影响染色效果。

（4）每种染液染色后,必须用水将染液一起冲掉,不可先将染液倾去后再用水冲洗。

常用染色液配制

任务二　细菌的生理

细菌与其他生物一样,能进行复杂的新陈代谢,从环境中摄取营养物质,用以合成菌体本身的成分或获得生命活动所需的能量,排出代谢产物。不同细菌在其生理活动的过程中呈现某些特有的生命现象,因此,细菌的生长特征、代谢产物等常作为鉴别细菌的重要依据。

一、细菌的营养

组成细菌细胞的营养元素类似于动物细胞,但通过对细菌新陈代谢的研究,我们知道细菌利用各种化合物作为能源的能力远远大于动物细胞,而细菌对营养的需求比动物细胞更为多样,其特有的代谢过程也合成了许多不同于动物细胞的成分,如肽聚糖、脂多糖、磷壁酸等。

（一）细菌的营养物质

各类细菌对营养物质的要求差别很大，包括水、碳源、氮源、无机盐和生长因子等。其主要营养元素及其生理功能见表1.1。

表1.1　细菌的主要营养元素及功能

营养元素	生理功能
氢	组成细胞水分及有机物
氧	参与细胞水分及有机物合成；细胞呼吸中的电子受体
碳	细胞有机物的组成，提供能量来源
氮	蛋白质、核酸和辅酶的组成
硫	蛋白质组分，某些辅酶的组分（如辅酶A）
磷	合成菌体结构成分（如核酸、磷脂、核蛋白、辅酶），储存成转运能量（ATP高能磷酸键）
钾	细胞内重要的无机阳离子，某些酶的辅因子
镁	多种酶反应的辅因子，稳定核蛋白体及细胞膜的作用
锰	微量营养物质，参与某些酶的辅基
钙	芽孢成分之一，某些酶的辅因子
铁	细胞色素和过氧化氢，维生素 B_{12} 及其辅酶组分

1. 水

细菌湿重的80%~90%为水。细菌代谢过程中所有的化学反应、营养的吸收和渗透、分泌、排泄均需有水才能进行。

2. 碳源

各种无机或有机的含碳化合物（CO_2、碳酸盐、糖、脂肪等）都能被细菌吸收利用，作为合成菌体所必需的原料，同时也作为细菌代谢的主要能量来源。致病性细菌主要从糖类中获得碳，己糖是组成细菌内多糖的基本成分，戊糖参与细菌核酸组成。

3. 氮源

从分子态氮到复杂的含氮化合物都可被不同的细菌利用。但多数病原菌是利用有机氮化合物如氨基酸、蛋白胨作为氮源。少数细菌（如固氮菌）能以空气中的游离氮或无机氮（如硝酸盐、铵盐等）为氮源，主要用于合成细胞质及其他结构成分。

4. 无机盐

钾、钠、钙、镁、硫、磷、铁、锰、锌、钴、铜、钼等是细菌生长代谢中所需的无机盐成分。除磷、钾、钠、镁、硫、铁需要量较多外，其他只需微量。

各类无机盐的作用：构成菌体成分；调节菌体内外渗透压；促进酶的活性或作为某些辅酶组分；某些元素与细菌的生长繁殖及致病作用密切相关。

5.生长因子

很多细菌在其生长过程中还必须一些自身不能合成的化合物质,称为生长因子。生长因子必须从外界得以补充,其中包括维生素、某些氨基酸、脂类、嘌呤、嘧啶等。各种细菌对生长因子的要求不同,如大肠杆菌很少需要生长因子,而有些细菌(如肺炎球菌)则需要胱氨酸、谷氨酸、色氨酸、天冬酰胺、核黄素、腺嘌呤、尿嘧啶、泛酸、胆碱等多种生长因子。

(二)细菌的营养物质吸收与运转

细菌的细胞膜具有选择性透过物质的作用,这对保证细菌有一个稳定的内在环境及在生长过程中不断获得各类营养物质十分重要。

水和小分子溶质可经过半透膜性质的细胞壁及细胞膜进入菌体。大分子的营养物质(如蛋白质、多糖和脂类)必须在细菌分泌的胞外酶作用下,分解为小分子可溶性物质后才被吸收。

营养物质进入菌体的方式有简单扩散、促进扩散、主动运输及基团转位。

1.简单扩散

简单扩散又称易化扩散、被动扩散,是细胞内外物质最简单的交换方式。细胞膜两侧的物质靠浓度差进行分子扩散,不需消耗能量。某些气体(CO_2)、水、乙醇及甘油等水溶性小分子以及某些离子(Na^+)等可进行单纯扩散。单纯扩散无选择性,速度较慢,细胞内外物质浓度达到一致,扩散便停止,因此不是物质运输的主要方式。

2.促进扩散

促进扩散也是靠浓度差进行物质的运输,不需消耗能量,但与单纯扩散不同的是,促进扩散同时需要专一性载体蛋白。载体蛋白位于细胞膜上,糖或氨基酸等营养物质与载体蛋白结合,然后转运至细胞内。促进扩散具有特异性。

3.主动运输

主动运输是细菌吸收营养的一种主要方式,与促进扩散一样,需要特异性的载体蛋白,但被运输的物质可逆浓度差"泵"入细胞,因此需要消耗能量。细菌在生长过程中所需要的氨基酸和各种营养物质,主要是通过主动运输方式摄取的。

4.基团转位

基团转位与主动运输相似,同样靠特异性载体将物质逆浓度差转运至细胞内,但物质在运输的同时受到化学修饰(如发生磷酸化),因此使细胞内被修饰的物质浓度大大高于细胞外的浓度。此过程需要特异性的载体蛋白和能量的参与。

二、细菌的生长繁殖

(一)细菌生长繁殖条件

1.充足的营养

必须有充足的营养物质才能为细菌的新陈代谢及生长繁殖提供必需的原料和足够的能量。营养物质包括水、含碳化合物、含氮化合物、无机盐类和生长因子。不同细菌对营养物质的要求不同,在人工培养时必须按照要求满足其营养。

2.适宜的温度

细菌只能在一定温度范围内进行生命活动,温度过高或过低,细菌生命活动受阻乃至停止。各类细菌对温度的要求不同,可分为:嗜冷菌,最适生长温度 10~20 ℃;嗜温菌,最适生长温度 20~40 ℃;嗜热菌,最适生长温度 56~60 ℃。病原菌均为嗜温菌,最适生长温度为 37 ℃,故实验室一般采用 37 ℃培养细菌。有些嗜温菌低温下也可生长繁殖,如 5 ℃冰箱内,金黄色葡萄球菌缓慢生长释放毒素,故食用过夜冰箱冷存食物,可致食物中毒。

3.合适的酸碱度

在细菌的新陈代谢过程中,酶的活性在一定的 pH 值范围才能发挥。多数病原菌最适 pH 值为中性或弱碱性(pH 值 7.2~7.6)。人类和动物的血液、组织液 pH 值为 7.4,细菌极易生存。胃液偏酸,绝大多数细菌可被杀死。细菌代谢过程中分解糖产酸,pH 值下降,影响细菌生长,所以培养基中应加入缓冲剂,保持 pH 值稳定。

4.渗透压

细菌细胞需要在适宜的渗透压下才能生长繁殖。盐腌、糖渍具有防腐作用,即因一般细菌和霉菌在高渗条件下不能生长繁殖。不过细菌较其他生物细胞对渗透压有较大的适应能力,特别是有一些细菌能在较高的食盐浓度下生长。

5.必要的气体环境

氧的存在与否和生长有关,有些细菌仅能在有氧条件下生长,有的只能在无氧环境下生长,而大多数病原菌在有氧及无氧的条件下均能生存。一般细菌代谢中都需 CO_2,但大多数细菌自身代谢所产生的 CO_2 即可满足需要。有些细菌(如脑膜炎双球菌),在初次分离时需要较高浓度的 CO_2(5%~10%),否则生长很差,甚至不能生长。

(二)细菌生长繁殖的方式与速度

细菌以简单的二分裂方式无性繁殖,其突出的特点为繁殖速度极快。细菌分裂倍增的必需时间称为代时,细菌的代时取决于细菌的种类,又受环境条件的影响,细菌代时一般为 20~30 min。个别菌较慢,如结核杆菌代时为 18~20 h,梅毒螺旋体为 33 h。

1.细菌个体的生长繁殖

细菌一般以简单的二分裂法进行无性繁殖,个别细菌(如结核杆菌)偶有分枝繁殖的方式。球菌可从不同平面分裂,分裂后形成不同方式排列。杆菌则沿横轴分裂。

2.细菌群体生长繁殖规律

在适宜条件下,多数细菌繁殖速度极快,分裂一次需时仅 20~30 min。大肠杆菌的代时为 20 min,在最佳条件下 8 h 后,1 个细胞可繁殖到 200 万以上,10 h 后可超过 10 亿,24 h 后细菌繁殖的数量大到难以计数。但实际上,由于细菌繁殖中营养物质的消耗,毒性产物的积聚及环境 pH 值的改变,细菌绝不可能始终保持原速度无限增殖,经过一定时间后,细菌活跃增殖的速度逐渐减慢,死亡细菌逐增、活菌率逐减。

将一定数的细菌接种适当培养基后,研究细菌生长过程的规律,以培养时间为横坐标,培养物中活菌数的对数以纵坐标,可得出一条生长曲线(图 1.13)。

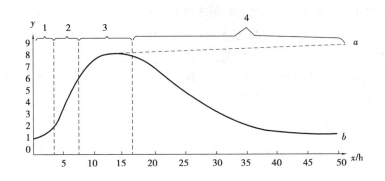

图 1.13　细菌的生长曲线

1—迟缓期;2—对数期;3—稳定期;4—衰老期

a—总菌数;b—活菌数;x—培养时间;y—细菌数的对数

细菌群体的生长繁殖可分为以下 4 期:

(1)迟缓期。是细菌在新的培养基中的一段适应过程。在这个时期,细菌数目基本不增加,但体积增大,代谢活跃,菌体产生足够量的酶、辅酶以及一些必要的中间产物。当这些物质达到一定程度时,少数细菌开始分裂,此期细菌的数量几乎不增加。以大肠杆菌为例,这一时期为 2~6 h。

(2)对数期。又称指数期。细菌以最快的速度进行增殖,细菌数的对数与时间呈直线关系。一般地,此期的病原菌致病力最强,菌体的形态、大小及生理活性均较典型,对抗菌药物也最敏感。以大肠杆菌为例,这一时期为 6~10 h。

(3)稳定期。该期的生长菌群总数处于平坦阶段,但细菌群体活力变化较大。由于培养基中营养物质消耗、毒性产物(有机酸、H_2O_2 等)积累、pH 值下降等不利因素的影响,细菌繁殖速度渐趋下降,相对细菌死亡数开始逐渐增加,此期细菌增殖数与死亡数渐趋平衡,进入稳定期以大肠杆菌为例,这一时期约为 8 h。

(4)衰亡期。随着稳定期发展,细菌繁殖越来越慢,死亡菌数量明显增多。活菌数与培养时间呈反比关系,此期细菌变长肿胀或畸形衰变,甚至菌体自溶,难以辨认其形。生理代谢活动趋于停滞。故陈旧培养物上难以鉴别细菌。

体内及自然界细菌的生长繁殖受机体免疫因素和环境因素的多方面影响,不会出现像培养基中那样典型的生长曲线。掌握细菌生长规律,可有目的地研究控制病原菌的生长,发现和培养对人类有用的细菌。

三、细菌的新陈代谢

(一)细菌的酶

细菌新陈代谢过程的各种复杂的生化反应,都需要酶来催化。酶是活细胞产生的功能蛋白质,具有高度特异性。细菌的种类不同,细胞内的酶系统就不同,因而其代谢过程及代谢产物也往往不同。

细菌的酶有的仅存在于细胞内部发挥作用,称为胞内酶,包括一系列的呼吸酶以及与蛋白质、多糖等代谢有关的酶。有的酶由细菌产生后分泌到细胞外,称为胞外酶,胞外酶能把大分子的营养物质水解成小分子的物质,便于细菌吸收,包括各种蛋白酶、脂肪酶、糖酶等水解酶。根据酶产生的条件,细菌的酶还分固有酶和诱导酶:细菌必须有的酶为固有酶,如某些脱氢酶等;细菌为适应环境而产生的酶为诱导酶,如大肠杆菌的半乳糖酶,只有乳糖存在时才产生,当诱导物质消失,酶也不再产生。有些细菌产生的酶与该菌的毒力有关,如透明质酸酶、溶纤维蛋白酶、血浆凝固酶等。

(二)细菌的呼吸类型

根据细菌呼吸时对氧的需要程度,可将细菌分为需氧菌、厌氧菌、微嗜氧菌、兼性厌氧菌。

1. 需氧菌

细菌只具有催化有氧呼吸的酶系统,必须在有氧的条件下才能够完成生长和繁殖,称为需氧菌,如绿脓杆菌。

2. 厌氧菌

细菌只能在无氧条件下才能生长繁殖,称为厌氧菌,如破伤风梭菌、肉毒梭菌等。

3. 微嗜氧菌

细菌酶介于需氧与厌氧之间,其代谢过程中虽然需要氧,但只在一定的压强下生长最好,如牛流产布鲁氏菌。

4. 兼性厌氧菌

细菌的酶系统较完善,既含有催化有氧呼吸的酶,又含有催化无氧呼吸的酶,在无氧和有氧的条件下均能生长繁殖,如大肠杆菌。

(三)细菌的代谢产物

细菌在分解和合成代谢中能产生多种代谢产物,在细菌的鉴定及生化反应中有实际意义。

1. 分解代谢产物

细菌的分解代谢产物,因各种细菌具备的酶不完全相同而有所差异。各代谢产物可通过生化试验的方法检测,通常称为细菌的生化反应或生化试验。

(1)糖的分解产物。不同种类的细菌以不同的途径分解糖类,其代谢过程中均可产生丙酮酸。丙酮酸进一步生成气体(CO_2、H_2 等)、酸类、醇类和酮类等。不同的细菌有不同的酶,对糖的分解能力也不同,有的不分解,有的分解产酸,有的分解产酸产气。利用糖的分解产物对细菌进行鉴定的生化试验有糖发酵试验、二乙酰试验(VP试验)、甲基红(MR)试验、枸橼酸盐利用试验等。

(2)蛋白质的分解产物。细菌种类不同,分解蛋白质、氨基酸的种类和能力也不同,因此能产生许多中间产物。硫化氢是细菌分解含硫氨基酸的产物;吲哚(靛基质)是细菌分解色氨酸的产物;明胶是一种凝胶蛋白,有的细菌有明胶酶,使凝胶状的明胶液化;在分解蛋白质的过程中,有的能形成尿素酶,分解尿素形成氨;此外,有的细菌能将硝酸盐还原为亚硝酸盐等。利用蛋白质的分解产物设计的鉴定细菌的生化试验有吲哚试验、硫化氢试验、尿素分解试验、明胶液化试验等。

2.合成代谢产物

细菌通过新陈代谢不断合成菌体成分,此外,细菌还能合成很多在医学上具有重要意义的代谢产物。

(1)热原质。热原质即菌体中的脂多糖,大多是革兰氏阴性菌产生的。注入人或动物体内能引起发热反应,故名热原质。热原质耐高温,不被高压蒸汽灭菌法破坏,在制造注射剂和生物制品时,应注意将其除去。

(2)毒素。细菌产生的毒素有内毒素和外毒素两种。毒素与细菌的毒力有关。内毒素即革兰氏阴性菌细胞壁的脂多糖,其毒性成分为类脂A,菌体死亡崩解后释放出来。外毒素是由革兰氏阳性菌及少数革兰氏阴性菌在生长代谢过程中释放至菌体外的蛋白质。具有抗原性强、毒性强、作用特异性强的突出特点。

(3)酶类。细菌代谢过程中产生的酶类,除满足自身代谢需要外,还能产生具有侵袭力的酶,这些酶与细菌的毒力有关,如透明质酸酶。

(4)色素。有些细菌能产生色素,对细菌的鉴别有一定意义。细菌色素有两类:水溶性色素,能弥散至培养基或周围组织,如绿脓杆菌产生的绿脓色素使培养基或浓汁呈绿色;脂溶性色素,不溶于水,仅保持在菌落内使之呈色而培养基颜色不变,如金黄色葡萄球菌色素。

(5)抗生素。某些微生物代谢过程中可产生一种能抑制或杀死某些其他微生物或癌细胞的物质,称抗生素。抗生素多由放线菌和真菌产生,细菌仅产生少数几种,如多黏菌素、杆菌肽等。

(6)细菌素。某些细菌能产生一种仅作用于有近缘关系的细菌的抗菌物质,称细菌素。细菌素为蛋白类物质,抗菌范围很窄,但可用于细菌分型和流行病学调查。细菌素以生产菌而命名。大肠杆菌产生的细菌素称大肠菌素,绿脓杆菌产生的称绿脓菌素,葡萄球菌产生的称葡萄球菌素。

(7)维生素。某些细菌能自行合成一些维生素,畜禽体内的正常菌群能合成维生素B和维生素K。

四、细菌的人工培养

用人工的方法,提供细菌生长繁殖所需要的各种条件,可进行细菌的人工培养,从而进行细菌的鉴定和进一步的利用。细菌的人工培养技术是微生物学研究和应用的重要手段。

(一)培养基的概念

把细菌生长所需的营养物质调配在一起制成的用于培养细菌的人工营养基质称为培养基。培养基的主要用途是促进细菌的生长繁殖,可用于细菌的分离、纯化、鉴定、保存以及细菌制品的制造等。

(二)常用培养基的类型

1.按物理性状分类

(1)液体培养基。将细菌生长繁殖所需的各种营养物质直接溶解于水,不加凝固剂制成的培养基为液体状态,即为液体培养基。液体培养基中营养物质以溶质状态存在其中,利于细菌充分接触和利用,从而使细菌更好地生长繁殖,故常用于生产和实验室中细菌的扩增培养。实际操作中,在使用液体培养基培养细菌时进行振荡或搅拌,可增加培养基中的通气量,并使营养物质更加均匀,可大大提高培养效率。如肉汤培养基。

(2)固体培养基。在液体培养基中加入2%~3%的琼脂而制成的培养基。固体培养基可根据需要制成平板培养基、斜面培养基和高层培养基等。平板培养基常用于细菌的分离、菌落特征观察、药敏试验以及活菌计数等;斜面培养基常用于菌种保存;高层培养基多用于细菌的某些生化试验。如琼脂斜面培养基、琼脂平板培养基。

(3)半固体培养基。在液体培养基中加入0.3%~0.5%的琼脂制成,凝固后培养基呈半固体状态。多用于细菌运动性观察,即细菌的动力试验,也用于菌种的保存。

2.按用途分类

(1)基础培养基。基础培养基是含有细菌生长繁殖所需要的最基本的营养成分,可供大多数细菌人工培养用。大多数细菌生长共同需要的营养成分,包括牛肉浸膏、1%蛋白胨、0.5% NaCl等,pH值7.2~7.6。如肉汤培养基、普通琼脂培养基。

(2)营养培养基。在基础培养基中添加血液、血清、葡萄糖、生长因子等,适合于营养要求较高的细菌。如血液琼脂平板(链球菌、肺炎球菌在其上才能生长良好)、鲜血琼脂培养基等。

(3)鉴别培养基。利用细菌对糖、蛋白质的能力与其代谢产物的不同,在培养基中加入特定的指示剂,用于鉴别细菌。如糖发酵管、硫化氢、麦康凯培养基、伊红美蓝培养基、三糖铁琼脂培养基等。

(4)选择培养基。在培养基中加入某些化学物质,以抑制某些细菌生长而促进另一些致病菌的生长,达到选择分离的目的。如SS琼脂培养基分离肠道细菌。

(5)厌氧培养基。专性厌氧菌不能在有氧环境中生长,将培养基与空气及氧隔绝或降低培养基中的氧化还原电势,可供厌氧菌生长。如肝片肉汤培养基、庖肉培养基,应用时于液体表面加盖液体石蜡以隔绝空气。

(三)制备培养基的基本要求

细菌的种类繁多,所需培养基的种类也很多,但制备各种培养基的基本要求是一致的,具体如下:

(1)选择所需的营养物质。制备的培养基应含有细菌生长繁殖所需的各种营养物质。

(2)调整pH值。培养基的pH值应在细菌生长繁殖所需的范围内。

(3)不含抑菌物质。制备培养基所用容器不应含有抑菌和杀菌物质,所用容器应洁净,无洗涤剂残留,最好不用铁制或铜制容器;所用的水应该是蒸馏水或去离子水。

(4)培养基应均匀透明。均质透明的培养基便于观察细菌生长性状及生命活动所产生的变化。

(5)灭菌处理。培养基及盛培养基的玻璃器皿必须彻底灭菌,避免杂菌污染,以获得纯目标菌。

(四)制备培养基的基本程序

配料→溶化→测定及矫正pH值→过滤→分装→灭菌→无菌检验→备用。

（五）细菌在培养基上的生长特征

1.菌落特征

将单个微生物细胞接种在固体培养基的表面（有时为内部），当它占有一定的发展空间并处于适宜的培养条件时，该细胞就迅速生长繁殖。结果会形成以母细胞为中心的一堆肉眼可见，并有一定形态、构造的子细胞集团，这就是菌落。如果菌落是由一个单细胞发展而来的，则为纯种细胞群或克隆。如果将某一纯种的大量细胞密集地接种到固体培养基表面，长成的各"菌落"相互连接成一片，这就是菌苔。

描述菌落特征时须选择稀疏、孤立的菌落，其项目包括大小、形状、边缘情况、隆起形状、表面状态、质地、颜色和透明度等（图1.14）。多数细菌菌落圆形，小而薄，表面光滑、湿润、较黏稠，半透明，颜色多样，色泽一致，质地均匀，易挑取，常有臭味。这些特征可与其他微生物菌落相区别。

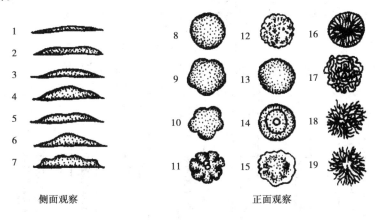

侧面观察　　　　　　　　　正面观察

图1.14　细菌的菌落特征

1—扁平；2—隆起；3—低凸起；4—高凸起；5—脐状；6—草帽状；7—乳头状；8—圆形、边缘完整；

9—不规则、边缘波浪状；10—不规则、颗粒状、边缘叶状；11—规则、放射状、边缘叶状；

12—规则、边缘扇边状；13—规则、边缘齿状；14—规则、有同心环、边缘完整；15—不规则、毛毯状；

16—规则、菌丝状；17—不规则、卷发状、边缘波状；18—不规则、丝状；19—不规则、根状

不同细菌的菌落也具有自己的特有特征，对于产鞭毛、荚膜和芽孢的种类尤为明显。例如，对无鞭毛、不能运动的细菌尤其是各种球菌来说，随着菌落中个体数目的剧增，只能依靠"硬挤"的方式来扩大菌落的体积和面积，因而就形成了较小、较厚及边缘极其圆整的菌落。对长有鞭毛的细菌来说，其菌落就有大而扁平、形态不规则和边缘多缺刻的特征，运动能力强的细菌还会出现树根状甚至能移动的菌落。有荚膜的细菌，其菌落往往十分光滑，并呈透明的蛋清状，形状较大。凡产芽孢的细菌，因其芽孢引起的折光率变化而使菌落的外形变得很不透明或有"干燥"之感，并因其细胞分裂后常成链状而引起菌落表面粗糙、有褶皱感，再加上它们一般都有周生鞭毛，因此产生了既粗糙、多褶、不透明，又有外形及边缘不规则特征的独特菌落。

同一种细菌在不同条件下形成的菌落特征会有差别，但在相同的培养条件下形成的菌落特征是一致的。所以，菌落的形态特征对菌种的分类鉴定有重要的意义。菌落还常用于微生物的分离、纯化、鉴定、计数及选种与育种等工作。

2.其他培养特征

培养特征除了菌落外,还包括普通斜面划线培养特征、半固体琼脂穿刺培养特征、明胶穿刺培养特征及液体培养特征等。

(1)普通斜面划线培养特征。在琼脂斜面中央划直线接种细菌,一般要培养 1 ~ 5 天,观察细菌生长的程度、形态、表面状况等(图 1.15)。若菌落与菌苔特征发生异样情况,表明该菌种受杂菌污染或发生变异,应分离纯化。

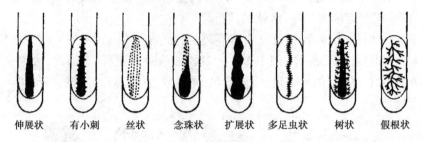

伸展状　有小刺　丝状　念珠状　扩展状　多足虫状　树状　假根状

图 1.15　斜面划线培养特征

(2)半固体琼脂穿刺培养特征。在半固体培养基中穿刺接种,培养后观察细菌沿穿刺接种部位的生长状况等方面(图 1.16)。例如,不运动细菌只沿穿刺部位生长,能运动的细菌则向穿刺线四周扩散生长。各种细菌的运动扩散形状是不同的。

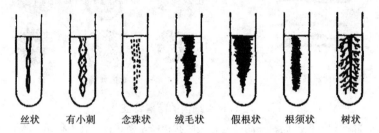

丝状　有小刺　念珠状　绒毛状　假根状　根须状　树状

图 1.16　半固体琼脂穿刺培养特征

(3)明胶穿刺培养特征。在明胶培养基中穿刺接种,经培养后观察明胶能否水解及水解后的状况(图 1.17)。凡能产生溶解区的,表明该菌能形成明胶水解酶(即蛋白酶)。溶解区的形状也因菌种不同而异。

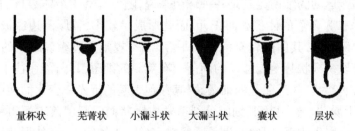

量杯状　芜菁状　小漏斗状　大漏斗状　囊状　层状

图 1.17　明胶穿刺培养特征

(4)液体培养特征。将细菌接种于液体培养基中,培养 1 ~ 3 天,观察液面生长状况(如膜和环等)、混浊程度、沉淀情况、有无气泡和颜色等(图 1.18)。多数细菌表现为混浊,部分表现为沉淀,一些好氧性细菌则在液面大量生长形成菌膜或菌环等现象。

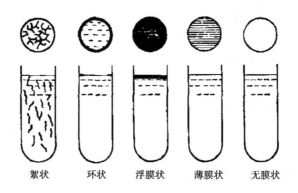

絮状　　　环状　　　浮膜状　　　薄膜状　　　无膜状

图1.18　液体试管培养特征

实训3　微生物检验中常用玻璃器皿的准备

一、目的要求

熟悉常用玻璃器皿的名称及规格,掌握动物微生物检验中常用玻璃器皿的清洗和灭菌方法。

二、仪器及材料

干热灭菌箱、试管、吸管、培养皿、三角烧瓶、烧杯、量筒、脱脂棉、纱布、旧报纸、牛皮纸、石炭酸、盐酸、洗衣粉等。

三、方法与步骤

1.玻璃器皿的准备

(1)购置的载片,先用2%盐酸浸泡1天,冲去盐酸。再用洗衣粉水洗涤,用自来水冲净,浸泡在蒸馏水中或擦干装盒备用。盖玻片使用前,可用洗衣粉或洗液浸泡,洗净后再用95%乙醇浸泡,擦干备用。

(2)用过的玻璃器皿的处理。洗涤前必须高压灭菌。油类的物品趁热洗涤(培养基、血液试管滴管等)。吸管浸泡于5%石炭酸48 h。

①洗涤。用过的载玻片,先用纸擦去香柏油,再放入洗衣粉液中煮沸(或5%的石炭酸48 h浸泡),稍冷后取出。逐个用清水洗净,放于酒精中。用过的盖玻片也应及时洗净擦干保存。试管等物品同灭菌及洗涤。

吸管浸泡于洗衣粉水中,用细铁丝取出棉花,用试管刷洗涤,再用自来水洗,用蒸馏水冲洗。

②干燥。自然干燥或干燥箱。

2. 玻璃器皿的包装

(1)培养皿。将合适的底盖配对,用旧报纸 10 个左右包成一包。

(2)试管、三角烧瓶。于开口处塞上大小适合的棉塞或纱布塞(也可用各种型号的橡胶塞等),并在棉塞、瓶口之外,包以牛皮纸,用细绳扎紧即可。

(3)吸管。在吸口的一端,加塞棉花少许,然后用 3~5 cm 宽的旧报纸,由尖端缠绕包裹,直至包没吸管将纸条合拢。

(4)烧杯等。用牛皮纸直接包扎开口处,再包上旧报纸即可。

3. 玻璃器皿的灭菌

常用干热灭菌法。将包装好的玻璃器皿放入干燥箱中,为使空气流通,堆放不宜太挤,也不能紧贴箱壁,以免烧焦。一般采用 160 ℃灭菌 1~2 h 即可。灭菌完毕,关闭电源,待箱中温度降至 60 ℃以下,即可开箱取出玻璃器皿。

实训 4 常用培养基的配制

一、目的要求

掌握常用培养基的制备过程,学会制备常用培养基。

二、仪器及材料

高压蒸汽灭菌锅、超净台、烧杯、试管、量筒、培养皿、天平、玻璃棒、纱布、牛肉浸膏、蛋白胨、磷酸氢二钾、氯化钠、琼脂、蒸馏水、0.1 mol/L 氢氧化钠溶液、精密 pH 试纸等。

三、方法与步骤

1. 基础培养基的制备

(1)普通肉汤培养基。称取牛肉浸膏 3~5 g、蛋白胨 10 g、磷酸氢二钾 1 g、氯化钠 5 g,加入蒸馏水中充分搅拌溶解(必要时可稍加温促进溶解),配成 1 000 mL 培养基。测定和调节 pH 值至 7.4~7.6,用滤纸过滤,置高压蒸汽灭菌锅内灭菌(0.105 MPa,20 min)后,于超净台内分装于试管内,每管约 10 mL,无此设备者可先分装后灭菌。

（2）普通琼脂培养基。取 1 000 mL 普通肉汤培养基于烧杯中,加入 20~30 g 琼脂,煮沸使琼脂充分融化,趁热用 2~4 层纱布过滤,补充蒸馏水至 1 000 mL,测定和调节 pH 值至 7.4~7.6。高压灭菌后无菌分装于试管(装量为 1/4~1/3 管)中,趁热斜置(图 1.19),冷却即成琼脂斜面;或分装平皿(厚度为 2~3 mm)中,水平静置冷却即成琼脂平板。也可先分装于试管中,再进行高压灭菌,然后趁热斜置冷却。

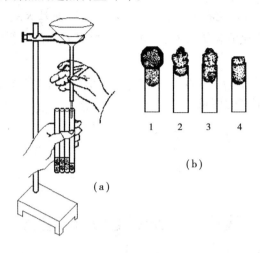

图 1.19 培养基的分装装置与棉塞

2.营养培养基的制备

（1）鲜血琼脂培养基。鲜血琼脂培养基也称为血液琼脂培养基。将灭菌后的普通琼脂培养基冷却至 45~50 ℃时加入无菌鲜血(每 100 mL 普通琼脂中加入鲜血 5~6 mL),摇匀后趁热分装于试管中制成斜面,或分装于平皿中制成平面。若温度过高时加入鲜血,则血液变为暗褐色,称为巧克力琼脂。

（2）血清琼脂培养基。方法同鲜血琼脂培养基,每 100 mL 普通琼脂中加入血清 5~6 mL。

3.其他常用培养基的制备

（1）半固体培养基。制备方法同普通琼脂,只是将琼脂的用量减少为 0.5%~0.7%。

（2）马铃薯琼脂培养基。马铃薯 200 g,去皮后切成小块,加蒸馏水煮沸 30 min,用 4 层纱布过滤,加入葡萄糖 20 g,融化后补充蒸馏水至 1 000 mL,调节 pH 值至 4.5,灭菌后分装即可。主要用于霉菌和担子菌的分离培养。

（3）麦康凯琼脂培养基。蛋白胨 2 g、乳糖 1 g、氯化钠 0.5 g、胆盐 0.5g、1% 中性红水溶液 0.5 mL,蒸馏水加至 1 000 mL。

（4）SS 琼脂培养基。蛋白胨 5 g、牛肉浸膏 5 g、乳糖 10 g、胆盐 10 g、枸橼酸钠 10~14 g、硫代硫酸钠 8.5 g、枸橼酸铁 0.5 g、0.5% 中性红水溶液 4.5 mL、0.1% 亮绿溶液 0.33 mL、琼脂 25~33 g,蒸馏水加至 1 000 mL。

4.pH 值测定法

（1）精密 pH 试纸法。取该试纸一条浸入欲测的培养基中 0.5 s 后取出与标准比色卡比较,如为酸性,滴加 1 mol/L 氢氧化钠溶液至 pH 值在所需范围之间。在滴加 1 mol/L 氢氧化钠溶液时,应充分摇匀,再用试纸测定。

(2)标准比色管法。一般细菌生长的 pH 值为 7.6～7.8,测定方法如下:

①取大小相同的比色管 4 支,每管分别加入不同的溶液:a. 培养基管(对照管)加肉汤培养基 5 mL;b. 标准比色管;c. 加有指示剂的培养基管(内装 5 mL 肉汤培养基和 0.02% 酚红指示剂 0.25 mL);d. 蒸馏水管。

②对光观察,比较两侧观察孔内颜色是否相同,若培养基为酸性(一般为酸性),则向 c 管内慢慢滴加 0.1 mol/L 氢氧化钠溶液,每滴一次,将试管内液体摇匀,直至 d 两管相加的颜色与 ab 两管相同为止。

③记录 5 mL 培养基用去滴加 0.1 mol/L 氢氧化钠溶液的用量,计算培养基总量中需加滴加 1 mol/L 氢氧化钠溶液的用量。

实训 5   细菌的分离培养

一、目的要求

掌握细菌的分离培养、纯化的方法,观察细菌的培养特性。

二、仪器及材料

恒温培养箱、病料或细菌培养物、接种环、接种针、酒精灯、各种细菌培养基等。

三、方法与步骤

1. 细菌的分离培养

(1)病料的采取。将新鲜肛门拭子用灭菌生理盐水洗涤,洗涤液可用于分离培养;无菌采取新鲜粪便的中心部分,用灭菌生理盐水稀释搅匀后澄清,其上清液可用于分离培养;如为病理组织,可用烧红的刀片在其表面烫一下,随即用此刀片在烫过的地方切开一小口,用灭菌接种环在切口内蘸一下即可用于分离培养。

(2)平板划线分离培养。目的是将病理材料中的细菌分散,以便使细菌单在,从而发育成单个菌落,防止长成菌苔。

①直接划线分离培养。点燃酒精灯后,左手持培养皿,底朝下,盖在上,以无名指和小指托底,拇指、食指和中指将皿盖揭开成 20°,角度不宜过大,以防空气进入;右手持接种环,在火焰上烧灼后取少许的材料涂在培养基边缘,将接种环上多余的材料在火焰上烧掉,然后在

培养基表面进行"Z"字形划线,然后将平皿盖好,倒置于恒温培养箱中培养(图1.20)。

②分区划线分离培养。用记号笔在培养皿底外部划线,将培养基分成3~6个小区,持皿方法同直接划线,但每划完一个小区应将平皿旋转一定角度,以便于划线(图1.21)。

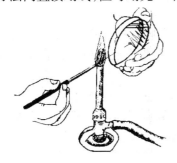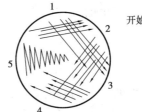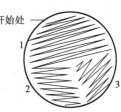

开始处

图1.20　平板划线操作示意图　　　　　图1.21　划线分区示意图

③斜面划线分离培养。左手持试管,手掌朝上,食指和拇指夹住试管;右手持接种环,先将试管的棉塞端在酒精灯火焰上方旋转两周,然后用右手小指和手掌边缘夹住棉塞,打开试管,保持试管口在火焰上方进行操作,在斜面上从试管底部向试管口作"Z"字形划线,接种完毕,在酒精灯火焰附近塞上棉塞后,在火焰上方旋转两周。用试管架直立放置于恒温培养箱中培养。

④增菌培养。当病料中的细菌很少时,直接进行分离培养往往不易成功,常先用液体培养基进行增菌培养。方法是取少许病理材料直接加入培养基中,置恒温培养箱中培养24~48 h后,可取少量培养液作划线分离培养。

2.细菌的纯化

操作方法基本同分离培养,但进行斜面纯化移植时左手应同时握住原培养管和待接种管,右手小指和手掌边缘夹住一个棉塞,无名指和中指夹住一个棉塞,必要时中指和食指还可夹住第三个棉塞,液体培养基的纯化移植同液体培养基初次分离培养。

3.细菌在培养基上的生长特性观察

(1)固体培养基上的生长特性。细菌在固体培养基上生长繁殖,可形成菌落。观察菌落时,主要看以下内容:

①大小。不同细菌,其菌落大小变化很大。常用其直径来表示,单位是 mm 或 μm。

②形状。主要有圆形、露滴状、乳头状或油煎蛋状、云雾状、放射状或蛛网状、同心圆状、扁平状和针尖状等。

③边缘特征。有整齐、波浪状、锯齿状、卷发状等。

④表面性状。有光滑、粗糙、皱褶、颗粒状、同心圆状、放射状等。

⑤湿润度。有干燥和湿润两种。

⑥隆起度。有隆起、轻度隆起、中央隆起和云雾状等。

⑦色泽和透明度。色泽有白、乳白、黄、橙、红及无色等;透明度有透明、半透明、不透明等。

⑧质地。有坚硬、柔软和黏稠等。

⑨溶血性。分为α-溶血、β-溶血和γ-溶血3种。

（2）液体培养基上的生长特性。

①浑浊度。有强度浑浊、轻微浑浊和透明3种。

②底层情况。包括有沉淀和无沉淀两种，有沉淀又可分为颗粒状和絮状两种。

③表面性状。分为形成莱膜、菌环和无变化3种情况。

④产生气体和气味。很多细菌在生长繁殖的过程中能分解一些有机物产生气体，可通过观察是否产生气泡或收集产生的气体来判断；另一些细菌在发酵有机物时能产生特殊气味，如鱼腥味、醇香味等。

⑤色泽。细菌在生长繁殖的过程中能使培养基变色，如绿色、红色、黑色等。

（3）半固体培养基上的生长特性。有运动性的细菌会沿穿刺线向周围扩散生长，形成侧松树状、试管刷状；无运动性的细菌则只沿穿刺线呈线状生长。

四、注意事项

（1）细菌的分离培养必须严格无菌操作。

（2）接种环或接种针在挑取菌落之前应先在培养基上无菌落处冷却，否则会将所挑的菌落烫死而使培养失败。

（3）划线接种时应先将接种环的环部稍弯曲，同时用力适度；分区接种时，每区开始的第一条线应通过上一区的划线。

（4）不同细菌所需要的培养时间相差很大，应根据不同的菌种培养观察足够的时间。

实训6　细菌的生物化学试验

一、目的要求

通过本试验加深对细菌生化反应原理和意义的理解，掌握常规细菌生化试验操作方法。

二、仪器及材料

各种微量发酵管、蛋白胨水溶液、葡萄糖蛋白胨水溶液、对位二氨基苯甲醛、无水乙醇、戊醇（或异戊醇）、乙醚、浓盐酸、甲基红、蒸馏水、菌种。

三、方法与步骤

1. 糖类发酵（分解）试验

原理：细菌含有分解不同糖（醇、苷）类的酶，因而分解各种糖（醇、苷）类的能力也不一样。有些细菌分解某些糖(醇、苷)产酸(符号:+)、产气(符号:○),培养基由蓝变黄(指示剂溴麝香草酚蓝由蓝遇酸变黄的结果),并有气泡;有些产酸,仅培养基变黄;有些不分解糖类(符号:-),培养基仍为蓝色。

试验时,将细菌无菌操作接种于糖发酵培养基中,于37 ℃培养24～48 h观察,结果有3种:有的只产酸(+),有的产气产酸(⊕),有的不发酵(-)。

2. VP 试验(二乙酰试验)

原理:某些细菌能分解葡萄糖,分解过程为葡萄糖→丙酮酸→乙酰甲基甲醇→2,3-丁烯二醇,在有碱存在时氧化成二乙酰,二乙酰和胨中的胍基化合物起作用,产生粉红色的化合物。

试验时,将被检细菌接种于0.5%葡萄糖蛋白胨培养基,于35～37 ℃培养48 h,于2 mL培养物中加入甲液1 mL和乙液0.4 mL,摇振混合。

试验时,强阳性者约于5 min后,可产生粉红色反应(长时间无反应,置室温过夜),次日不变者为阴性。

3. 甲基红(MR)试验

原理:某些细菌在糖代谢过程中生成丙酮酸,有的甚至进一步被分解为甲酸、乙酸、乳酸等,而不是生成VP试验中的二乙酰,从而使培养基的pH值下降至4.5或以下(VP试验的培养物pH值常在4.5以上),故加入甲基红试剂呈红色。

试验时,接种细菌于培养液中,37 ℃培养4天后,于培养物中加入几滴试剂,变红色者为阳性反应。

4. 枸橼酸盐利用试验

原理:当细菌利用铵盐作为唯一氮源,并利用枸橼酸盐作为唯一碳源时,可在枸橼酸盐培养基上生长,生成碳酸钠,并同时利用铵盐生成氢,使培养基呈碱性。

试验时,取菌接种于柠檬酸盐琼脂培养基斜面上,于37 ℃培养4天,培养基变为蓝色,则为阳性,否则为阴性。

5. 吲哚试验

原理:细菌分解蛋白胨中的色氨酸,生成吲哚(靛基质),经与试剂中的对位二甲基氨基苯甲醛作用,生成玫瑰吲哚。

试验时,取细菌接种于蛋白胨水培养基中,37 ℃培养2～3天,沿着试管壁加入吲哚试剂2 mL,如能形成玫瑰吲哚,则为阳性反应,不变色为阴性反应。

6. 硫化氢试验

原理:有些细菌能分解含硫氨基酸,产生硫化氢(H_2S),H_2S会使培养基中的醋酸铅或氯化铁形成黑色的硫化铅或硫化铁。

试验时,用接种针取细菌穿刺与含有醋酸铅或硫酸亚铁的琼脂培养基中,37 ℃培养4天,凡沿穿刺线或穿刺线周围变为黑色者为阳性,不变色者为阴性。

任务三　消毒、灭菌与微生物实验室生物安全

在兽医学及工农业生产实践中,常采用多种物理、化学或生物学方法来抑制或杀灭物体上和环境中的病原微生物或所有微生物,以切断传播途径,从而控制或消灭传染病,抑制畜禽产品和生物制品中微生物的生长繁殖,防止其腐败。

一、物理消毒灭菌法

物理消毒灭菌方法是较为常用的消毒灭菌方法之一,其主要包括高温、辐射、超声波、滤过、干燥和低温等。

(一)热力灭菌法

菌种不同,其生长温度范围也不同(表1.2)。高温对微生物具有显著的致死性,其中,细菌繁殖体对高温最为敏感,其次是真菌和病毒,细菌芽孢对高温有很强的抵抗力。在利用高温处理微生物时,可对菌体蛋白质、核酸等产生直接破坏作用,从而达到灭菌的效果。

表1.2　细菌的生长温度范围

类型		生长温度范围/℃			备注
		最低温度	最适温度	最高温度	
嗜冷菌		−5～0	10～20	25～30	水和冷藏处的菌
嗜温菌	嗜室温菌	10～20	18～28	40～45	腐生性菌
	嗜体温菌	10～20	37	40	病原菌
嗜热菌		22～45	50～60	70～85	温泉、土壤中的细菌

热力灭菌主要分为干热灭菌和湿热灭菌两大类。在相同温度下,湿热灭菌效果更优,其原因主要是湿热环境中蛋白质含水量增加,菌体蛋白凝固温度低所致(表1.3);湿热的穿透力比干热强,且蒸汽液化时会释放大量的热,可迅速提高被灭菌物体的温度。

表1.3　蛋白质含水量与其凝固温度的关系

蛋白质含水量/%	在30 min内凝固所需时间/℃
50	56
25	74～80
18	80～90
6	145

1. 干热灭菌法

（1）火焰灭菌法。以火焰直接杀死物品中全部微生物的方法,可分为灼烧和焚烧两种。灼烧是直接用火焰灭菌,适用于耐烧的金属器具、试管口等物品的灭菌;焚烧是直接点燃或在焚烧炉中对物体进行焚烧,常用于烧毁的物品,如动物尸体、病畜垫料及其他污染物等。

（2）热空气灭菌法。利用干热灭菌器,以干热空气进行灭菌的方法。适用于高温下不损坏变质、不蒸发的物品,如各种玻璃器皿、瓷器、金属器械等。在干热情况下,由于热空气的穿透力较低,需在 160 ℃维持 2 h 才能达到杀死所有微生物及其芽孢、孢子的目的。

2. 湿热灭菌法

（1）煮沸消毒法。在常压下,煮沸 10 ~ 20 min 可杀死所有细菌的繁殖体,芽孢需煮沸 1 ~ 2 h 才能被杀死。若在水中加入 2% 碳酸钠或 2% ~ 5% 石炭酸,可以提高沸点,增强杀菌力。外科手术器械、注射器、针头以及食具等多用此法消毒。

（2）流通蒸汽灭菌法。用蒸笼或流通蒸气灭菌器进行灭菌,一般在 100 ℃加热 30 min,可杀死细菌的繁殖体,但不能杀死芽孢和霉菌孢子。所以常在 100 ℃加热 30 min 消毒后,将被消毒物品置温箱中过夜,待芽孢发芽,第二天和第三天用同样方法进行处理和消毒,这样连续三次,可望达到完全灭菌的方法称为间歇灭菌法。这个方法对一些不耐高温的培养基,如鸡蛋培养基、血清培养基、糖培养基的灭菌最为适用。为了不破坏血清等,还可用较低些的温度（如 70 ℃）加热 1 h,连续 6 次,也可达到灭菌目的。

（3）巴氏消毒法。以较低温度杀灭液态食品中的病原菌或特定微生物,而又不严重损害其营养成分和风味的消毒方法。可分为 3 类:第一类为低温维持巴氏消毒法,在 63 ~ 65 ℃维持 30 min;第二类为高温瞬时巴氏消毒法,在 71 ~ 72 ℃保持 15 s;第三类为超高温巴氏消毒法,在 132 ℃保持 1 ~ 2 s。目前,主要用于酒类及牛乳等食品的消毒。

（4）高压蒸汽灭菌法。是应用最广泛、最有效的灭菌方法。在一个标准大气压下,蒸汽的温度只能达到 100 ℃。当蒸汽被限制在一个密闭的金属容器内,继续加热,由于蒸汽不断产生而加压,随着压力的增加,水沸腾的温度即蒸汽的温度也相应升高,以此提高灭菌的效果。通常在 103.4 kPa 蒸汽压下,于 121.3 ℃维持 15 ~ 20 min,可杀死包括细菌芽孢在内的所有微生物。凡耐高温、不怕潮湿的物品（如各种培养基、溶液、玻璃器皿、金属器械、敷料、橡皮手套、工作服和小实验动物尸体等）,均可用这种方法灭菌。所需温度和时间视灭菌材料的性质和要求决定。

（二）辐射灭菌法

辐射包括电磁波辐射和粒子辐射。电磁波辐射是由赫兹电波、红外线、可见光、紫外线、X 射线、γ 射线、宇宙线辐射构成;粒子辐射由 α 射线、β 射线以及高能质子、中子等组成。α 射线是带正电的质子,β 射线是带负电的电子。

辐射对细菌的影响,随其性质、强度、波长、作用的距离、时间的不同而异,但必须被细菌吸收,才能影响细菌的代谢。辐射对微生物的灭活作用可分为电离辐射和非电离辐射两种。非电离辐射还包括可见光、日光、紫外线和微波等。

1. 可见光

可见光波长为400~800 nm,是介于红外线与紫外线之间的肉眼可见的光线。具有微弱的杀菌作用,若将某些染料(如结晶紫、美蓝、汞溴红、伊红、沙黄等)加到培养基或涂在外伤表面,能增强可见光的杀菌作用,这一现象称为光感作用。在有氧情况下,染料激活氧或染料氧化后生成氧化物可起到杀菌作用。光感作用对原生动物、细菌、毒素、病毒和噬菌体等均有灭活作用。革兰氏阳性菌对光感作用比革兰氏阴性菌敏感。伊红、汞溴红和美蓝仅作用于革兰氏阳性菌,而沙黄则作用于革兰氏阴性菌。

2. 日光

直射日光有强烈的杀菌作用,是天然的杀菌因素。许多微生物在直射日光的照射下,半小时到数小时即可死亡,芽孢则需经20 h左右才能死亡。日光的杀菌效果受环境影响较大。生产中,日光对被污染的土壤、牧场、畜舍、用具等的消毒以及江河的自净作用均具有重要的意义。

3. 紫外线

紫外线中波长为200~300 nm的部分具有杀菌作用,其中以265~266 nm的杀菌力最强,这与DNA的吸收光谱范围一致。紫外线主要作用于DNA,使同一条DNA链上相邻的两个胸腺嘧啶共价结合而形成二聚体,干扰DNA复制和转录时的正常碱基配对,导致细菌发生致死性突变而死亡。此外,紫外线还可使空气中的分子氧变为臭氧,释放出氧化能力强的原子氧而具有杀菌作用。实验室通常使用的紫外线杀菌灯,其紫外线波长为253.7 nm,杀菌力强而稳定。紫外线的穿透力较弱,普通玻璃、纸张、尘埃、水蒸气等均能阻挡紫外线,故只能用于微生物实验室、无菌室、手术室、传染病房、种蛋室等的空气消毒,或用于不能用高温或化学药品消毒物品的表面消毒。

4. 电离辐射

放射性同位素的射线(即α射线、β射线、γ射线)和X射线以及高能质子、中子等可将被照射物质原子核周围的电子击出,引起电离,故称为电离辐射。在足够剂量时,对各种细菌均有致死作用。电离辐射也可使补体、溶血素、酶、噬菌体及某些病毒失去活性。各种微生物对电离辐射的敏感性有很大的差异,也与它们的生理状态有关。

生产中,由于α射线、高能质子、中子等缺乏穿透力,主要应用X射线、γ射线和β射线。其常用于大量一次性塑料制品的消毒,也可用于食品、饲料的消毒,且不破坏其营养成分。

5. 红外线

红外线是波长为0.77~1 000 μm的电磁波,尤以1~10 μm波长的热效应最强。红外线的灭菌作用与干热灭菌法相似,灭菌所需的温度和时间也同于热空气灭菌。此法多用于医疗器械的灭菌。

6. 微波

微波是波长为1 mm~1 m的超高频电磁波,其穿透力强,可穿透玻璃、塑料薄膜和陶瓷等物质,但不能透过金属表面。消毒中常用的微波频率为915 MHz和2 450 MHz,目前主要用于食品工业,医药方面用于维生素和中药丸剂等的灭菌。

(三)超声波灭菌法

超声波是指频率在 20 000 ~ 200 000 Hz 的声波。细菌和酵母在超声波作用下于几十分钟内可死亡,大多数噬菌体和病毒对超声波也有一定的敏感性,但小型病毒对超声波不敏感,细菌的芽孢对超声波具有抵抗力。超声波处理虽可使菌体裂解死亡,但往往有残留,又因超声波费用颇大,故未应用于消毒灭菌。目前超声波主要用于裂解细胞,提取细胞组分,研究其抗原、酶类、细胞壁的化学性质以及从组织内提取病毒等。

(四)滤过除菌法

滤过除菌是通过机械、物理阻留作用将液体或空气中的细菌等微生物除去的方法。但滤过除菌常不能除去病毒、支原体以及细菌 L 型等微生物。

糖培养液、各种特殊的培养基、血清、抗生素、维生素、氨基酸等不能加热灭菌的液体常用滤器过滤除菌。滤菌器的除菌性能与滤器材料的特性、滤孔大小、静电作用等因素有关。目前常用的滤器有薄膜(滤膜孔径常用 0.45 μm 和 0.20 μm 两种)滤菌器、陶瓷滤菌器、石棉滤菌器(也称 Seitz 滤菌器)、烧结玻璃滤菌器等。另外,还可用滤过进行病毒的分离。利用空气过滤器可进行超净工作台、无菌隔离器、无菌操作室、实验动物室以及疫苗、药品、食品等生产中洁净厂房的空气滤过除菌。空气过滤器因使用滤材的不同,按其滤效分为 4 级(表 1.4)。

表 1.4　各级空气过滤的效率、滤材及更换时间

过滤器级别	对微生物的过滤效率/%	常用滤材	更换时间
低效	10 ~ 60	动植物纤维或合成纤维	2 周 ~ 1 个月
中效	60 ~ 90	泡沫塑料、玻璃纤维或纸浆	3 ~ 6 个月
高效	90 ~ 99	玻璃棉、纸浆和石棉纤维	6 ~ 12 个月
超高效	99.9 以上	超细玻璃纤维、矿渣棉或过氯乙烯纤维	1 ~ 2 年

(五)干燥与低温抑菌法

1. 干燥

微生物在干燥环境中失去大量水分,使新陈代谢发生障碍而抑制其生长繁殖,甚至引起菌体蛋白质变性和由于盐类浓度的增高而逐渐导致死亡。不同种类的微生物对干燥的抵抗力差异大。巴氏杆菌、嗜血杆菌、鼻疽杆菌在干燥的环境中仅能存活几天,而分枝杆菌耐受时间可达 90 天。细菌的芽孢对干燥有强大的抵抗力,如炭疽杆菌和破伤风梭菌的芽孢在干燥条件下可存活几年甚至数十年以上。真菌的孢子对干燥也有强大的抵抗力。常用干燥法来保存食品、饲料、谷类、皮张、药材等。

2. 低温

大多数微生物对低温具有很强的抵抗力,如伤寒沙门菌置于液氮(- 195.8 ℃)中其活

力不被破坏,许多细菌在 – 20 ℃ 或 – 70 ~ – 50 ℃ 下可以存活,细菌芽孢和真菌孢子可在 – 195.8 ℃ 下存活半年。温度越低,病毒存活的时间也越长。当微生物处于最低生长温度以下时,其代谢活动降低到最低水平,生长繁殖停止,但仍可长时间保持活力。所以,常在 5 ~ 10 ℃ 下保存细菌。但是,对低温特别敏感的细菌(如脑膜炎奈瑟菌、流感嗜血杆菌等),在冰箱内保存比在室温下保存死亡更快。

(六)渗透压

各种细菌都有一个最适宜的渗透压。细菌对于渗透压有一定的适应能力,渗透压的逐渐改变对于细菌的活力没有多大影响,突然改变则可导致死亡。

细菌细胞在高渗压的溶液内,由于脱水而发生质壁分离。脱水的细菌不能进行正常的新陈代谢或停止生长。日常生活中,利用渗透压抑制或杀死细菌的典型实例是应用高浓度的盐液(10% ~ 15%)和糖液(50% ~ 70%)均能抑制或杀死细菌。但在高浓度的盐液或糖液中,细菌并非全部死亡,其中一部分处于被抑制状态。然而,还有某些细菌必须在高渗液中才能生长,称为高渗菌。按其所处的环境,它们被称为嗜盐菌或嗜糖菌。

二、化学消毒灭菌法

许多化学药品能够抑制或杀死微生物,已广泛用于消毒、防腐及治疗疾病。用于杀灭病原微生物的化学药品,称为消毒剂;用于抑制微生物生长繁殖的化学药品,称为防腐剂或抑菌剂。实际上,消毒剂在低浓度时只能抑菌,而防腐剂在高浓度时也能杀菌,它们之间并没有严格的界限,统称为防腐消毒剂。用于消除宿主体内病原微生物或其他寄生虫的化学药品,称为化学治疗剂。消毒剂与化学治疗剂不同,它在杀灭病原微生物的同时,对动物体的组织细胞也有损害作用,所以只能外用或用于环境的消毒;而化学治疗剂对于宿主和病原微生物的作用具有选择性,它们能阻碍微生物代谢的某些环节,使其生命活动受到抑制或死亡,而对宿主细胞毒副作用甚小。

(一)消毒剂种类及应用

消毒剂的种类很多,其杀菌作用也不相同,一般可根据用途和消毒剂特点选择使用。最理想的消毒剂应是杀菌力强、价格低、无腐蚀性、能长期保存、对动物无毒性或毒性较小、无残留或对环境无污染的化学药品。

消毒剂的杀菌机制复杂而多样,根据对菌体的作用大致可分为以下几类:①使菌体蛋白质变性或凝固,如酚类(高浓度)、醇类、重金属盐类(高浓度)、酸碱类、醛类;②损伤细菌细胞膜,如酚类(低浓度)、表面活性剂、醇类等脂溶剂;③干扰细菌的酶系统和代谢,如某些氧化剂、重金属盐类(低浓度);④改变核酸的功能,如染料、烷化剂等。

化学消毒剂的种类很多,其杀菌和抑菌作用也不相同。一般可根据用途与消毒剂的特点选择使用(表 1.5)。

表 1.5 常用消毒剂与防腐剂的种类性质及用途

类别	名称	主要性状	用法	用途	备注
重金属盐类	升汞	杀菌作用强,腐蚀金属器械	0.05% ~0.1%	非金属器皿消毒	能与有机物(蛋白质)结合,降低杀菌作用
	汞溴红	抑菌力弱,无刺激性	2% 水溶液	皮肤、黏膜消毒	
	硫柳汞	杀菌力弱,抑菌力强,不沉淀蛋白质	0.01%	生物制品防腐	
			0.10%	皮肤消毒、手术部位消毒	
	硝酸苯汞	同硫柳汞,难溶于水	先配成 1/1 500 高压灭菌,稀释为 0.002%	生物制品防腐	
	硝酸银	有腐蚀性,银有机化合物	1%	预防淋球菌感染	
	蛋白银		1% ~5%	眼及尿道黏膜消毒	
	弱蛋白银		10% ~20%		
氧化物	高锰酸钾	强氧化剂、稳定	0.10%	冲洗创口、皮肤、尿道消毒	
	过氧化氢	新生氧杀菌,不稳定	3%	创伤、口腔黏膜消毒	
	过氧乙酸	不稳定,原液对金属、皮肤有强腐蚀性	0.2% ~0.5%	塑料、玻璃、人造纤维消毒、皮肤消毒(洗手)	
卤族元素及其化合物	漂白粉	白色粉末,有效氯挥发,有氯味,腐蚀金属,刺激皮肤,易潮解	10% ~ 20% 配制成乳状液	排泄物消毒,房间、圈舍消毒,饮水消毒	宜新鲜配制
	氯胺	白色结晶,有氯味,杀菌力弱而持久,腐蚀小	0.2% ~ 0.5% 水溶液	空气及表面消毒	
	碘酒	刺激皮肤,不能与红汞同用	2.5% 碘酊	皮肤消毒	
醇类	乙醇	消毒力不强,对芽孢无效	70% ~75%	皮肤、体温计消毒	
酚类	石炭酸	杀菌力强,有特殊气味	3% ~5%	器械、排泄物消毒	
	来苏尔				
醛类	甲醛	挥发慢,刺激性强	10%	熏蒸消毒	
	戊二醛	挥发慢,刺激性小	2% 水溶液	不能用热力灭菌的	

续表

类别	名称	主要性状	用法	用途	备注
表面活性剂	新吉尔灭	易溶于水,刺激性小,稳定,对芽孢无效;遇肥皂或其他合成洗涤剂,作用减弱	0.05%~0.1%	术前泡手及皮肤黏膜消毒,器械消毒	与肥皂或其他合成洗涤剂接触时,效力降低
	度米芬	易溶于水,稳定;遇肥皂或其他合成洗涤剂,作用减弱	0.05%~0.1%	皮肤创伤冲洗,器械消毒	
	消毒净		0.10%		
	氯己定	略溶于水,溶于醇,应用其盐类,严禁与升汞同用	0.01%~0.5%水溶液		

(二)影响消毒剂的因素

1. 消毒剂的性质、浓度与作用时间

各种消毒剂对微生物的作用方式均不相同。一般是化学药品与微生物接触后,或是作用于胞浆膜,使其不能摄取营养,或是渗透至胞浆膜内,使原生质遭受破坏。能溶于水的化学物质,其杀菌作用显著。一般浓度越大,作用时间越长,则杀菌效果越强。但乙醇以70%左右杀菌力最强。

2. 微生物的种类及特性

不同种类的微生物(如细菌、病毒、真菌、支原体等),对不同的消毒剂的敏感性是不完全一样的,细菌的繁殖体及其芽孢对化学药品的抵抗力不同,芽孢则有较强的抵抗力;幼龄菌比老龄菌敏感;革兰氏阳性菌和革兰氏阴性菌对不同消毒药品的敏感性也不相同。

3. 有机物的存在

消毒剂与环境中有机物结合,会严重降低消毒剂的杀菌效果。有机物也有机械保护微生物的作用,所以在消毒皮肤及伤口时,要先清洗,再行消毒。痰、粪便、畜禽圈舍的消毒,要选用受有机物影响较小的消毒药物。

4. 温度

消毒剂的杀菌作用与温度的关系也很密切。一般消毒剂,当温度升高时,杀菌能力加强。每当温度升高10 ℃,金属盐类的杀菌作用增加2~5倍,石炭酸的杀菌作用增加5~8倍。

5. pH 值

酸碱度对微生物和消毒剂均有影响。pH 值改变时,菌体的电荷也在发生改变。在碱性溶液中,菌体带负电荷较多,所以阳离子去污剂的作用较大;在酸性溶液中,则阴离子的杀菌作用更显著。同时,pH 值也影响消毒剂的电离度,一般未电离的分子,较容易通过细胞膜,杀菌效果好。

6.药物的相互拮抗

消毒剂由于理化性质的不同,两种药品合用时,可能产生相互拮抗,使药效降低。如阴离子清洁剂肥皂与阳离子清洁剂苯扎溴铵共用时,可发生化学反应而使消毒效果减弱,甚至完全消失。

(三)化学治疗剂对微生物的影响

化学治疗剂是用以消除宿主体内病原微生物或其他寄生物的化学药品,如磺胺药和其他抗代谢药物(如叶酸对抗药、嘌呤对抗药、氨基酸对抗药等)。化学治疗剂对于宿主和微生物的作用具有选择性,它们能阻碍微生物代谢的某些环节,使其生命活动受到抑制或死亡,而对宿主无害。

三、生物灭菌法

在自然界中能影响微生物生命活动的生物因素很多,如在各种微生物之间,或是微生物与高等动植物之间,经常存在着相互影响的作用,如寄生、共生和拮抗现象等。

(一)抗生素

某些微生物在新陈代谢过程中产生对另一些微生物有抑制或杀灭作用的物质,称为抗生素。目前,应用的抗生素多从放线菌(如链霉菌)、霉菌(如青霉素菌)或某些细菌(如多黏菌素)的培养液中提取,有些抗生素也能用化学方法合成或半合成。到目前为止,已经发现的抗生素有2 500多种,但大多数对人和动物有毒性,临床上最常用的抗生素只有几十种。不同的抗生素的抗菌作用也不相同,临床治疗时,应根据抗生素的抗菌作用选择使用。

抗生素的作用对象有一定的范围,称为抗菌谱。常用的抗生素按抗菌谱大致可分为4类:窄谱抗生素、广谱抗生素、抗酶菌抗生素和抗癌抗生素。广谱抗生素有氯霉素、金霉素、土霉素和四环素等,而青霉素主要对 G^+ 菌有抑制作用;多黏菌素主要杀死 G^- 菌,称为窄谱抗生素。

抗生素的作用原理主要是干扰细菌的新陈代谢过程从而达到灭菌的目的,可分为4种主要类型:干扰细菌细胞壁的合成、损伤胞浆膜、影响细菌细胞的蛋白质合成和影响核酸(DNA 或 RNA)的合成。

(二)噬菌体

噬菌体是感染细菌的病毒,具有病毒的一般生物学特性。噬菌体有一定的形态结构,严格的寄生性,只能在易感的活细菌体内生长繁殖,干扰细菌的正常代谢或引起菌体的裂解。噬菌体在自然界分布很广,凡有细菌的地方都有噬菌体的存在,而且细菌越多的地方噬菌体也越多,所以污水粪便、垃圾是分离噬菌体的最好材料。

1.形态和结构

噬菌体的形态有3种,即蝌蚪形、微球形和纤丝形(图1.22),大多数噬菌体呈蝌蚪形,这种噬菌体具有圆形、卵圆形或六角形的头和长短不等的尾。头是由蛋白质构成的头膜,内含核酸,其大小为(45~50) nm×(50~150) nm。尾部主要含有蛋白质,由一中空管状体的尾髓和可收缩的尾鞘,还有末端的尾板其上伸出六支尾刺及细长的尾丝组成。尾的长短不一,短的为 10 ~ 40 nm,长的为 100 ~ 200 nm。微球形噬菌体无尾部,呈二十面体结构。纤丝噬菌体结构较为简单,是一条呈略弯曲的纤丝,长达 600 ~ 800 nm。

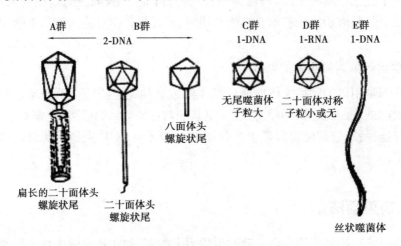

图 1.22　各种噬菌体的形态结构模式图

2. 噬菌体与寄主的关系

凡能引起寄主细胞迅速裂解的噬菌体,称为烈性噬菌体,这种细菌称为敏感性细菌。例如 T 系噬菌体侵入大肠杆菌(品系 B)的过程约需 30 min 便能引起被侵入菌的裂解。在自然界中还存在着一种温和型噬菌体,它们侵入细菌细胞之后,不是使细菌裂解,而是以其核酸附着于细菌染色体的一定位置上,与细菌染色体一道复制,而且随细菌的繁殖传给每个子细菌,此时菌体内找不到形态上可见的噬菌体粒子,而是以形成噬菌体的结构单位存在,因此被称为前噬菌体。这种噬菌体称为温和型噬菌体,这种含有温和型噬菌体的细菌称为溶原性细菌。

溶原性细菌可以自发地释放噬菌体,每一代有 10^{-2} ~ 10^{-5} 细胞发生裂解,释出具有感染能力的噬菌体。也可以通过诱导释放噬菌体,已知具有诱导能力的物理化学因素有紫外线、电离辐射、氮介子气、有机过氧化物、乙烯亚胺等。

3. 作用与应用

噬菌体裂解细菌的作用,具有"种"和"型"的特异性,即某一种或型的噬菌体只能裂解相应种或型的细菌,对其他种或型的细菌则不起作用。因此可用噬菌体来防治疾病和鉴定细菌。例如,用噬菌体鉴定细菌时,若用液体培养基,可将少量细菌接种于含一定浓度噬菌体的液体培养基中;若用平板,可将少量已知的噬菌体和适量的未知的细菌混合后,倾注于琼脂平板上,或先将琼脂平板上接种(或涂布)浓厚细菌,点滴噬菌体于其上,培养 6 ~ 24 h 后,如果出现没有细菌生长的噬菌斑——阴性菌落,即证明未知菌与已知的噬菌体是一致的。这种方法可用于葡萄球菌、炭疽杆菌、布氏杆菌等的分型和鉴定,既快速又准确。如目前用噬菌体对葡萄球菌已分出 132 个型。

(三)细菌素

细菌素是某种细菌产生的一种抗菌性物质。其杀菌范围较窄,有一定的特异性,只能作用于同种不同菌株的细菌以及与它相近的细菌。作用类似抗生素,但只能杀灭细菌,却不能引起细菌裂解。例如,大肠杆菌所产生的细菌素称为大肠菌素,它是一种脂多糖-蛋白质复合物,相当于它的 O 抗原。大肠菌素除了作用于某些型别的大肠杆菌外,还能作用于相近的志贺氏杆菌、沙门氏菌和巴氏杆菌等。常见的重要细菌素见表1.6。

表1.6　重要的细菌素及其产生菌

细菌名称	细菌素名称	细菌名称	细菌素名称
铜绿假单胞菌	Pyocin	金黄色葡萄球菌	Aureocin
大肠杆菌	Colicin	化脓链球菌	Streptoein
枸橼酸杆菌	Colicin	绿色链球菌群	Viridin
志贺菌	Colicin	变异链球菌	Mutacin
沙门菌	Colicin	粪肠球菌	Enterocin
克雷伯菌	Klebsidin	屎肠球菌	Enterocin
阴沟肠杆菌	Cloacin	产气荚膜梭菌	Welchicin
变形杆菌	Proticin	肉毒杆菌	Boticin
黏质沙雷菌	Marcescin	巨大芽孢杆菌	Megacin
鼠疫耶尔森菌	Pesticin	产单核细胞李氏杆菌	Monocin
霍乱弧菌	Vibriocin	白喉棒状杆菌	Diphthericin

四、微生物实验室生物安全

进入21世纪以来,出于对疫病流行、环境污染以及生物恐怖的担心,人类社会对生物安全高度重视。兽医微生物实验室直接接触、处理病原微生物及其提取物(如 DNA、毒素等),理所当然涉及生物安全的问题,在学习微生物学时应有所了解。

(一)生物安全的要求

实验室的生物安全实质上具有3层含义:其一是指防止病原微生物及其他有害生物或物质传入实验室,英文为"biosecurity";其二是指防止病原微生物等传出实验室,英文为"biosafety";其三是指实验室人员的自身安全防护,英文为"biosecurity"或"biosafety"。兽医微生物实验室主要从事病原微生物的检验及相关研究,我国对病原微生物实验室的生物安全制定了国家标准(GB 19489—2008)。

目前,我国兽医微生物实验室的安全要点主要包括以下几个方面:

(1)生物安全的潜在危险在于处理临床样本,样本的气溶胶往往最易污染实验室并造成人员感染。所有送检样本都应视为有传染性并做相应处理,不允许用嘴吸加液体,应使用相应器械。

(2)涉及有害物质的实验室人员应具备防范生物危害的知识,人员的数量及流动应予控制。实验室人员必须穿戴全套防护服,甚至面罩、防护眼镜等。这些用品使用后应做灭菌处理。要有良好的卫生习惯,尤其要注意洗手。实验室内不允许吃、喝、涂抹化妆品及装隐形眼镜。实验室工作人员必须接种相关预防性生物制品疫苗。

（3）对所有污染材料及水，包括样本、试验器材、动物等，必须规定明确的消毒程序，并予实施。推荐使用含氯5.25%的消毒剂或其他消毒剂。

（4）最主要的防护并非设施，而是工作人员本身，造成事故最常见的原因主要是工作人员缺乏有关知识、训练和粗心大意。

（5）只有经培训的人员才能处理动物，操作时动物应予麻醉或镇静，避免伤害人及动物。

（二）微生物实验室的生物安全分类

凡涉及微生物及其提取物或基因工程产物操作的实验室，根据对病原微生物不同种类的生物安全要求，对实验室的设计、设施也有所不同。目前国际公认的微生物实验室分为生物安全（BSL）1～4级。其中BSL-1最低，BSL-4最高。BSL-1～BSL-4俗称P1～P4。以BSL-1～BSL-4表示仅从事体外操作的实验室的相应生物安全防护水平。

（1）BSL-1实验室。可从事已知对实验室工作人员和动物无明显致病性，对环境危害程度微小，特性清楚的病原微生物的实验工作。实验室与建筑物中的一般通道不隔开，一般在实验台上操作，不要求使用或经常使用专用封闭设备。

（2）BSL-2实验室。适用于操作能够引起人类或者动物疾病，但一般情况下对人、动物或者环境不构成严重危害，传播风险有限，实验室感染后很少引起严重疾病，并且具备有效治疗和预防措施的微生物。实验室工作人员要经过操作病原微生物的专门培训，并由能胜任的专业人员进行指导和管理；工作时限制外人进入实验室；某些产生传染性气溶胶或溅出物的工作要在生物安全柜或其他封闭设备内进行；对污染的锐器采取高度防护措施。凡从事微生物基因的操作，均需在BSL-2实验室进行。

（3）BSL-3实验室。供处理危险病原体使用，适用于可以通过吸入途径引起严重的或致死性疾病的病原体的实验工作，与上述相近的或有BSL-2实验室的标记有抗原关系的，但尚未完全认知的病原体，也应在此种水平条件下进行操作，直到取得足够的数据后，才能决定是继续在此种安全水平下工作还是在其他等级生物安全水平下工作。例如，从事高致病性禽流感和口蹄疫研究或检测的，必须进入BSL-3实验室。再如，艾滋病病毒，美国原先规定必须在BSL-3实验室操作，后来明确了其感染途径，表明没有必要如此严格，决定改在BSL-2实验室即可。BSL-3实验室的实验人员在处理病原体方面要经专门培训，并由有关专家进行监督管理。传染性材料的所有操作均要在生物安全柜或其他物理防护设施内进行，工作人员要穿适宜的防护服和装备。BSL-3实验室要经过专业的设计和建造。

（4）BSL-4实验室。能够安全地从事国内和国外的，能通过气溶胶传播，实验室感染高度危险，严重危害人和动物生命和环境的，没有特效预防和治疗方法的微生物工作。与上述相近的或有抗原关系的，但尚未完全认识的病原体也应在此种水平条件下进行操作，直到取得足够的数据后，才能决定是继续在此种安全水平下工作还是在低一级安全水平下工作。例如，研究埃博拉病毒、尼帕病毒等病原的实验室，必须达到BSL-4的安全水平。BSL-4实验室对防止微生物扩散到环境中有特殊的工程和设计要求。每一名实验室工作人员在处理病原微生物方面均要有特殊的和全面的培训；要具有法定资格的科学家监督管理。实验室主任要严格控制进入实验室的人员。实验室应是独立的建筑物或是建筑物内的隔离区。要实施特殊的实验室安全工作细则。

（三）生物武器与生物反恐

生物武器是以生物战剂杀伤生命的武器。生物战剂是用以杀伤人、畜和破坏农作物的致病微生物、毒素和其他生物活性物质，是重要的生物武器。可作为生物战剂的因子分为两类：

（1）A类因子。其包括炭疽杆菌、肉毒杆菌毒素、土拉弗朗西斯菌、鼠疫杆菌、天花病毒、出血热病毒、蓖麻毒蛋白等，此类因子易传播，致死性强，对公众健康危害极大，是高效的生物武器战剂。

（2）B类因子。其包括沙门菌、志贺菌、引致Q热的贝氏柯克斯体等，较易传播，但致死率低。

其他如疯牛病、肠出血型大肠杆菌病、猪流感以及禽流感等疾病的病原，也具备作为生物战剂的条件。

目前，生物武器受到国际社会的密切关注与严格控制。为保护社会安全，首先，应加强对相关病原体的研究，提高对生物恐怖因子的检测和识别能力，开发和完善更为有效的诊断和防治方法，并做好相应疫苗、药品、试剂、器材的储备工作；其次，建立完善的预防、报告、检测、治疗体系，加强对生物恐怖事件的监测，提出紧急预防措施及调查处置的方案，以期防患于未然，阻止生物恐怖袭击的发生。

实训7 理化因素对微生物的影响

一、目的要求

（1）了解温度、紫外线、pH值及化学药剂对微生物的影响。

（2）掌握无菌操作技术及培养基的制备。

二、基本原理

微生物的生命活动与周围环境有密切的联系，适宜的环境能够促进微生物的生长、繁殖。不适宜的环境则使微生物的生长受到抑制，甚至死亡。影响微生物生长的环境因素有很多，本实验着重讨论温度、紫外线、pH值及化学药剂对微生物的影响。

1.温度对微生物的影响

温度通过影响蛋白质、核酸等生物大分子的结构与功能以及细胞结构，如细胞膜的流动性、完整性来影响微生物的生长繁殖和新陈代谢。过高的环境温度会导致蛋白质或核酸的变性失活，而过低的温度会使酶活力受到抑制，细胞的新陈代谢活动减弱。每种微生物只能在一定的温度范围内生长,低温微生物最高生长温度不超过 20 ℃,中温微生物的最高生长温度不超过 45 ℃,而高温微生物能在 45 ℃以上的条件下正常生长。某些极端高温微生物甚至能在 100 ℃以上的条件下生长。

2. 紫外线对微生物的影响

紫外线波长为 200 ~ 300 nm 的部分具有杀菌作用,其中以 265 ~ 266 nm 的杀菌力最强。紫外线的杀菌原理是细菌经紫外线照射后,同一条 DNA 链上相近的胸腺嘧啶之间形成二聚体,改变 DNA 的分子构型,影响 DNA 复制与转录时的正常碱基配对,引起致死性突变而死亡。此外,紫外线还可使空气中的分子氧变为臭氧,臭氧放出氧化能力强的原子氧,也具有杀菌作用。

3. pH 值对微生物的影响

一是使蛋白质、核酸等大分子所带电荷发生改变,从而影响其生物活性;二是引起细胞膜电荷变化,导致微生物细胞吸收营养物质能力改变;三是改变环境中营养物质的可溶性及有害物质的毒性。不同微生物对 pH 值条件的要求各不相同,它们只能在一定的 pH 值范围内生长,这个 pH 值范围有宽有窄,而其生长最适 pH 值常限于一个较窄的范围,对 pH 值条件的不同要求在一定程度上反映出微生物对环境的适应能力。

4. 化学因素对微生物的影响

常用化学消毒剂主要有重金属盐类、酚、醇、醛等有机化合物以及燃料和表面活性剂等。其杀菌或抑菌作用主要是使菌体蛋白质变性。

三、仪器及材料

(1)菌种:大肠杆菌、金黄色葡萄球菌、酵母菌。

(2)培养基:牛肉膏蛋白胨液体培养基、牛肉膏蛋白胨琼脂培养基、马铃薯葡萄糖培养基。

(3)溶液及试剂:0.1%新吉尔灭、0.1%龙胆紫、2.5%碘液、0.85%生理盐水。

(4)仪器或其他用具:恒温培养箱、4 ℃冰箱、水浴锅、10 mL 无菌带帽试管、培养皿、接种环、无菌吸管、玻璃涂布棒、紫外灯箱、黑纸、标签纸、镊子、200 μL 移液器、1 000 μL 移液器、灭菌枪头、记号笔等。

四、方法与步骤

1. 温度对微生物的影响

(1)将培养 24 ~ 48 h 的大肠杆菌斜面和酵母菌斜面加入无菌生理盐水 5 mL,用接种环刮下菌苔制成菌悬液。

(2)取预先配置好的牛肉膏蛋白胨液体培养基和马铃薯葡萄糖培养基试管各 8 支(每支 5 mL 培养基),分别标为 A 组、B 组。A 组接入大肠杆菌悬液 0.1 mL,混匀;B 组接入酵母菌悬液 0.1 mL,混匀。分别在 4 ℃、25 ℃、37 ℃、50 ℃条件下培养,每个温度设置两个重复。

（3）在相应温度下培养 24 h 后记录结果，根据菌液的浑浊度判断大肠杆菌和酵母菌生长繁殖的最适宜温度。

2. 紫外线杀菌效果观察

（1）制备牛肉膏蛋白胨琼脂平板 1 个（每皿 15 ~ 20 mL）。

（2）用灭菌滴管吸取大肠杆菌悬液 3 ~ 4 滴于上述普通琼脂平板表面，用玻璃涂布棒将菌液涂布均匀。

（3）打开培养皿盖，用无菌黑纸遮盖部分平板，置于预热 10 ~ 15 min 的紫外灯下，紫外线照射 30 min，弃去黑纸，盖上皿盖。倒置于 37 ℃恒温箱中培养 18 ~ 24 h 后，观察细菌分布情况。

3. pH 值对微生物生长的影响

（1）配置牛肉膏蛋白胨液体培养基 10 支。分别调 pH 值至 3、5、7、9 和 11，每个 pH 值设定两个重复，每管盛培养液 5 mL，灭菌备用。

（2）分别吸取前期制备的大肠杆菌悬液 0.1 mL，接种于装有不同 pH 值的牛肉膏蛋白胨液体培养基的试管中，于 37 ℃培养箱中培养 24 ~ 48 h。

（3）将上述试管取出，根据菌液的浑浊度或利用 722 型分光光度计判定大肠杆菌最适生长的 pH 值。

4. 化学药剂对微生物的影响

（1）将培养 24 h 的大肠杆菌斜面和金黄色葡萄球菌斜面加入无菌生理盐水 5 mL，用接种环刮下菌苔制成菌悬液。

（2）将已灭菌并冷却至 45 ℃左右的牛肉膏蛋白胨琼脂培养基（15 ~ 20 mL）倒入无菌平皿中（每种试验菌一皿），凝固后，用移液器分别吸取金黄色葡萄球菌和大肠杆菌悬液 0.1 mL 于上述普通琼脂平板表面，用玻璃涂布棒将菌液涂布均匀。

（3）将平皿底划分成 4 等份，每一等份内标明一种消毒剂的名称，采用无菌操作技术，用无菌眼科镊子将已灭菌的小圆滤纸分别浸入装有 0.1% 新吉尔灭、0.1% 龙胆紫、2.5% 碘液的小玻璃平皿中浸湿。然后取出滤纸片，在试管内壁沥去多余药液，尽量保证滤纸片所含消毒剂容易量基本一致，将滤纸片贴在平板相应区域，以浸有无菌生理盐水的滤纸片作为对照。

（4）将上述贴好滤纸片的平板放于 37 ℃培养箱中，倒置培养 24 h，取出观察抑菌圈的大小，并对比大肠杆菌和金黄色葡萄球菌对各种消毒剂的耐受力。

五、实验结果

（1）观察大肠杆菌和酵母菌在不同温度下培养的菌液浓度，找出大肠杆菌和酵母菌生长的最适温度。

（2）取出经紫外灯照射的平皿，观察细菌的分布状况，分析紫外线对平板上细菌生长状况的影响。

（3）观察记录不同 pH 值条件下大肠杆菌的生长情况，找出大肠杆菌生长的最适 pH 值。

(4)取出培养皿,观察抑菌圈,并记录抑菌圈的直径。分析各类化学试剂对微生物的抑菌(杀菌)效果。

六、注意事项

(1)注意吸取菌悬液时要将菌液吹打均匀,保证各管接入的菌液浓度一致。
(2)实验过程中采用无菌操作技术,避免其他因素对结果的干扰。

实训 8 抗菌药物敏感性试验

一、目的要求

(1)理解生物化学因素对细菌的影响。
(2)掌握抗生素体外抗菌试验试纸片法的操作程序和结果判定方法。
(3)掌握最低抑菌浓度测定方法及意义。

二、基本原理

细菌药物敏感性试验是指在体外测定药物抑菌或杀死细菌的能力,可以为临床治疗感染性疾病选择敏感药物,也可了解细菌耐药情况。药敏试验的方法很多,通常使用的有纸片扩散试验和最低抑菌浓度试验(MIC)等。

1. 纸片扩散试验

将含有定量抗菌药物的纸片贴在已接种试验菌的琼脂平板上,纸片中所含的药物吸取琼脂中的水分溶解后便不断地向纸片周围扩散形成递减的浓度梯度。在纸片周围若试验菌生长被抑制,就会形成透明的抑菌圈。抑菌圈越大,说明试验菌对该药物越敏感;反之,则不敏感。

2. 最低抑菌浓度试验

培养基内待测药物的含量按几何级数量稀释并接种适量的细菌,经培养后,观察抑菌作用,凡能抑制试验菌生长的最高药物稀释度为该药的最低抑菌浓度。

三、仪器及材料

(1)菌种:金黄色葡萄球菌、大肠埃希菌、沙门氏菌等。
(2)培养基:适合试验菌生长的琼脂平板培养基、普通肉汤培养基。

（3）溶液及试剂：药敏试纸、含青霉素 64 IU/mL 的普通肉汤。

（4）仪器或其他用具：恒温培养箱、培养皿、接种环、1 mL 刻度无菌吸管、游标卡尺、镊子、记号笔等。

四、方法与步骤

1. 纸片扩散试验

（1）用灭菌过的棉拭蘸取试验菌（应含 0.5 个麦氏单位的菌浓度）均匀涂抹在琼脂培养基表面，室温下放置数分钟使菌吸附。

（2）以无菌镊子取各种药敏试纸，贴放于已接种过试验菌的平板培养基表面，每个平板贴 4～7 片，轻压试纸使其与琼脂适当接触。纸片与纸片之间的距离要相等且纸片之间圆心距应大于 3 cm，也不可太靠近培养皿边缘，如图 1.23 所示。

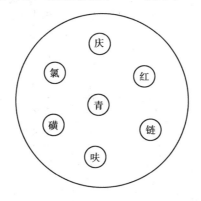

图 1.23 药物敏感试验试纸片的贴法

（3）37 ℃培养 24 h，观察结果。根据纸片周围有无抑菌圈及其直径大小，按下列标准确定细菌对抗生素等药物的敏感度（表 1.7）。

表 1.7 药物抑菌判定标准（CLSI）2005

抗生素	纸片含药量 /μg	抑菌环直径/mm			MIC 值/（μg·mL⁻¹）		
		S（敏感）	I（中介）	R（耐药）	S（敏感）	I（中介）	R（耐药）
氨苄西林	10	≥17	14～16	≤13	≤8	16	≥32
美洛西林	75	≥21	18～20	≤17	≤16	32～64	≥128
哌拉西林	100	≥21	18～20	≤17	≤16	32～64	≥128
羧苄西林	100	≥23	20～22	≤19	≤16	32	≥64
头孢噻吩	30	≥18	15～17	≤14	≤8	16	≥32
头孢唑林	30	≥18	15～17	≤14	≤8	16	≥32
头孢孟多	30	≥18	15～17	≤14	≤8	16	≥32
头孢噻肟	30	≥23	15～22	≤14	≤8	16～32	≥64
头孢克洛	30	≥18	15～17	≤14	≤8	16	≥32

续表

抗生素	纸片含药量/μg	抑菌环直径/mm			MIC 值/(μg·mL⁻¹)		
		S(敏感)	I(中介)	R(耐药)	S(敏感)	I(中介)	R(耐药)
头孢克肟	5	≥19	16~18	≤15	≤1	2	≥4
卡那霉素	30	≥18	14~17	≤13	≤16	32	≥64
庆大霉素	10	≥15	13~14	≤12	≤4	8	≥16
妥布霉素	10	≥15	13~14	≤12	≤4	8	≥16
奈替米星	30	≥15	13~14	≤12	≤8	16	≥32
链霉素	10	≥15	12~14	≤11	—	—	—
多西环素	30	≥16	13~15	≤12	≤4	8	≥16
米诺环素	30	≥19	15~18	≤14	≤4	8	≥16
四环素	30	≥15	12~14	≤11	≤4	8	≥16
环丙沙星	5	≥21	16~20	≤15	≤1	2	≥4
左氧氟沙星	5	≥17	14~16	≤13	≤2	4	≥8
诺氟沙星	5	≥17	13~16	≤12	≤4	8	≥16
氧氟沙星	10	≥16	13~15	≤12	≤2	4	≥8
氟罗沙星	5	≥19	16~18	≤15	≤2	4	≥8
萘啶酸	30	≥19	14~18	≤13	≤16	—	≥32
格帕沙星	5	≥18	15~17	≤14	≤1	2	≥4
磺胺甲恶唑	1.25/23.75	≥16	11~15	≤10	≤2/38	—	≥8/152
呋喃妥因	300	≥17	15~16	≤14	≤32	64	≥128

2.最低抑菌浓度试验

(1)取灭菌小试管9支置于试管架上,再以无菌操作每管加液体培养基1 mL。

(2)无菌操作吸取抗菌药物稀释液1 mL,放入第1管中,混匀后吸取1 mL,放入第2管中,混匀后吸取1 mL放入第3管中,如此逐管倍量稀释到第8管,混匀后吸取1 mL。弃去。9管不加抗菌药物作对照。操作术式见表1.8。

表1.8 MIC 术式表

管号	1	2	3	4	5	6	7	8	9
药物浓度/(μg·mL⁻¹)	32	16	8	4	2	1	0.5	0.25	
肉汤/mL	1	1	1	1	1	1	1	1	1
青霉素/mL	1	1	1	1	1	1	1	1	弃1 mL
葡萄球菌液/mL	0.1	0.1	0.1	0.1	0.1	0.1	0.1	0.1	0.1

(3)每管加被检细菌液体培养物稀释液各0.1 mL,一般接种菌液量为每毫升药液含10³~10⁵个细菌,混匀后37 ℃培养16~24 h,特殊试验菌可适当延长培养时间,观察结果。

五、实验结果

（1）分别测量各种抗生素纸片抑菌圈直径（以 mm 表示）。根据药物纸片周围有无抑菌圈及其直径大小，来判断该菌对各种药物的敏感程度。一般情况下，抑菌圈越大，表示该药物抑菌作用越强，即此菌对该药敏感程度越高。

（2）以药物最高稀释管中无细菌生长者，该管的浓度即为该菌对此药物的敏感度，即 MIC。

六、注意事项

（1）接种菌时要涂抹均匀，并放室温干燥。

（2）注意药敏试纸有效期，纸片周围要有一定的空间。

（3）逐管倍量稀释时应注意混匀。

任务四　细菌的致病性及实验室诊断

一定种类的病原菌在一定的条件下，能在宿主体内引起感染的能力称为致病性。细菌的致病性是针对宿主而言的，有的仅对人致病，如霍乱弧菌；有的则仅对某些动物致病，如雏沙门菌；有的则兼而有之，如炭疽杆菌等。不同的病原菌对宿主可引起不同的疾病，表现为不同的临床症状和病理变化，如炭疽杆菌引起炭疽，霍乱弧菌则引起霍乱。因此，致病性是菌种的特征之一。

一、细菌的致病性及毒力

（一）致病性和致病菌

细菌致病性是指一定种类的细菌，在一定条件下，对一定宿主致病的能力。能导致机体发病的细菌称为致病菌或病原菌。致病性是细菌"种"的特征，由种属遗传性决定。绝大多数病原菌能寄生在宿主体内获取生长繁殖所需要的营养和环境条件，并以各种方式损伤或毒害机体。一般不同病原菌对宿主有一定的嗜性，有些仅对人致病，如痢疾志贺氏菌；有些仅对某些动物致病，如多杀性巴氏杆菌；有些对人和动物均有致病性，如结核杆菌。

有些病原菌只有在一定条件下，才能表现出致病作用，称为条件性病原菌，如某些大肠埃希氏菌侵入肠外组织器官时，可引起肠外感染；还有一些病原菌本身并不一定侵入机体，而是以其代谢产生的毒素随同食物或饲料进入人体或动物体，呈现毒害作用，称为腐生性病原菌,如肉毒杆菌。

病原菌与非病原菌之间的界限不是绝对的。在一定条件下,腐生性细菌可能在感受性机体内获得寄生性、造成病理损伤而成为病原菌,病原菌也可以丧失致病性而营腐生生活。特别值得关注的是,近年来随着广谱抗生素等药物的广泛应用,已发现过去认为不致病的细菌也能引起宿主发生致命性疾病。

(二)致病菌的毒力

病原性细菌致病性的强弱程度称为毒力,通常病原菌的毒力越大,其致病性越强。同一种致病性细菌,各菌株之间致病性强弱不同,毒力不同,这才有强毒株、弱毒株、无毒株之分。实际工作中常用以下几种表示细菌毒力的大小:

(1)最小致死量(MLD)。是指能使特定动物于感染后一定时间内发生死亡的最小活微生物量或毒素量,这种测定毒力的方法比较简单适用,不过由于参与最后统计的实验动物数量少,有时由实验动物个体差异,而产生不确切的结果。

(2)半数致死量(LD_{50})。是在一定时间内能使半数实验动物于感染后发生死亡的活微生物量或毒素量。这种测定毒力的方法比较复杂,不过它是以参加实验的全部动物的死活为根据,用生物统计的方法求出 LD_{50},可避免由动物个体的差异造成误差。

(3)最小感染量(MID)。是病原微生物对试验对象(动物、鸡胚、组织培养等)引起传染的最小剂量。

(4)半数感染量(ID_{50})。是病原微生物对半数试验对象引起传染的剂量,其计算方法及优缺点,与最小致死量及半数致死量相类似。

二、细菌的毒力因素

致病菌的毒力取决于它的侵袭力和产毒素性。侵袭力的大小、毒素的性质和数量决定着病原菌毒力的强弱。

(一)侵袭力

侵袭力是指病原性细菌突破机体的防卫屏障,在体内生长、繁殖、扩散的能力。在病原菌的侵袭过程中,有些侵袭因子可造成机体组织细胞的损伤,有些对机体无毒害作用,只是协助细菌侵入机体,抵抗机体的防卫功能,便于细菌向机体的深部组织迅速扩散并进行繁殖,致使发生传染。病原菌侵袭动物机体的方式主要有以下几个方面:

1.细菌的附着力

细菌的附着力主要依靠黏附素发挥作用。黏附素是菌体表面具有黏附功能的结构成分,主要有细菌菌毛、某些外膜蛋白和膜磷壁酸等。某些病原菌通过黏附素与宿主易感细胞表面的特异性受体结合,附着在组织细胞表面,这种黏附性与病原菌的致病性密切相关。如产毒素大肠杆菌,借助菌毛附着于仔猪结肠黏膜上皮,得以停留在肠管内,生长繁殖,致使肠道发生炎症,引起严重腹泻;溶血性链球菌可依靠菌体表面 M 蛋白附着于咽黏膜上皮细胞,引起传染。如果细菌缺乏附着力,将被机体防卫功能(如气管纤毛运动或肠道蠕动)排出体外。

2. 抗吞噬和定居

当细菌突破机体防卫屏障、侵入体内后,必然会受到吞噬细胞的吞噬与体液性抗体等介导的免疫应答反应的清除。如果病原菌能克服这些免疫因素的影响,便可以在机体内大量繁殖和定居。某些病原菌抗吞噬、清除作用,可通过自身结构成分或合成代谢产物来实现。如炭疽杆菌、肺炎球菌等具有荚膜,这种细菌结构好似保护菌体的"甲",能抵抗吞噬细胞吞噬消化作用,而无荚膜的细菌则易被吞噬细胞吞噬杀灭;A群链球菌的膜磷壁酸、病原性大肠杆菌的 K 抗原和沙门氏菌 Vi 抗原等不仅能抗细胞吞噬,而且具有抗抗体或补体的作用;金黄色葡萄球菌能产生血浆凝固酶,加速血浆凝固,保护菌体不被吞噬细胞吞噬或与抗体结合。总之,细菌的抗吞噬等作用,打破了机体防卫功能致使细菌在体内蔓延。

3. 促进扩散和转移

有些细菌侵入机体后,在体内生长繁殖,破坏组织结构,并扩散转移。如化脓性葡萄球菌、肺炎球菌能产生透明质酸酶,可分解破坏细胞间结缔组织中的透明质酸,使结缔组织失去黏性,变得疏松,通透性增强,有利于病原菌在体内扩散,造成全身感染。A群链球菌能产生 DNA 酶,分解细胞中的 DNA,致使细胞死亡,降低坏死组织的黏度,使感染部位的脓汁变稀薄。魏氏梭菌能产生蛋白分解酶(胶原酶),分解肌肉和皮下结缔组织,使组织崩解。此外,有些非病原菌也具有扩散能力(表1.9)。

表 1.9　与细菌侵袭力有关的毒性酶或代谢产物

细菌种别	产生的毒性酶或代谢产物	破坏作用
魏氏梭菌	卵磷脂酶	破坏细胞膜的卵磷脂
	溶血酶	破坏红细胞
金黄色葡萄球菌	凝固酶	凝固血浆
	胶原酶	破坏皮下胶原组织
	脂酶	分解脂肪
	DNA 酶	破坏 DNA
	杀白细胞素	杀死白细胞
溶血链球菌	透明质酸酶	破坏组织中的透明质酸

(二)毒素

毒素是细菌在生命活动过程中产生的、对动物机体具有毒性作用的特殊物质。许多病原菌可通过其合成分泌的毒素,直接或间接地损害宿主的组织细胞或干扰正常的生理功能,对机体产生致病作用。毒素是病原菌的主要致病因子。根据毒素的产生方式、性质和致病特点等,可将细菌毒素分为以下两类:

1. 外毒素

由某些病原菌在新陈代谢过程中产生,并分泌到菌体外环境中的一类毒性代谢产物。许多革兰氏阳性细菌及部分革兰氏阴性细菌均能产生外毒素。将产生外毒素的细菌培养物用除菌器过滤除菌后,可获得纯粹的外毒素。

外毒素的化学成分是蛋白质,具有蛋白质的理化特性,可被蛋白酶、氧化剂、紫外线破坏;易被热、酸、金属盐类灭活,一般在 60 ~ 80 ℃ 10 ~ 30 min 即减弱或失去毒性;能被硫酸铵等中性盐沉淀,或为氢氧化铝等吸附剂所吸附。

外毒素的毒性很强,1 mg 纯化的 A 型肉毒杆菌毒素可杀死 2 000 万只小白鼠,1 mg 破伤风毒素可杀死 100 万只小白鼠,是已知的生物毒和化学毒中毒性最强的一类毒素。

外毒素对机体组织有选择性的毒害作用,引起特异性的综合临床症状。如破伤风梭菌毒素主要作用于脊髓运动神经中枢,使之兴奋性增强,引起骨骼肌强直性痉挛;肉毒杆菌毒素主要阻断胆碱能神经释放乙酰胆碱传递介质,使运动神经末梢麻痹,导致眼肌和咽肌麻痹。

外毒素有良好的抗原性,可以刺激机体产生较高滴度的特异性抗体,即抗毒素。外毒素经 0.3% ~ 0.4% 甲醛溶液、37 ℃ 保温处理 3 ~ 7 天,丧失毒性(脱毒),但仍保持良好的抗原性,成为类毒素。抗毒素和类毒素可用于预防和治疗外毒素中毒症。

2. 内毒素

这是一类由革兰氏阴性菌在正常代谢过程中产生,在细菌生活状态下不释放或不分泌到外界环境中去,只有菌体细胞自溶、死亡崩解,或人工方法(超声波处理、反复冻融、研磨等)破坏其细胞的完整性时,才释放出来的毒素。

内毒素实质上是革兰氏阴性菌细胞壁的结构成分,化学成分是磷脂-多糖-蛋白质复合物。毒性成分是脂多糖(LPS),它由 3 层构成:最外层为特异性多糖,具有 O 抗原的免疫学特性;中间层为核心多糖;内层是类脂 A,是内毒素的毒性中心。内毒素耐热,80 ~ 100 ℃ 1 h 开始被破坏。毒性弱,作用缓慢,一般小白鼠致死量为 200 ~ 400 μg。抗原性弱,只能刺激机体产生微量的抗毒素。在甲醛溶液作用下,只能部分地除去毒性,但不能形成类毒素。

内毒素无特异性的致病作用,动物机体各种内毒素中毒反应基本相同,主要表现为:

(1)发热反应。内毒素进入血液循环,可刺激单核细胞及粒细胞释放热原质,作用于下丘脑体温调节中枢,引起发热反应。

(2)微循环损伤和休克。大量内毒素进入血流时,可激活凝血因子,使纤维蛋白沉积,产生血管内弥漫性凝血(DIC),造成微循环障碍;也可作用于血小板、白细胞和补体系统,引起组织胺、5-羟色胺和血浆激肽等释放,使毛细血管扩张、静脉血液回流减少、血压下降,严重者导致休克。

(3)免疫调节作用。脂多糖具有增强机体免疫功能的特性,能激活单核细胞系统,增强吞噬功能;能刺激白细胞产生干扰素,增强抗病毒能力;能激活补体 C3,引起炎症反应;能促进 B 淋巴细胞分化增殖、产生抗体以及体液中各种杀菌因子的分泌。

外毒素与内毒素的区别,见表 1.10。

表 1.10   外毒素与内毒素主要区别

区别要点	外毒素	内毒素
来源	革兰氏阳性菌及少数革兰氏阴性菌	革兰氏阴性菌
存在部位	细菌的外环境中	细胞壁外层,细菌细胞崩解后释放出来
化学性质	蛋白质	脂多糖

续表

区别要点	外毒素	内毒素
稳定性	60～80 ℃ 30 min 破坏	80～100 ℃ 1 h 开始被破坏
毒性	较强,对组织有选择性毒性作用	较弱,呈现无选择性的毒性作用
抗原性	良好,可脱毒变为类毒素	弱,不能制成类毒素
检测方法	中和试验	热原试验

三、病原菌毒力测定

病原菌毒力的测定在微生物实验研究中特别重要,尤其在疫苗效价、血清效能鉴定、细菌毒素的测定、食品毒理研究等,都必须预先将试验用的细菌(病毒或毒素)的毒力加以测定。测定毒力系采用递减剂量的病原材料,感染特定易感动物,使其发病死亡,然后根据发病死亡情况判定被检者毒力的大小。检测中须注意实验动物的种别、年龄与体重,实验材料的剂量、感染途径以及其他因素。其中感染途径与动物体重尤为重要,一般要特别规定。

实训 9　病料的采集、保存和运送

一、目的

(1)认识病料采集、包装和运送的意义。
(2)掌握病料采集、包装和运送的基本原则和操作步骤。

二、基本原理

从所取病料中准确地分离出病原是诊断疫病最可靠的依据之一,这在很大程度上取决于病料的正确采集、包装和运送。为了能分离出病原,首先要采取含病原最多的病料,这就要求我们了解各种病原在患病畜禽体内及其分泌物和排泄物中的分布情况。不同的病原在病畜体内的分布情况是不相同的,即使是同种病原,但在疫病的不同时期和不同型中分布也不完全相同。所以在病料采集前,必须根据疫病的流行特点、临床表现,对被检动物可能感染什么样的疫病做出初步判断,然后针对病原可能存在的部位采取最合适的病料进行检验,这将可能得到预期的效果。

三、材料

（1）待检畜禽。

（2）剖检常用的器械与刀具：刀（剥皮刀、解剖刀、外科手术刀）、剪（外科剪、肠剪、骨剪）、镊子、骨锯、斧子、磨刀石和储存病理组织的容器等。

（3）剖检常用的药品：消毒药、固定液等。

四、操作步骤

1.病料的采集

采集病料要有目的地进行，首先怀疑是什么病，就采集什么病料。如果不能确定，则尽可能地全面采集病料。取料的方法如下：

（1）实质器官（肝、脾、肾、淋巴结）。因各种病原不同，所采取的病料不同，这样根据疾病的性质，采取病原可能居留最多的脏器或淋巴结。先用废旧刀（新刀火烧后易损坏）在酒精灯上烧红后，烧烙即将取材的器官表面，再用灭菌的刀、剪、镊子从组织深部取病料（1～2 cm^3 大小），放在灭菌的容器内。

（2）血液。

①心血。以毛细吸管或 20 mL 的注射器穿过心房，刺入心脏内，或用普通吸管，但应将其钝端连一橡皮管及一短玻璃管，以免吸血时把血吸入口内。普通注射器也可用来采血，但针头要粗些。心血抽取困难时可以挤压肝脏（毛细吸管的制法：将玻璃管加热拉长，从中折断即可）。

②全血。用 20 mL 无菌注射器，吸 5% 枸橼酸钠溶液 1 mL。然后，从静脉采血 10 mL，混匀后注入灭菌试管或小瓶内。

③血清。以无菌操作从静脉吸取血液，血液置室温中凝固 1～2 h，然后置 4 ℃ 过夜，使血块收缩，将血块自容器壁分离，可获取上清液即血清部分，或者将采取的血液置离心管中，待完全凝固后，以 3 000 r/min 的速度离心 10～20 min，也可获取大量血清。将血清分装保存。若很快即用于检测，则保存于 4 ℃ 冰箱中。若待以后检测，则保存于 -20 ℃ 或 -70 ℃ 低温冰柜中。

（3）胆汁、渗出液、脓汁等流汁病料。先烧烙心、胆囊或病变处的表面，然后用灭菌注射器插入器官或病变内抽取，再注入灭菌的试管或小瓶内。

（4）乳汁。乳房和乳房附近的毛以及术者的手，均需用消毒液洗净消毒。将最初的几股乳汁弃去，然后采取乳汁 10～20 mL 于灭菌容器中。

（5）肠内容物及肠道。用吸管插穿肠壁，从肠腔内吸取内容物，置入试管内；也可将肠管两端结扎后取出送检。

（6）皮肤、结痂、皮毛。用刀、剪割取所需的样品，主要用于真菌、疥螨、痘疮的检查。

（7）脑、脊髓。无菌操作法采集病死畜禽的脑或脊髓，放于 50% 的甘油缓冲溶液中或50% 磷酸盐缓冲液中保存和冰冻保存。

2.病料的保存

进行微生物学检验的病料,必须保持新鲜,避免污染、变质。若病料不能立即送检,应加以保存,无论细菌性或病毒性检验材料,最佳的保存方法均为冷藏。

(1)组织块:一般用灭菌的液体石蜡、30%甘油缓冲盐水或饱和氯化钠溶液。

(2)液体材料:保存于灭菌的密封性好的试管内,可用石蜡或密封胶封口。

(3)各种涂片、触片、抹片:自然干燥后盒装冷藏。

3.病料的运送

(1)送检病料应在容器或玻片上编号,并将送检单复写3份,1份存查,1份随病料送往检验单位。

(2)装送病理材料的玻璃瓶须用橡皮塞塞紧,用蜡封固,置于装有冰块的冰瓶中迅速送检;没有冰块时,可在冰瓶中加冷水,并加入等量硫酸铵,可使水温降至零下,将装病料的小瓶浸入此液中送检;夏天途中时间长时,要换液;途中要避免振动、冲撞,以免碰破冰瓶。

(3)危险病料,例如疑为炭疽、口蹄疫、牛瘟等病的病理材料,应将盛病料的器皿如上法装入一金属容器内,焊封加印后再装箱。

(4)病料送检时,最好派专人送检,并附带详细说明,内容包括送检单位名称、地址、动物种类、何种病料、检验目的、保存方法、死亡时间、剖检取材时间、送检日期、送检者姓名及电话号码,并附上临床病例摘要。

五、结果

做好采集病料的编号,并记录动物种类、病例流行病学特征、病理变化、何种病料、检验目的、保存方法、死亡时间、剖检取材时间等情况。

六、注意事项

(1)取料时间要求在患病畜禽死后及早采取,病尸取料最好不超过6 h,如发现病畜突然死亡,疑似炭疽时,严禁剖检,先采耳尖血,镜检有无炭疽杆菌,当确定不是炭疽时,方可剖检。疑为气肿疽时也不应剖检。剖开腹腔后,首先取材料,再作检查,因时间拖长后肠道和空气中的微生物都可能污染病料,就难以得到正确的检查结果。

(2)采集病料时应无菌操作,所用的容器和器械都要经过消毒。刀、剪、镊子用火焰消毒或煮沸消毒(100 ℃,15~20 min);玻璃器皿(如试管、吸管、注射器及针头等)要洗干净,用纸包好,高压灭菌(121 ℃,20~30 min)或干热灭菌(160 ℃,2 h)。

(3)在整个病料采集、包装和运送的过程中,要严格遵守有关技术操作规范,加强病料采集和使用安全监管,做好人员卫生安全防护,防止人员感染和病原扩散。同时,要妥善保存病料,防止丢失;动物疫病诊断所用剩余病料,必须及时销毁。采取病料完成后,器械应先消毒再清洗,采取病料场地应彻底消毒,避免散播病原微生物,采集者用肥皂水洗涤再用消毒液洗手。要建立病料档案管理制度,详细记录病料采集、使用、保存和销毁的情况。

任务五 主要动物病原细菌

一、猪的常见病原菌

(一)大肠杆菌

大肠杆菌是动物肠道内正常寄生菌,能产生大肠杆菌素,抑制致病性大肠杆菌生长,对机体有利。但在一定条件下,致病性大肠杆菌可引起肠道外感染和肠道感染。

1. 生物学特性

(1)形态及染色。大肠杆菌为革兰阴性杆菌,大小为$(0.4 \sim 0.7)$ μm × $(2 \sim 3)$ μm,两端钝圆,散在或成对。大多数菌株为周身鞭毛和普通菌毛,除少数菌株外,通常无可见荚膜,但常有微荚膜。本菌对碱性染料有良好的着色性,菌体两端偶尔略深染。

(2)培养特性。大肠杆菌为需氧或兼性厌氧菌,在普通培养基上生长良好。最适温度为37 ℃,最适 pH 值为7.2~7.4。在普通营养琼脂上培养18~24 h时,形成圆形凸起、光滑、湿润、半透明、灰白色、边缘整齐或不太整齐(运动活泼的菌株)、中等偏大的菌落,直径1~3 mm。在 SS 琼脂上一般不生长或生长较差,生长者呈红色。一些致病性菌株(如致仔猪黄痢和水肿病者)在5%绵羊血平板上可产生 β 溶血。在麦康凯琼脂上形成红色菌落。普通肉汤培养18~24 h时,呈均匀浑浊,管底有黏性沉淀,液面管壁有菌环,培养物常有特殊的粪臭味。

(3)生化特性。大肠杆菌能发酵多种糖类产酸产气。如葡萄糖、麦芽糖、甘露醇等产酸产气;大多数菌株可迅速发酵乳糖;约半数菌株不分解蔗糖;吲哚和甲基红试验均为阳性;VP试验和枸橼酸盐利用试验均为阴性;几乎均不产生硫化氢,不分解尿素。

(4)抵抗力。大肠杆菌耐热,60 ℃加热15 min仍有部分细菌存活。在自然界生存力较强,土壤、水中可存活数周至数月。5%石炭酸、3%来苏儿等5 min内可将其杀死。大肠杆菌耐药菌株多,临床中应先进行抗生素敏感试验选择适当的药物以提高疗效。

(5)抗原与变异。大肠杆菌抗原主要有 O 抗原、K 抗原和 H 抗原3种,目前已确定的抗原有173种,K 抗原有80种,H 抗原有56种。因此,有人认为自然界中可能存在的大肠杆菌血清型可高达数万种,但致病性大肠杆菌血清型数量是有限的。大肠杆菌的血清型按 O:K:H 排列形式表示,如 $O_{111}:K_{58(B)}:H_{12}$ 表示该菌具有 O 抗原111,B 型 K 抗原58,H 抗原12。

2. 致病性

根据毒力因子与发病机制的不同,将病原性大肠杆菌分为5类:产肠毒素大肠杆菌(ETEC)、产类志贺毒素大肠杆菌(SLTEC)、肠致病性大肠杆菌(EPEC)、败血性大肠杆菌(SEPEC)及尿道致病性大肠杆菌(UPEC),其中研究最清楚的是前两类。

(1)产肠毒素大肠杆菌。是一类致人和幼畜腹泻最常见的病原性大肠杆菌,其毒力因子为黏附素性菌毛和肠毒素。黏附素性菌毛是 ETEC 的一类特有菌毛,它能黏附于宿主肠上皮细胞,故又称其为黏附素或定居因子。目前,在动物 ETEC 中已发现的黏附素有 F4

（K88）、F5（K99）、F6（987P）、F41、F42 和 F17。黏附素虽然不是导致宿主腹泻的直接致病因子，但它是构成 ETEC 感染的首要毒力因子。肠毒素是 ETEC 产生并分泌到细胞外的一种蛋白质性毒素，按其对热的耐受性不同分为不耐热肠毒素（LT）和耐热肠毒素（ST）两种。LT 对热敏感，65 ℃加热 30 min 即被灭活；作用于宿主小肠和兔回肠可引起肠液积蓄，对此菌可应用家兔肠祥试验做测定。ST 通常无免疫原性，100 ℃加热 30 min 不失活，可透析，能抵抗脂酶、糖化酶和多种蛋白酶作用。对人和猪、牛、羊均有肠毒性，可引起肠腔积液而导致腹泻。

（2）产类志贺毒素大肠杆菌。是一类产生类志贺毒素（SLT）的病原性大肠杆菌。在动物，SLTEC 可致猪的水肿病。引起猪水肿病的 SLTEC 有两类毒力因子。黏附性菌毛 F18 是猪水肿病 SLTEC 菌株的一个重要的毒力因子，它有助于细菌在猪肠黏膜上皮细胞定居和繁殖。致水肿病 2 型类志贺毒素是引起猪水肿病的 SLTEC 菌株所产生的一种蛋白质性细胞毒素，导致病猪出现水肿和典型的神经症状。

3. 微生物学检验

（1）分离培养。病料直接在血液琼脂平板或麦康凯琼脂平板上划线分离，37 ℃恒温箱培养 18 ~ 24 h，观察其在各种培养基上的菌落特征和溶血情况。挑取麦康凯平板上的红色菌落或血平板上呈 β 溶血（仔猪黄痢与水肿病菌株）的典型菌落几个，分别转到三糖铁培养基和普通琼脂斜面作初步生化鉴定和纯培养。大肠杆菌在三糖铁琼脂斜面上生长，产酸，使斜面部分变黄；穿刺培养，于管底产酸产气，使底层变黄且浑浊；不产生硫化氢。

（2）生化试验分别进行糖发酵试验、吲哚试验、MR 试验、VP 试验、枸橼酸盐试验、硫化氢试验，观察结果。

（3）动物试验取分离菌的纯培养物接种实验动物，观察实验动物的发病情况，并作进一步细菌学检查。

（4）血清学试验在分离鉴定的基础上，通过对毒力因子的检测便可确定其属于何类致病性大肠杆菌，也可以作血清型鉴定。

（二）沙门氏菌

沙门氏菌是一群寄生于人和动物肠道内的革兰阴性无芽孢杆菌，均有致病性，并有极其广泛的动物宿主，是一种重要的人畜共患病的病原。

1. 生物学特性

（1）形态及染色。沙门氏菌的形态和染色特性与大肠杆菌相似，呈直杆状，大小为 $(0.7 ~ 1.5) \mu m \times (2.0 ~ 5.0) \mu m$，革兰氏阴性菌。除鸡白痢沙门氏菌和鸡伤寒沙门氏菌无鞭毛不运动外，其余各菌均为周身鞭毛，能运动，个别菌株可偶尔出现无鞭毛的变种。大多数有普通菌毛，一般无荚膜。

（2）培养特性。沙门氏菌大多数细菌的培养特性与大肠杆菌相似（表1.11）。在肠道杆菌鉴别或选择性培养基上，大多数菌株因不发酵乳糖而形成无色菌落，如远藤氏琼脂和麦康凯琼脂培养时形成无色透明或半透明的菌落；SS 琼脂上产生硫化氢的致病性沙门氏菌菌株，菌落中心呈黑色。与大肠杆菌相似，在培养时易发生 S 和 R 型变异。培养基中加入硫代硫酸钠、胱氨酸、血清、葡萄糖、脑心浸液和甘油等均有助于本菌生长。

（3）生化特性。绝大多数沙门氏菌发酵糖类时均产气，但伤寒沙门氏菌和鸡伤寒沙门氏菌从不产气。正常产气的血清型也可能有不产气的变形。常见沙门氏菌的生化特性见表1.12,大肠杆菌与沙门氏菌生化试验鉴别见表1.13。

表1.11 大肠杆菌与沙门氏菌在培养基上的菌落特征

细菌	鉴别培养基				
	麦康凯琼脂	远藤氏琼脂	伊红美蓝琼脂	SS 琼脂	三糖铁琼脂
大肠杆菌	红色	紫红色,有光泽	紫黑色带金属光泽	红色	斜面黄色,底层变黄有气泡,不产生 H_2S
沙门氏菌	淡橘红色	淡红色,或无色	较小,无色透明	淡红色半透明,产 H_2S 菌株菌落,中心有黑点	斜面黄色,底层变黄有气泡,部分菌株产生 H_2S

表1.12 常见沙门氏菌生化特性

菌名	葡萄糖	乳糖	麦芽糖	甘露醇	蔗糖	硫化氢	尿素分解	靛基质	甲基红	VP	枸橼酸盐利用
鼠伤寒沙门氏菌	⊕	−	⊕	⊕	−	+	−	−	+	−	
猪霍乱沙门氏菌	⊕	−	⊕	⊕	−		−	−	+	−	+
猪伤寒沙门氏菌	⊕	−	⊕	⊕	−		−	−	+		
都柏林沙门氏菌	⊕	−	⊕	⊕		+	−	−	+	−	+
肠炎沙门氏菌	⊕	−	⊕	⊕		+	−	−	+		
鸡白痢沙门氏菌	⊕	−		⊕	−		−	−	+		
鸡伤寒沙门氏菌	+	−	+	+	−		−	−	+		

注:⊕产酸产气,+阳性,−阴性。

表1.13 大肠杆菌和沙门氏菌生化鉴定

菌名	葡萄糖	乳糖	麦芽糖	甘露醇	蔗糖	吲哚试验	VP试验	枸橼酸盐试验	硫化氢试验	动力
大肠杆菌	⊕	⊕/−	⊕	⊕	v	+	−	−	−	+
沙门氏菌	⊕	−	⊕	⊕	−	−	−	+	+/−	+/−

注:⊕产酸产气,+阳性,−阴性,+/−大多数菌株阳性/少数阴性,v种间有不同反应。

(4)抵抗力。本菌的抵抗力中等,与大肠杆菌相似,不同的是亚硒酸盐、煌绿等染料对本菌的抑制作用小于大肠杆菌,故常用其制备选择培养基,有利于分离粪便中的沙门氏菌。

(5)抗原与变异。沙门氏菌具有 O 抗原、H 抗原、K 抗原和菌毛 4 种抗原。O 抗原和 H 抗原是其主要抗原,且 O 抗原又是每个菌株必有的成分。

①O 抗原。沙门氏菌细胞壁表面的耐热多糖抗原。一个菌体可有几种 O 抗原成分,以小写阿拉伯数字表示。

②H 抗原。蛋白质性鞭毛抗原,共有 63 种,与 H 血清相遇,则在 2 h 之内出现疏松、易于摇散的絮状凝集。

③K 抗原。与菌株的毒力有关,故称为 Vi 抗原。有 Vi 抗原的菌株不被相应的抗 O 血清凝集,称为 O 不凝集性。Vi 抗原的抗原性弱,刺激机体产生较低效价的抗体。

2. 致病性

根据沙门氏菌致病类型的不同,可将其分为 3 群。

(1)第 1 群是具有高度适应性或专嗜性的沙门氏菌。如鸡白痢和鸡伤寒沙门氏菌仅使鸡和火鸡发病;马流产、牛流产和羊流产等沙门氏菌分别致马、牛、羊的流产等;猪伤寒沙门氏菌仅侵害猪。

(2)第 2 群是在一定程度上适应于特定动物的偏嗜性沙门氏菌,仅为个别血清型,如猪霍乱和都柏林沙门氏菌,分别是猪、牛、羊的强适应性菌型,多在各自宿主中致病,但也能感染其他动物。

(3)第 3 群是非适应性或泛嗜性沙门氏菌,这群血清型占本属的大多数,鼠伤寒沙门氏菌和肠炎沙门氏菌是其中的突出代表。经常危害人和动物的泛嗜性沙门氏菌 20 余种,加上专嗜性和偏嗜性菌在内不过 30 余种。

除鸡和雏鸡沙门氏菌外,绝大部分沙门氏菌培养物经口、腹腔或静脉接种小鼠,能使其发病死亡,但致死剂量随接种途径和菌种毒力不同而异。豚鼠和家兔对本菌易感性不及小鼠。

3. 微生物学检验

(1)分离培养。对未污染的被检组织可直接在普通琼脂、血琼脂或鉴别培养基平板上划线分离,37 ℃培养 12～24 h 后,可获得第一次纯培养。已污染的被检材料先进行增菌培养后再行分离。鉴别培养基常用麦康凯、伊红美蓝、SS 琼脂、HE 等培养基。

(2)生化试验。挑取几个鉴别培养基上的可疑落分别纯培养,进行生化特性鉴定。

(3)血清学分型鉴定。将纯培养物用生理盐水洗下来与沙门氏菌因子血清做玻片凝集试验,再用各种单价血清进行分群。在确定 O 群以后,则应测定其 H 抗原,写出抗原式。

此外,还可用乳胶颗粒凝集试验、ELISA、对流免疫电泳、核酸探针和 PCR 等方法进行快速诊断。

(三)葡萄球菌

葡萄球菌广泛分布于空气、饲料、饮水、地面及动物的皮肤、黏膜、肠道、呼吸道及乳腺中。绝大多数不致病,致病性葡萄球菌常引起各种化脓性疾患、败血症或脓毒血症,也可污染食品、饲料,引起中毒。

1. 生物学特性

(1)形态及染色。典型的金黄色葡萄球菌为圆形或卵圆形,直径 0.5～1.5 μm,排成葡萄串状,无芽孢,无鞭毛,有的形成荚膜或黏液层。革兰氏阳性菌,但衰老、死亡的菌株呈阴性。

（2）培养特性。本菌需氧或兼性厌氧,在普通培养基、血琼脂上生长,麦康凯培养基上不生长。最适生长温度为 35～40 ℃,最适 pH 值为 7.0～7.5。在普通琼脂培养基平板形成湿润、光滑、隆起的圆形菌落,直径 1～2 mm。在血液琼脂培养基平板上形成的菌落较大,产溶血素的菌株多为病原菌,在菌落周围呈现明显的 β 溶血。

（3）生化特性。触酶阳性,氧化酶阴性,多数能分解乳糖、葡萄糖、麦芽糖、蔗糖,产酸而不产气;致病菌株多能分解甘露醇;能还原硝酸盐,不产生靛基质。

（4）抵抗力。在无芽孢菌中,葡萄球菌的抵抗力较强,常用消毒方法能杀死。浓度为 1:(1 000 000～3 000 000)龙胆紫可抑制其生长繁殖,临床上用 1%～3% 龙胆紫溶液治疗葡萄球菌引起的化脓症,效果良好。1:2 000 000 氯己定、消毒净、新洁尔灭和 1:10 000 度米芬可在 5 min 内杀死本菌。

（5）抗原葡萄球菌的抗原结构比较复杂,含有多糖和蛋白质两类抗原。

①多糖抗原。具有型特异性。金黄色葡萄球菌的多糖抗原为 A 型,表皮葡萄球菌的为 B 型。

②蛋白抗原。所有人源菌株都含有葡萄球菌蛋白 A(SPA),来自动物源菌株则少见。SPA 能与人、猴、猪、犬及几乎所有哺乳动物的免疫球蛋白的 Fc 段非特异结合,结合后的 IgG 仍能与相应的抗原进行特异性反应。这一现象已广泛应用于免疫学及诊断技术。

2. 致病性

葡萄球菌能产生多种酶和毒素。如溶血毒素、血浆凝固酶、耐热核酸酶、肠毒素等,引起畜禽各种化脓性疾病和人的食物中毒。细菌致病力的大小常与这些毒素和酶有一定的关系。

3. 微生物学检验

（1）涂片镜检取病料直接涂片、革兰染色镜检。根据细菌形态、排列和染色特性作初步诊断。

（2）分离培养将病料接种于血液琼脂平板,培养后观察其菌落特征、色素形成、有无溶血,菌落涂片染色镜检,菌落呈金黄色,周围呈溶血现象者多为致病菌株。

（3）生化试验纯分离培养菌做生化试验,根据结果判定。

（4）动物试验中家兔最易感,皮下接种 24 h 培养物 1.0 mL,可引起局部皮肤溃疡坏死。静脉接种 0.1～0.5 mL,于 24～28 h 死亡;剖检可见浆膜出血,肾、心肌及其他脏器出现大小不等的脓肿。

发生食物中毒时,可将从剩余食物或呕吐物中分离到的葡萄球菌接种到普通肉汤中,于 30% CO_2 条件下培养 40 h,离心沉淀后取上清液,100 ℃ 30 min 加热后,幼猫静脉或腹腔内注射,15 min～2 h 内出现寒战、呕吐、腹泻等急性症状,表明有肠毒素存在。用 ELISA 或 DNA 探针可快速检出肠毒素。

（四）链球菌

链球菌种类很多,有些是非致病菌,有些构成人和动物的正常菌群,有些可致人或动物的各种化脓性疾病、肺炎、乳腺炎、败血症等。根据溶血特征可将链球菌分为 α 型溶血链球菌、β 型溶血链球菌、γ 型溶血链球菌 3 类。α 型溶血链球菌在菌落周围形成不透明的草绿色溶血环,多为条件性致病菌;β 型溶血链球菌菌落周围形成完全透明的溶血环,常引起人及动物的各种疾病;γ型溶血链球菌菌落周围无溶血现象,一般为非致病菌。

链球菌的抗原结构比较复杂,包括属特异抗原(P抗原)、群特异抗原(C抗原)及型特异抗原(表面抗原)。依C抗原将乙型溶血性链球菌分为A、B、C、D、E、F、G、H、K、I、M、N、O、P、Q、R、S、T、U共19个血清群。

1. 生物学特性

(1)形态及染色。菌体呈卵圆形,单个或双个存在,在液体培养基中呈链状,不运动,革兰染色阳性。菌落小,呈灰白透明状,稍黏。

(2)培养特性。本菌为兼性厌氧菌。培养基中必须加入血清或血液才能生长。在绵羊血琼脂培养基上培养,菌落周围有α溶血环,许多菌株在马血琼脂培养基上产生β溶血。

(3)生化特性。本菌能发酵葡萄糖、蔗糖、麦芽糖、海藻糖产酸,不能发酵阿拉伯糖、甘露醇、山梨醇、甘油和核糖。

(4)抵抗力。在水中该菌60℃可存活10 min,50℃可存活2 h。在4℃的动物尸体中可存活6周。0℃的灰尘中可存活1个月。粪中则可存活3个月。

2. 致病性

链球菌可产生链球菌溶血素、致热外毒素、链激酶、链道酶以及透明质酸酶等各种毒素或酶,可致人及马、牛、猪、羊、犬、猫、鸡等发生多种疾病。C群和D群的某些链球菌,常引起猪的急性败血症、脑膜炎、关节炎及肺炎等;E群主要引起猪淋巴结脓肿;I群可致猪的败血症、脓毒败血症。我国流行的猪链球菌病是一种急性败血型传染病,病原体属C群。人也可以感染猪链球菌病。

3. 微生物学检验

(1)涂片镜检。取适宜病料涂片,革兰染色镜检,若发现有革兰阳性呈链状排列的球菌,可初步诊断。

(2)分离培养。将病料接种于血液琼脂平板,37℃恒温箱培养18~24 h,观察其菌落特征。链球菌形成圆形、隆起、表面光滑、边缘整齐的灰白色小菌落,多数致病菌株形成溶血。

(3)生化试验。取纯培养物分别接种于乳糖、菊糖、甘露醇、山梨醇、水杨苷生化培养基做糖发酵试验,37℃恒温箱培养24 h,观察结果。

(4)血清学试验。可使用特异性血清,对所分离的链球菌进行血清学分群和分型。

(五)猪丹毒

猪丹毒杆菌是猪丹毒病的病原体,又称为红斑丹毒丝菌。它也可感染马、山羊、绵羊,引起多发性关节炎;鸡、火鸡感染后出现衰弱和下痢等症状;鸭感染后常呈败血经过,并侵害输卵管,广泛分布于自然界,可寄生于哺乳动物、禽类、昆虫和鱼类等多种动物。

1. 生物学特性

(1)形态及染色。本菌为直或稍弯曲的小杆菌,两端钝圆,大小为(0.2~0.4)μm×(0.8~2.5)μm。病料中细菌常呈单在、堆状或短链排列,易形成长丝状。革兰阳性,在老龄培养物中菌体着色能力差,常呈阴性。无鞭毛,不运动,无荚膜,不产生芽孢。

（2）培养特性。本菌为微需氧菌或兼性厌氧。最适生长温度为 30～37 ℃，最适 pH 值为 7.2～7.6。在普通琼脂培养基和普通肉汤中生长不良。如加入 0.5% 吐温 80、1% 葡萄糖或 5%～10% 血液、血清则生长良好。在血琼脂平皿上经 37 ℃ 24 h 培养可形成湿润、光滑、透明、灰白色、露珠样的小菌落，并形成狭窄的绿色溶血环（α 溶血环）。在麦康凯培养基上不生长。在肉汤中轻度浑浊，不形成菌膜和菌环，有少量颗粒样沉淀，振荡后呈云雾状上升。明胶穿刺生长特殊，沿穿刺线横向四周生长，呈试管刷状，但不液化明胶。

（3）生化特性。氧化酶试验、MR 试验、VP 试验、尿素酶和吲哚试验阴性，能产生硫化氢。在含 5% 马血清或 1% 蛋白胨水的糖培养基中可发酵葡萄糖、果糖和乳糖，产酸不产气，不发酵阿拉伯糖、肌醇、麦芽糖、鼠李糖和木糖等。

（4）抵抗力。本菌对腐败和干燥的环境有较强的抵抗力。尸体内可存活几个月，干燥状态下可存活 3 周，在经盐腌制的肉内可活 3～4 个月。实验室内猪丹毒杆菌培养物，在密封试管中细菌活力能保持 2 年，冷冻真空干燥条件下的菌种，30 年后仍然存活。对湿热的抵抗力较弱，70 ℃ 经 5～15 min 可完全杀死。对消毒剂抵抗力不强，1% 漂白粉、0.1% 升汞、5% 石炭酸、5% 氢氧化钠、5% 甲醛等均可在短时间内杀死本菌。此外，0.1% 的过氧乙酸和 10% 生石灰乳也是目前喷洒或刷墙的较好的消毒剂。本菌可耐 0.2% 的苯酚，对青霉素很敏感。

（5）抗原与变异。本菌抗原结构复杂，具有耐热抗原和不耐热抗原。根据其对热、酸的稳定性，又可分为型特异性抗原和种特异性抗原。用阿拉伯数字标示型号，用英文小写字母标示亚型。目前已将其分为 25 个血清型和 1a、1b 与 2a、2b 亚型。大多数菌株为 1 型和 2 型。从急性败血症分离的菌株多为 1a 亚型，从亚急性及慢性病病例分离的则多为 2 型。

2. 致病性

在自然条件下，可通过呼吸道或损伤皮肤、黏膜感染，引发 3～12 月龄猪发生猪丹毒；3～4 周龄的羔羊发生慢性多发性关节炎；禽类也可感染，鸡呈衰弱和下痢症状，鸭呈败血症症状。实验动物以小鼠和鸽子最易感染。人可经外伤感染，发生皮肤病变，称为"类丹毒"，因为病状与人的丹毒病相似，但后者由化脓链球菌所致。

3. 微生物学检验

（1）病料采集。败血型猪丹毒，生前耳静脉采血，死后可采取肾、脾、肝、心血、淋巴结，尸体腐败可采取长骨骨髓；疹块型猪丹毒可采取疹块皮肤；慢性病例，可采心脏瓣膜疣状增生物和肿胀部关节液。

（2）涂片镜检。取上述病料涂片染色镜检。如发现革兰阳性，单在、成对或成丛的纤细的小杆菌，可初步诊断。如慢性病例，可见长丝状菌体。

（3）分离培养。取病料接种于血液琼脂平板，经 24～48 h 培养，观察有无针尖状菌落，并在周围呈 α 溶血。取此菌落涂片染色镜检，观察形态，进一步明胶穿刺等生化反应鉴定。

（4）动物试验。取病料制成乳剂，对小白鼠皮下注射 0.2 mL，或鸽子胸肌注射 1 mL，若病料有猪丹毒杆菌，则接种动物于 2～5 天死亡。死后取病料涂片镜检或接种培养基进行确诊。

（5）血清学诊断。可用凝集试验、协同凝集试验、免疫荧光法进行诊断。

二、牛羊的常见病原菌

(一)布氏杆菌

布氏杆菌是多种动物和人的布氏杆菌病的病原。本属包括 6 个种:马尔他布氏杆菌,也称羊布氏杆菌;流产布氏杆菌,也称牛布氏杆菌;猪布氏杆菌;犬布氏杆菌;沙林布氏杆菌;绵羊布氏杆菌。

1. 生物学特性

(1)形态及染色。布氏杆菌呈球形、杆状或短杆形,大小为$(0.5 \sim 0.7)$ μm × $(0.6 \sim 1.5)$ μm,多单在,很少成双、短链或小堆状。不形成芽孢和荚膜,无鞭毛不运动。革兰染色阴性,吉姆萨染色呈紫色。柯氏法染色本菌呈红色,其他杂菌呈绿色。

(2)培养特性。布氏杆菌专性需氧,但许多菌株,尤其是在初代分离培养时需 5% ~ 10% CO_2。最适生长温度为 37 ℃,最适 pH 值为 6.6 ~ 7.4。在液体培养基中呈轻微浑浊生长,无菌膜。在普通培养基中生长缓慢。加入甘油、葡萄糖、血液、血清等能刺激其生长。自固体培养基上培养 2 天后,可见到湿润、闪光、圆形、隆起、边缘整齐的针尖大小的菌落,培养 5 ~ 7 天,菌落增大到 2 ~ 3 μm,呈灰黄色。

(3)生化特性。布氏杆菌触酶阳性,氧化酶常为阳性,不水解明胶或浓缩血清,不溶解红细胞、吲哚、甲基红和 VP 试验阴性,石蕊牛乳无变化,不利用枸橼酸盐。绵羊布氏杆菌不水解或迟缓水解尿素,其余各种均可水解尿素。

(4)抵抗力。布氏杆菌对外界的抵抗力较强,在阳光直射下可存活 4 h,但对湿热的抵抗力不强,煮沸立即死亡。对消毒剂的抵抗力也不强,常用消毒剂能杀死本菌。

(5)抗原。各种布氏杆菌的菌体表面含有两种抗原物质,即 M 抗原(羊布氏杆菌抗原)和 A 抗原(牛布氏杆菌抗原)。这两种抗原在各个菌株中含量各不相同。如羊布氏杆菌以 M 抗原为主,A∶M 约为1∶20;牛布氏杆菌以 A 抗原为主,A∶M 约为20∶1;猪布氏杆菌介于两者之间,A∶M 约为2∶1。

2. 致病性

布氏杆菌被吞噬细胞吞噬成为胞内寄生菌,并在淋巴结生长繁殖形成感染灶。一旦侵入血流,则出现菌血症。不同种别的布氏杆菌各有一定的宿主动物,如我国流行的 3 种布氏杆菌中:马尔他布氏杆菌的自然宿主是绵羊和山羊,也能感染牛、猪、人及其他动物;流产布氏杆菌的自然宿主是牛,也能感染骆驼、绵羊、鹿等动物和人,马和犬是此菌的主要储存宿主;猪布氏杆菌生物型 1、2 和 3 的自然宿主是猪,生物型 4 的自然宿主是驯鹿,生物型 2 可自然感染野兔,除生物型 2 外,其余生物型也可感染人和犬、马、啮齿类等动物。

3. 微生物学检验

(1)细菌学检查。

①涂片镜检。病料直接涂片,做革兰染色和柯兹洛夫斯基染色镜检。

②分离培养。无污染病料可直接划线接种于适宜的培养基;而污染病料用特定的选择性琼脂平板。初次培养应置于 5% ~ 10% CO_2 环境中,37 ℃ 培养。每 3 天观察 1 次,如有细

菌生长,可挑选可疑菌落作细菌鉴定;如无细菌生长,可继续培养至 30 天后,仍无生长者方可视为阴性。

③动物试验。病料乳剂腹腔或皮下注射感染豚鼠,每只 1～2 mL,每隔 7～10 天采血检查血清抗体,如凝集价达到 1:50 以上,即认为有感染的可能。

(2)血清学检查。包括血清中的抗体检查和病料中布氏杆菌的检查两大类方法。常用的方法是玻板凝集试验、虎红平板凝集试验、乳汁环状试验、试管凝集试验、补体结合试验等。

(3)变态反应检查。皮肤变态反应一般在感染后的 20～25 天出现,因此不宜作早期诊断。此法对慢性病例的检出率较高。

(二)炭疽杆菌

炭疽杆菌是引起人类、各种家畜和野生动物发生炭疽病的病原菌。

1. 生物学特性

(1)形态及染色。炭疽杆菌为革兰阳性大杆菌,大小为 (1.0～1.2) μm × (3～5) μm。无鞭毛,呈两端平齐、菌体相连的竹节状。可形成荚膜,在普通培养基上不形成荚膜,但在 10%～20% CO_2 环境中,于血液、血清琼脂或碳酸氢钠琼脂上,则能形成较明显的荚膜。在培养基上此菌常形成长链,并于 18 h 后开始形成芽孢,芽孢椭圆形,位于菌体中央。动物体内炭疽杆菌只有在接触空气之后才能形成芽孢。

(2)培养特性。炭疽杆菌为需氧菌,但在厌氧的条件下也可生长。可生长温度范围为 15～40 ℃,最适生长温度为 30～37 ℃,最适 pH 值为 7.2～7.6。在普通琼脂上培养 24 h 后,强毒菌株形成灰白色不透明、大而扁平、表面干燥、边缘呈卷发状的粗糙(R)菌落,无毒或弱毒菌株形成稍小而隆起、表面为光滑湿润、边缘比较整齐的光滑(S)型菌落。普通肉汤培养基中培养 24 h 后,上部液体仍清朗透明,液面无菌膜或菌环形成,管底有白色絮状沉淀,若轻摇试管,则絮状沉淀徐徐上升,卷绕成团而不消散。

(3)生化特性。炭疽杆菌发酵葡萄糖产酸而不产气,不发酵阿拉伯糖、木糖和甘露醇。能水解淀粉、明胶和酪蛋白。VP 试验阳性。不产生吲哚和硫化氢,能还原硝酸盐。牛乳经 2～4 h 凝固,然后缓慢胨化。

(4)抵抗力。炭疽杆菌繁殖体的抵抗力不强,60 ℃ 30～60 min 或 75 ℃ 5～15 min 即可杀死它。常用消毒剂如 1:5 000 氯己定、1:10 000 新洁尔灭、1:50 000 度米芬等均能在短时间内将其杀灭。在未解剖的尸体中,细菌可随腐败而迅速崩解死亡。芽孢抵抗力特别大,在干燥状态下可长期存活,煮沸 15～25 min、121 ℃ 灭菌 5～10 min 或 60 ℃ 干热灭菌 1 h 方可杀死。

2. 致病性

炭疽杆菌能致各种家畜、野兽和人类的炭疽,其中牛、绵羊、鹿等易感性最强,马、骆驼、猪、山羊等次之,犬、猫、食肉兽等则有相当大的抵抗力,禽类一般不感染。

炭疽杆菌主要通过消化道传染,也可以经呼吸道、皮肤创伤或吸血昆虫传播。食草动物炭疽常表现为急性败血症,菌体通常要在死前数小时才出现于血流。猪炭疽多表现为慢性的咽部感染,犬、猫和食肉兽则多表现为肠炭疽。

3.微生物学检验

死于炭疽的病畜尸体严禁剖检,只能自耳根部采取血液,必要时可切开肋间采取脾脏。皮肤炭疽可采取病灶水肿液或渗出物,肠炭疽可采取粪便。已经误解剖的畜尸,则可采取脾、肝、心血、肺、脑等组织进行检验。

(1)涂片镜检。病料涂片以碱性美蓝、瑞氏染色或吉姆萨染色法染色镜检,如发现有荚膜的竹节状大杆菌,即可初步诊断;陈旧病料,可以看到"菌影",确诊还需分离培养。

(2)分离培养。取病料接种于普通琼脂或血液琼脂,37 ℃培养 18 ~ 24 h,观察有无典型的炭疽杆菌菌落。为了抑制杂菌生长,还可接种于戊烷脒琼脂、溶菌酶-正铁血红素琼脂等炭疽选择性培养基。经 37 ℃培养 16 ~ 20 h 后,挑取纯培养物与芽孢杆菌(如枯草芽孢杆菌、蜡状芽孢杆菌等)鉴别。

(3)生化试验。炭疽杆菌能分解葡萄糖、麦芽糖、蔗糖、果糖和甘油,不发酵阿拉伯糖、木糖和甘露醇,能水解淀粉、明胶和酪蛋白。VP 试验阳性,不产生靛基质和硫化氢,能还原硝酸盐。牛乳经 2 ~ 4 天凝固,然后缓慢陈化,不能或微弱还原美蓝。

(4)动物试验。将被检病料或培养物用生理盐水制成 1∶5 乳悬液,皮下注射小白鼠 0.1 ~ 0.2 mL,或豚鼠、家兔 0.2 ~ 0.3 mL。如为炭疽,多在 18 ~ 72 h 败血症死亡。剖检时可见注射部位呈胶样水肿,脾脏肿大。取血液、脏器涂片镜检,当发现有荚膜的竹节状大杆菌时,即可确诊。

(5)血清学试验

①Ascoli 氏沉淀反应。系 Ascoli 于 1902 年创立,是用加热抽提待检炭疽菌体多糖抗原与已知抗体进行的沉淀试验。这个诊断方法快速简便,不仅适用于死亡动物的新鲜病料,而且对干的皮毛、陈旧或严重污染杂菌的动物尸体的检查也适用。但此反应的特异性不高,敏感性电较差,因而使用价值受到一定影响。

②间接血凝试验。此法是将炭疽抗血清吸附于炭粉或乳胶上,制成炭粉或乳胶诊断血清。然后采用玻片凝集试验的方法,检查被检样品中是否含有炭疽芽孢。若被检样品每毫升含炭疽芽孢7 万 ~ 8 万个,可表现阳性反应。

③协同凝集试验。此法可快速检测炭疽杆菌或病料中的可溶性抗原。将炭疽标本的高压灭菌滤液滴于玻片上,加 1 滴含阳性血清的协同试验试剂,混匀后,于 2 min 内呈现肉眼可见凝集者,即为阳性反应。

④串珠荧光抗体检查。将串珠试验与荧光抗体法结合起来。即将被检材料接种于含青霉素 0.05 IU/mL 的肉汤中培养后,涂片用荧光抗体染色检查。此法与常规检验的符合率达到80% ~ 90%,因而具有一定的实用价值。

⑤琼脂扩散试验。用来检查是否有本菌特异的保护性抗原产生。具体方法是将琼脂培养基上生长的单个菌落。连同周围琼脂一起切取,填入琼脂反应板上事先打好的孔中。与中央孔内于 16 ~ 18 h 前滴加的抗炭疽免疫血清进行 24 ~ 48 h 的扩散试验,阳性者有沉淀线。

此外,还可应用酶标葡萄球菌 A 蛋白间接染色法和荧光抗体间接染色法等,检测动物体内的炭疽荚膜抗体进行诊断。

（三）梭菌

梭菌为革兰阳性大杆菌,多严格厌氧,少数微需氧,形成芽孢,芽孢直径多大于菌体直径,使菌体呈梭状,故名"梭状芽孢杆菌",简称梭菌。但不是所有梭菌都呈梭状,如破伤风梭菌。梭菌在自然界广泛分布,常存在于土壤、水、人和动物肠道以及腐败物中,共包括80余种细菌,多数为腐生菌,少数为病原菌(约11种)。病原菌通常以产生外毒素和侵袭性酶使动物发病。这里只介绍几种重要的动物病原性梭菌。

1. 破伤风梭菌

破伤风梭菌又名破伤风杆菌,是人畜共患破伤风(强直症)的病原菌。污染受伤的皮肤或黏膜,产生强烈的毒素,引起人和动物发病。

（1）生物学特性。

①形态及染色。破伤风梭菌为两端钝网、细长、正直或略弯曲的杆菌,大小为$(0.5 \sim 1.7)\mu m \times (2.1 \sim 18.1)\mu m$,长度变化大。多单在,有时成双,偶有短链。在湿润琼脂表面上,可形成较长的丝状。大多数菌株具周身鞭毛而能运动,无荚膜。芽孢呈圆形,位于菌体一端,横径大于菌体,呈鼓槌状。幼龄培养物为革兰阳性,但培养24 h以后往往出现阴性染色者。

②培养特性。破伤风梭菌为严格厌氧菌,接触氧后很快死亡。最适生长温度为37 ℃。最适pH值为7.0~7.5。营养要求不高,在普通培养基中即能生长,菌落透明,有泳动性生长。在血琼脂平板上生长,可形成直径4~6 mm的菌落,菌落扁平、半透明、灰色,表面粗糙无光泽,边缘不规则,常伴有狭窄的β溶血环。在一般琼脂表面不易获得单个菌落,扩展成薄膜状覆盖在整个琼脂表面上,边缘呈卷曲细丝状。在厌氧肉肝汤中生长稍微浑浊,有细颗粒状沉淀,有咸臭味,培养48 h后,在30~38 ℃适宜温度下形成芽孢,温度超过42 ℃时芽孢形成减少或停止。20%胆汁或6.5%NaCl可抑制其生长。

③生化特性。生化反应不活泼,一般不发酵糖类,只轻微分解葡萄糖,不分解尿素,能液化明胶,产生硫化氢,形成靛青质,不能还原硝酸盐。VP和MR试验均为阴性,神经氨酸酶阴性,脱氧核糖核酸酶阳性。

④抵抗力。破伤风梭菌繁殖体抵抗力不强,但其芽孢的抵抗力极强。芽孢在土壤中可存活数十年,湿热80 ℃ 6 h、90 ℃ 2~3 h、105 ℃ 25 min及120 ℃ 20 min可杀死,煮沸10~90 min致死。干热150 ℃ 1 h以上致死芽孢。5%石炭酸、0.1%升汞作用15 h杀死芽孢。

⑤抗原与变异。破伤风梭菌具有不耐热的鞭毛抗原。用凝集试验可分为10个血清型,其中第Ⅵ型为无鞭毛不运动的菌株,我国常见的是第Ⅴ型。各型细菌都有一个共同的耐热菌体抗原,均能产生抗原性相同的外毒素,此外,毒素能被任何一个型的抗毒素中和。

（2）致病性。破伤风梭菌芽孢随土壤、污物通过适宜的皮肤黏膜伤口侵入机体时,即可在其中发育繁殖,产生强烈毒素,引发破伤风。此病在健康组织中,于有氧环境下,生长受抑制,而且易被吞噬细胞消灭,如在深而窄的创口。同时创伤内发生组织坏死时,坏死组织能吸收游离氧而形成良好的厌氧环境,或伴有其他需氧菌的混合感染。有利于形成良好的厌氧环境,芽孢转变成细菌,在局部大量繁殖而致病。

破伤风梭菌产生两种毒素,一种为破伤风痉挛毒素,毒力非常强,可引起神经兴奋性的异常增高和肌骼肌痉挛;另一种为破伤风溶血素,不耐热,对氧敏感,可溶解马及家兔的红细胞,其作用可被相应抗血清中和,与破伤风梭菌的致病性无关。破伤风梭菌毒素具有良好的免疫原性,用它制成类毒素可产生坚强的免疫,能非常有效地预防本病的发生。

在自然情况下,破伤风梭菌可感染很多动物。除人易感染外,马属动物的易感染性最高,牛、羊、猪、犬、猫偶有发病,禽类和冷血动物不敏感,幼龄动物比成年动物更敏感。实验动物中,家兔、小鼠、大鼠、豚鼠和猴对破伤风痉挛毒素易感染。

(3)微生物学检验。破伤风具有典型的临床症状,一般不需微生物学诊断。如有特殊需要,可采取创伤部的分泌物或坏死组织进行细菌学检查。另外,还可用患病动物血清或细菌培养滤液进行毒素检查。其方法为:小鼠尾根皮下注射 $0.5 \sim 1.0$ mL,观察 24 h,看是否出现尾部和后腿强直或全身肌肉痉挛等症状,且不久死产。进一步还可用破伤风抗毒素血清,进行毒素保护试验。

2. 气肿疽梭菌

气肿疽梭菌又名黑腿病梭菌,是牛、羊黑腿病病原。两端钝圆杆菌,单在或成双,有芽孢并位于菌体中央或近端而呈汤匙状。厌氧,最适生长温度为 37 ℃,最适 pH 值为 $7.2 \sim 7.4$。普通琼脂上生长不良,血清或血液培养基中生长旺盛。石蕊牛乳中产酸凝同产气。液化明胶,还原硝酸盐,不产生硫化氢,不产生吲哚,发酵葡萄糖、乳糖、麦芽糖、蔗糖,不分解甘露醇、水杨苷。常用消毒剂在常用浓度下,可杀死繁殖体。但芽孢的抵抗力很强。6 个月至 2岁的牛最敏感,在肌肉丰满的部位发生气性水肿,肌肉呈暗红色或黑色。马、猪、猫、鸡等一般无感染性,人不感染。

3. 腐败梭菌

腐败梭菌常经创伤感染致各种家畜恶性水肿,又名恶性水肿梭菌。人体培养的腐败梭菌为细长棒状大杆菌,单在或成双,多为短链,肝触片呈无关节的长丝状。可形成卵圆形芽孢,在菌体近端。无荚膜,有鞭毛。在葡萄糖血琼脂平板上形成半透明、淡灰色或无色、微隆、有不规则柔弱网状分枝从中央向四周延伸的菌落,边缘不齐,弱 β 溶血。表面潮湿易融合成片。熟肉基(厌气肉汤)中最初浑浊产气。后形成灰白色块状沉淀,上清清朗,肉块红色。石蕊牛乳中产酸凝固产气。液化明胶,还原硝酸盐,产生硫化氢,不产生吲哚,发酵葡萄糖、乳糖、麦芽糖、水杨苷,不分解甘露醇、蔗糖。腐败梭菌可经创伤感染马、牛、绵羊、山羊及猪等多种动物引起恶性水肿,经消化道感染引起羊快疫,鸡偶尔引起坏死性皮炎,人也可感染。

三、禽的常见病原菌

(一)多杀性巴氏杆菌

多杀性巴氏杆菌是多种动物的重要病原菌,对鸡、鸭、鹅、野禽发生禽霍乱,猪发生猪肺疫,牛、羊、马、兔等发生出性败血症。

1. 生物学特性

(1)形态及染色。多杀性巴氏杆菌在病变组织中通常为球杆状或短杆状。球杆状或杆状形菌体两端钝圆,大小为 $(0.2 \sim 0.4)$ μm × $(0.5 \sim 2.5)$ μm。单个存在,有时成双排列。病料涂片用瑞氏染色或美蓝染色时,可见典型的两极着色(菌体两端染色深、中间浅)。无鞭毛,不形成芽孢。新分离的强毒菌株有荚膜。革兰染色阴性。

(2)培养特性。多杀性巴氏杆菌为需氧或兼性厌氧菌。最适生长温度为37 ℃,最适 pH 值为7.2～7.4。对营养要求较严格,用血液琼脂平皿和麦康凯平皿同时分离。在血液琼脂平皿上培养24 h 后,形成灰白色、圆形、湿润、露珠状菌落,不溶血。在血清肉汤中培养,开始轻度浑浊,4～6天后液体变清亮,管底出现黏稠沉淀,振摇后不分散,表面形成菌环。

(3)生化特性。多杀性巴氏杆菌可分解葡萄糖、果糖、蔗糖、甘露糖和半乳糖,产酸不产气。大多数菌株可发酵甘露醇、山梨醇和木糖。一般对乳糖、鼠李糖、水杨苷、肌醇、菊糖、侧金盏花醇不发酵。可形成靛基质,触酶和氧化酶均为阳性,MR 试验和 VP 试验均为阴性。石蕊牛乳无变化,不液化明胶,产生硫化氢和氨。

(4)抵抗力。多杀性巴氏杆菌抵抗力不强。在阳光中暴晒1 min,在56 ℃ 15 min 或60 ℃ 10 min,可被杀死。埋入地下的病死鸡尸,经4个月仍残留活菌。在干燥空气中2～3天可死亡。3% 石炭酸、3% 甲醛、10% 石灰乳、2% 来苏儿、0.5%～1% 氢氧化钠等5 min 可杀死本菌。对链霉素、磺胺类及许多新的抗菌药物敏感。

(5)抗原与血清型。多杀性巴氏杆菌主要以其荚膜抗原(K 抗原)和菌体抗原(O 抗原)区分血清型,前者有6个型,后者有16个型。以阿拉伯数字表示菌体抗原型,大写英文字母表示荚膜抗原型,我国分离的禽多杀性巴氏杆菌以5∶A 为多,其次是8∶A;猪的以5∶A 和6∶B 为主,8∶A 与2∶D 其次;羊的以6∶B 为多;家兔的以7∶A 为主,其次是5∶A。

2. 致病性

多杀性巴氏杆菌对鸡、鸭、鹅、野禽、猪、牛、羊、马、兔等都有致病性。急性型表现为出血性败血症并迅速死亡;亚急性型于黏膜关节等部位出现出血性炎症等;慢性型则呈现萎缩性鼻炎(猪、羊)、关节炎及局部化脓性炎症等。

3. 微生物学检验

(1)涂片镜检。采取渗出液、心血、肝、脾、淋巴结等病料涂片或触片,以碱性美蓝液或瑞氏染色液染色,如发现典型的两极着色的短杆菌,结合流行病学及剖检变化,即可作初步诊断。

(2)分离培养。用血琼脂平板和麦康凯琼脂同时进行分离培养。麦康凯培养基上不生长,血琼脂平板上生长良好,菌落不溶血。革兰染色为阴性球杆菌。将此菌接种在三糖铁培养基上可生长,并使底部变黄。

(3)动物接种。取1∶10病料乳剂或24 h 肉汤培养物0.2～0.5 mL。皮下或肌肉注射于小白鼠或家兔,经24～48 h 死亡,死亡剖检观察病变并镜检进行确诊。若要鉴定荚膜抗原和菌体抗原型,则要用抗血清或单克隆抗体进行血清学试验。检测动物血清中的抗体,可用试管凝集、间接凝集、琼脂扩散试验或 ELISA。

(二)里氏杆菌

里氏杆菌属的代表种鸭疫里氏杆菌是引起雏鸭、雏火鸡以及雏鹅等多种禽类感染发病的病原。

1. 生物学特征

里氏杆菌为革兰阴性短小杆菌,不运动,无芽孢。有的呈长丝状。常呈单在、成双或呈短链状排列。瑞氏染色菌体呈两极浓染,此染色特性与巴氏杆菌极为相似。该菌为厌氧菌,在普通琼脂和麦康凯琼脂上不生长,需要特殊的营养因子。在厌氧培养的鲜血琼脂斜面上,长出有闪光的奶油状小菌落,不出现溶血;在巧克力琼脂平板上长出灰白色、半透明、较黏稠的圆形菌落;在胰酶大豆琼脂上培养形成圆形、凸起、透明、呈露珠样的菌落,用斜射光观察发绿色光。

里氏杆菌不发酵葡萄糖、果糖、木糖、麦芽糖、乳糖、甘露醇、阿拉伯糖、半乳糖、鼠李糖,不分解尿素;不产生硫化氢和靛基质;不还原硝酸盐;不利用枸橼酸盐;VP、MR 试验均为阴性,接触酶试验阳性;可产生磷酸酶。在高温或 37 ℃下,绝大多数菌株在同体培养基上存活 3 ~ 4 天, − 20 ℃条件下冻干保存可达 10 年以上。在肉汤培养物中可存活 2 ~ 3 周,55 ℃下培养 12 ~ 16 h,细菌即失去活力。

2. 致病性

里氏杆菌主要感染 1 ~ 8 周龄鸭,尤其是 2 ~ 3 周龄小鸭,此外也感染鹅和火鸡等禽类。感染后常呈急性或慢性败血症过程,其病变以纤维素性心包炎、肝周炎、气囊炎、腹膜炎以及部分病例出现干酪性输卵管炎、结膜炎、关节炎为特征,俗称鸭传染性浆膜炎。发病率为 5% ~ 90%,死亡率为 1% ~ 80%,甚至高达 90% 以上,耐过鸭生长迟缓。恶劣的环境条件或并发症,常使禽类更易发生本菌感染。

3. 微生物学诊断

里氏杆菌诊断可取病鸭的心血或脑,用巧克力培养基分离细菌,同时接种麦康凯培养基,并进行生化试验,也可接种小鼠试验。里氏杆菌与大肠杆菌和沙门氏菌均可引起浆膜炎病变,诊断时容易混淆,应注意鉴别诊断。

4. 预防

里氏杆菌主要采用药物和灭活疫苗来进行防治。免疫接种是控制该病的有效方法。该菌易产生耐药性,发生本病时应先做药敏试验,以选用最敏感的抗菌药物进行防治。

【思考与练习】

1. 名词解释:细菌、荚膜、鞭毛、菌毛、芽孢、细菌的呼吸、热原质、生长曲线。
2. 何谓灭菌、消毒、防腐? 举例比较它们的异同。
3. 试述影响微生物的主要物理因素及其实用价值。
4. 试述各种热力灭菌法的主要用途。
5. 比较消毒剂、防腐剂、化学治疗剂的杀菌效果及其影响杀菌的因素。
6. 什么是 BSL-1 ~ BSL-4 实验室? 各适合于从事何种微生物工作?
7. 什么是细菌的致病性?
8. 影响致病菌毒力的因素包括哪两个方面? 为什么它们能影响致病菌毒力?

9. 病原菌毒力测定评价指标有哪些？各有什么特征？

10. 菌落纯培养有哪些？

11. 细菌的基本结构及其功能有哪些？

12. 细菌的特殊结构及其功能有哪些？

13. 细菌的营养类型及划分方法是什么？

14. 细菌生长需要的营养物质都有哪些？其作用如何？

15. 细菌的生长繁殖条件是什么？

16. 细菌的生长繁殖可以分为几个时期？各时期的特点是什么？

17. 制备培养基的基本原则有哪些？

18. 常用培养基的类型有哪些？

19. 细菌在培养基上的生长情况有哪些？

20. 细菌病实验室诊断常用哪些方法？

21. 葡萄球菌主要引起哪些疾病？

22. 详述链球菌的形态及染色特点。

23. 详述大肠杆菌的微生物学系统诊断内容。

24. 简述沙门氏菌的主要培养特性与生化特点。

25. 试述炭疽杆菌的微生物学诊断方法。

26. 比较大肠杆菌与沙门氏菌培养特性及生化特性的异同。

27. 葡萄球菌病和链球菌病的实验室诊断要点有哪些？

28. 简述炭疽杆菌微生物学诊断方法及采取病料时应注意的事项。

29. 多杀性巴氏杆菌的微生物学诊断要点有哪些？

30. 简述破伤风梭菌的致病条件及致病机制。

31. 简述猪丹毒的微生物学诊断要点及防制措施。

项目二　病毒的鉴别诊断

【学习目标】

1. 了解病毒的基本特征和结构。
2. 掌握病毒的复制过程和病毒培养的方法。
3. 掌握干扰现象和干扰素,以及干扰素的实际意义。
4. 掌握病毒病的实验室诊断。
5. 掌握病毒的血凝与血凝抑制实验。

任务一　病毒的形态和结构

一、病毒的大小和形态

(一)病毒的大小

成熟的具有侵染能力的病毒个体称为病毒粒子。病毒粒子的大小以纳米(nm)来计量。各种病毒的大小相差悬殊,一般分为大、中、小 3 种。较大的病毒如痘病毒,其体积为 300 nm×200 nm×100 nm;中等大的病毒如流感病毒,其直径为 90~120 nm;小型的病毒如口蹄疫病毒,其直径仅为 20 nm。绝大多数病毒直径都在 150 nm 以下。病毒的大小可借分级过滤、电泳、超速离心沉降、电镜观察等方法测定。

(二)病毒的形态

病毒粒子的形态大致可分为以下 5 类(图 2.1):

(1)球形。人、动物、真菌的病毒多为球形,其直径 20~30 nm 不等,如腺病毒、疱疹病毒、脊髓灰质炎病毒、花椰菜花叶病毒、噬菌体 MS2 等。

(2)杆状或丝状。这是某些植物病毒的固有特征,如烟草花叶病毒、苜蓿花叶病毒、甜菜黄化病毒等。人和动物的某些病毒也有呈丝状的,如流感病毒、麻疹病毒、家蚕核型多角体病毒等,其丝长短不一,直径 15~22 nm,长度可达 70 nm。

(3)蝌蚪状。这是大部分噬菌体的典型特征。有一个六角形多面体的"头部"和一条细长的"尾部",但也有一些噬菌体无尾。

（4）砖形。这是各类痘病毒的特征。病毒粒子呈长方形，很像砖块。其体积约为300 nm×200 nm×100 nm，是病毒中较大的一类。

（5）弹状。见于狂犬病毒、动物水疱性口腔炎病毒和植物弹状病毒等。这类病毒粒子呈圆筒形，一端钝圆，另一端平齐，直径约70 nm，长约180 nm，略似棍棒。

病毒的大小及形态特征，可供鉴定病毒时参考。

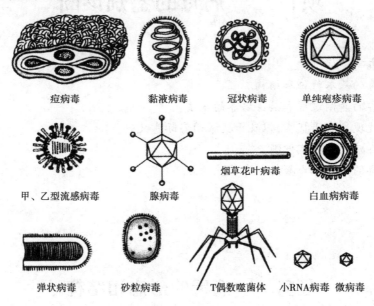

| 痘病毒 | 黏液病毒 | 冠状病毒 | 单纯疱疹病毒 |

| 甲、乙型流感病毒 | 腺病毒 | 烟草花叶病毒 | 白血病病毒 |

| 弹状病毒 | 砂粒病毒 | T偶数噬菌体 | 小RNA病毒 微病毒 |

图2.1　常见病毒粒的形态和大小

二、病毒的化学成分

尽管电镜下的病毒多姿多态，有球形、杆状、多角形、弹状或蝌蚪状等多种（见下节），但这些病毒的组成成分主要包括两种，即核酸（RNA 或 DNA）和蛋白。但也有一些病毒，如流感病毒等，还含有5% ~9%的多糖，11%的磷脂和6%的胆固醇。这些成分均系病毒从其宿主细胞获得，病毒的基因组并不编码这些成分。

病毒的核酸和蛋白在不同科病毒间所占比例和在组成上差异很大，在同科的不同种间也存在着明显的区别。尤其是核酸的大小在不同科病毒间差异很大，因此，由基因组编码的病毒蛋白大小和数量明显不同。

（一）病毒的核酸

病毒的核酸是病毒遗传信息的携带者，迄今发现的成熟病毒颗粒中，均只含有1种类型的核酸，DNA 或 RNA。但逆转录病毒、嗜肝 DNA 病毒等在复制过程中，可以形成 cDNA，或插入宿主细胞的基因组中，再由这种 cDNA 合成病毒的 RNA，因此，出现两种核酸形式。尽管病毒颗粒中仅存在 1 种类型的核酸，但病毒核酸的形式却是多种多样的，有的为双股DNA，如腺病毒等；有的为单股 DNA，如细小病毒等；有的为正链 RNA，如小 RNA 病毒等；有的为负链 RNA，如副黏病毒和弹状病毒等；有的为环状，如圆环病毒等；有的为分节段的病毒,如呼肠孤病毒和正黏病毒等。由于核酸是病毒的遗传物质,每种病毒颗粒中的核酸含量并不一致;也由于结构决定了功能,因此,结构复杂的病毒,其核酸含量较高。相反,结构简单的病毒只有较少的核酸。

核酸和蛋白质之间相互盘绕,并不以共价键形式连接,而是形成某种特征的稳定结构。核酸被病毒的蛋白包裹,因此,病毒内部的核酸不受核酸酶的破坏。

(二)病毒的蛋白质

蛋白质是病毒粒子核酸以外的又一重要组成成分,大多数病毒含有大量的蛋白质,占病毒粒子总重的70%以上。少数病毒,如沙粒病毒,蛋白质的含量较低,占30% ~ 40%。病毒的蛋白质都是由病毒的核酸编码的。但是,并非病毒核酸编码的所有蛋白都是成熟病毒颗粒的组成成分。病毒核酸编码的蛋白质,按照是否形成病毒颗粒分为结构蛋白和非结构蛋白。结构简单的病毒一般可能只有结构蛋白,复杂的病毒则一般同时编码非结构蛋白。

1.病毒的结构蛋白

按照病毒的结构蛋白在病毒颗粒中所在的部位不同,可分为衣壳蛋白、酶蛋白、基质蛋白、囊膜蛋白等;按照结构蛋白在病毒颗粒及复制中发挥的功能不同,可分为保护性蛋白、组装蛋白、感染相关蛋白、毒力蛋白等。因此,病毒结构蛋白的主要功能是对病毒核酸形成保护性外壳、参与病毒粒子对细胞受体的吸附。病毒粒子表面的蛋白质对于敏感细胞表面受体的特殊亲和力,是某些病毒感染必不可少的前提。

2.病毒的非结构蛋白

病毒的非结构蛋白一般不参与病毒颗粒的组装,有的非结构蛋白可能存在于病毒颗粒,或存在于感染的细胞内,但也不属于病毒颗粒的结构成分。非结构蛋白的数量和功能依病毒种类的不同、病毒基因组结构的复杂程度以及基因组复制周期的不同而呈明显的差异。非结构蛋白在病毒的复制过程中起一定作用,也可能与病毒在体内的侵袭力和毒力有一定关系。

(三)病毒的脂类

病毒的脂质是病毒在成熟释放过程中从宿主细胞获得的,因此主要存在于病毒的囊膜中。但痘病毒除了囊膜以外,在其内部结构中也有少量的脂质。去囊膜的虹彩病毒粒子还含有5% ~17%的脂质,其中主要是磷脂,该脂质复合物并非来自未感染前的宿主细胞膜,而是新合成的成分。由于病毒脂质来自细胞,故脂质在化学组成上类似于细胞脂质,即含50% ~60%磷脂、20% ~30%胆固醇以及少量甘油三酯、脂肪酸、脂肪醛、糖脂、中性脂肪等。以脂质为基架形成的病毒囊膜,在病毒复制过程如病毒的吸附、侵入和释放中占有重要的地位。除基架作用外,脂质是否还有其他功能有待阐明。

(四)病毒的糖类

所有病毒均含有一定量的核糖或脱氧核糖,是病毒核酸的固有组成成分之一。除了核酸中的核糖以外,某些动物病毒颗粒中还含有少量糖类,以糖蛋白的形式存在于病毒的囊膜中。例如,在正黏病毒、疱疹病毒、呼肠孤病毒、冠状病毒、弹状病毒和痘病毒等的纤突蛋白或膜蛋白中。

（五）病毒的其他组分

在某些种类的植物病毒颗粒中,还存在着多胺类(如丁二胺、亚精胺等)和金属离子(如铁、钙、镁、铜、铝等),可与病毒的核酸或蛋白结合。可能与感染的细胞环境有关,也可能与病毒颗粒的构型或病毒的感染性有一定关系。但在动物病毒中,这类组成成分的研究报道很少。

三、病毒的结构及其功能

病毒粒子的基本结构主要包括两部分,即芯髓与衣壳。除此之外,有些较为复杂的病毒还具有包膜、刺突等结构(图2.2)。

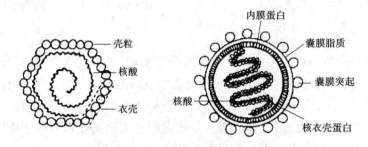

图2.2　病毒粒子的结构断面(模式)
左:无包膜正二十面体对称的核衣壳病毒粒子
右:带包膜螺旋对称的核衣壳病毒粒子

（一）病毒的芯髓

病毒的芯髓是病毒粒子的内部中心结构。核心内有单链或双链的核酸(DNA或RNA),还有少量功能蛋白质(病毒核酸多聚酶和转录酶)。DNA或RNA构成病毒的基因组,包含着该病毒编码的全部遗传信息,能主导病毒的生命活动,控制病毒增殖、遗传、变异、传染致病等作用。

（二）病毒的衣壳

病毒的衣壳是包围在病毒芯髓外面的一层蛋白质结构,由数目众多的蛋白质亚单位(多肽)按一定排列程序组合而成。这些亚单位称为衣壳粒,彼此呈对称排列。每一个衣壳粒可由一个或几个多肽组成。衣壳的功能除能保护芯髓内的病毒核酸免受外界环境中不良因素(如DNA酶和RNA酶)的破坏外,还具有对宿主细胞特别的亲和力,又是该病毒的特异性抗原。

芯髓和衣壳合称核衣壳,它是任何病毒粒子都具有的基本结构。

（三）病毒的囊膜

有些病毒在衣壳外面附有一种双层膜,称为包膜或囊膜,它的主要成分是蛋白质、多糖和脂类。其成分主要来自宿主细胞,是病毒在感染宿主细胞"出芽"时从细胞膜或核膜处获得的。

包膜上的蛋白质由很多亚单位(多肽)与多糖、脂类呈共价结合,常组成糖蛋白亚微结构。嵌附在脂质层中向外突出,称为囊膜粒(突起),例如流感病毒囊膜上有两种囊膜粒,即血凝素和神经氨酸酶(图2.3)。但有些病毒囊膜虽有糖蛋白及脂质,但无囊膜粒。由于有囊膜的病毒都含有脂质,易被乙醚溶解。

另外,有某些病毒(如腺病毒),在病毒体外壳二十面体的各个顶角上有触须样纤维突起,顶端膨大,它能凝集某些动物的红细胞和毒害宿主细胞。这些突起与病毒的囊膜粒一起称为刺突(图2.4)。

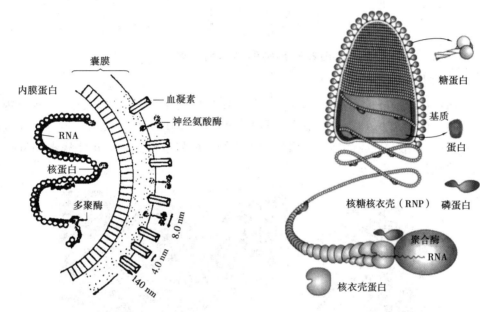

图2.3　病毒的包膜结构(流感病毒)　　　图2.4　弹状病毒粒子核衣壳结构

病毒囊膜有维系病毒粒结构,保护病毒核衣壳的作用。特别是病毒的囊膜糖蛋白,具有多种生物学活性,是启动病毒感染所必需的。

(四)病毒结构的对称性

用电镜观察发现病毒的结构呈现高度对称性,即立体对称、螺旋对称和复合对称。立体对称与螺旋对称是病毒的两种基本结构类型,复合对称是前两种对称的结合。立体对称、螺旋对称和复合对称分别相当于球形、杆状和蝌蚪状3种形态的病毒。所有DNA病毒除痘病毒外为立体对称,RNA病毒有立体对称,也有螺旋对称,噬菌体及逆转录病毒多数呈复合对称,痘病毒属于复杂对称型。

1.立体对称

有些病毒的外形呈"球状",实际上是一个立体对称的多面体,一般为二十面体。它由20个等边三角形组成,具有12个顶角、20个面和30条棱。腺病毒(图2.5)是二十面体对称的典型代表。二十面体病毒有的也具有包膜。

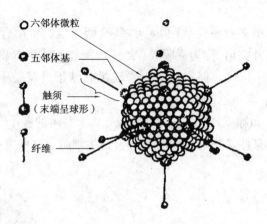

图 2.5　腺病毒体的表面结构模式

六邻体微粒

五邻体基

触须
（末端呈球形）

纤维

2.螺旋对称

有些病毒粒子呈杆状或丝状,其衣壳形似一中空柱,电镜观察可见其表面有精细螺旋结构。在螺旋对称衣壳中,病毒核酸以多个弱键与蛋白质亚基相结合,能够控制螺旋排列的形式及衣壳长度,核酸与衣壳的结合也增加了衣壳结构的稳定性。烟草花叶病毒(TMV)是螺旋对称的典型代表(图 2.6)。

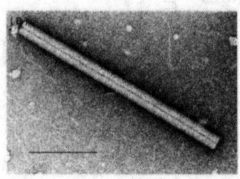

图 2.6　烟草花叶病毒结构示意图

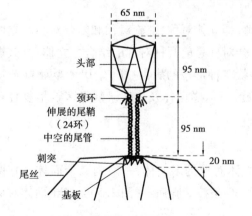

65 nm

头部

颈环
伸展的尾鞘
（24环）
中空的尾管

刺突
尾丝

基板

95 nm

95 nm

20 nm

图 2.7　大肠杆菌 T4 噬菌体结构模式图

3.复合对称

大肠杆菌 T4 噬菌体(图 2.7)是复合对称的代表,由二十面体的头部与螺旋对称的尾部复合构成,呈蝌蚪状。头部蛋白质衣壳内有线状双链 DNA 构成的芯髓。在头尾相连处有颈部,由颈环和颈须构成,颈须的功能是裹住吸附前的尾丝。尾部由尾管、尾鞘、基板、刺突和尾丝构成。尾管中空,是头部 DNA 进入宿主细胞的通道。尾鞘由 24 圈螺旋组成。基板是六角形盘状结构,上面有 6 个刺突和 6 根尾丝,均有吸附功能。

逆转录病毒内部是螺旋形的芯髓,外部是二十面体的外壳,是复合对称型病毒。

四、噬菌体

噬菌体即原核生物病毒,包括噬细菌体、噬放线菌体和噬蓝细菌体等。噬菌体具有其他病毒的共同特性:体积小,结构简单,有严格的寄生性,必须在活的易感宿主细胞内增殖。噬菌体分布广,种类多,目前已成为分子生物学研究的一种重要实验工具,其危害主要存在于发酵工业中。

根据外形,噬菌体可分为蝌蚪形、球形、丝状 3 种。根据结构又可分为 A、B、C、D、E、F 6 种。其中 A、B、C 型均为蝌蚪形,D、E 型均为球形,F 型为丝状(图 2.8、表 2.1)。

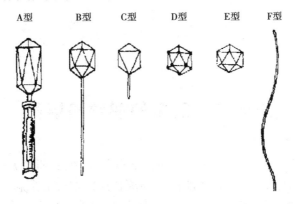

图 2.8 各型噬菌体的形态结构模式

噬菌体的化学成分主要是核酸和蛋白质,后者组成尾部和头部的外壳。核酸为噬菌体的遗传物质,已知有 DNA 噬菌体和 RNA 噬菌体。在大多数 DNA 噬菌体中,多数是 dsDNA,只有少数是 ssDNA。至今发现的 RNA 噬菌体中只有 ssRNA。

表 2.1 噬菌体的形态特征及其宿主

形态及特征			大肠杆菌噬菌体举例	其他菌种噬菌体
形态	类型	特征		
蝌蚪形	A 型	dsDNA,收缩性尾	T2、T4、T6	假单胞菌属:12S,PB-1 芽孢杆菌属:SP-50 粘球菌属:MX-1 沙门氏菌属:66t
	B 型	dsDNA,非收缩性长尾	T1、T5、λ	假单胞菌属:PB-2 棒杆菌属:B 链霉菌属:K1
	C 型	dsDNA,非收缩性短尾	T3、T7	假单胞菌属:12B 土壤杆菌属:PR-1001 芽孢杆菌属:GA/1 沙门氏菌属:P22

续表

形态及特征			大肠杆菌噬菌体举例	其他菌种噬菌体
形态	类型	特征		
球形	D 型	ssDNA,无尾,大顶衣壳粒	ΦX174	沙门氏菌属:ΦR
	E 型	ssRNA,无尾,小顶衣壳粒	f2,MS2,Q_B	假单胞菌属:7S,PP7 柄细菌属的某些噬菌体
丝状	F 型	ssDNA,无头尾	fd,f1,M13	假单胞菌属的某些噬菌体

任务二　病毒的增殖和培养

病毒具有复制周期,包括吸附、穿入、脱壳、生物合成、组装和释放等步骤。特异性吸附是病毒表面的分子与细胞的受体结合的结果,血凝作用的本质也是病毒与细胞受体的结合。穿入和脱壳可发生在细胞膜、内吞小体及核膜上,因病毒种类而异。在隐蔽期病毒进行活跃的生物合成,此时完成 mRNA 的转录及蛋白质的合成。病毒转录的方式各不相同,有许多值得注意的特点。翻译的蛋白质有的尚需后加工,如糖基化、酶裂解等。结构简单的无囊膜二十面体病毒的衣壳可自我组装。大多数无囊膜病毒在细胞裂解后释放出病毒颗粒。有囊膜的病毒则以出芽方式成熟并释放,有细胞膜出芽和胞吐两种形式。

一、病毒的增殖

(一)病毒增殖的方式

病毒增殖只在活细胞内进行,其方式有别于其他微生物,是以病毒基因为模板,在酶的作用下,分别合成其基因及蛋白质,再组装成完整的病毒颗粒,这种方式称为复制。

病毒的复制是由宿主细胞供应原料、能量、酶和生物合成场所,在病毒核酸遗传密码的控制下,于宿主细胞内复制出病毒的核酸和合成病毒的蛋白质,进一步装配成大量的子代病毒,并将它们释放到细胞外的过程。

(二)病毒复制过程

病毒的复制过程大致可分为吸附、穿入、脱壳、生物合成、组装与释放 5 个主要阶段。

1. 吸附

病毒附着在宿主细胞的表面称为吸附,是病毒复制的第一步。这个过程包含静电吸附及特异性受体吸附两阶段。细胞及病毒颗粒表面都带负电荷,Ca^{2+}、Mg^{2+} 等阳离子能降低负电荷,促进静电吸附。静电吸附是可逆的,非特异的。

特异性吸附对于病毒感染细胞至关重要。病毒表面的分子(如纤突等)吸附敏感细胞表面的受体,这种结合是特异的。病毒受体是宿主细胞表面的特殊结构,多为糖蛋白,有些是免疫球蛋白超家族的成员,例如新城疫病毒、甲型流感病毒等的CD169(唾液酸),伪狂犬病病毒的CD155、犬瘟热病毒的CD150、小鼠肝炎病毒的CEA等。病毒与受体的特异结合反映了病毒的细胞嗜性。

吸附作用受许多内外因素的影响,如细胞代谢抑制剂、酶类、脂溶剂、抗体,以及温度、pH值、离子浓度等。

2. 穿入

穿入是指病毒或其一部分进入宿主细胞的过程。病毒吸附于细胞表面后,迅速侵入细胞。侵入宿主细胞的方式有4种:①膜融合,病毒包膜与宿主细胞膜融合,将病毒的内部组分释放到细胞质中,如流感病毒;②利用细胞的胞吞作用,多数病毒按此方式侵入;③完整病毒穿过细胞膜的移位方式,如腺病毒;④某些病毒以完整的病毒颗粒直接通过宿主细胞膜穿入胞浆中,如呼肠孤病毒。

3. 脱壳

脱壳是病毒侵入后,病毒的囊膜和/或衣壳被除去而释放出病毒核酸的过程。病毒脱壳包括脱囊膜和脱衣壳两个过程。没有囊膜的病毒,则只有脱衣壳的过程。

某些病毒在细胞表面脱囊膜,如疱疹病毒的囊膜可与细胞膜融合,同时在细胞质内释放核衣壳,痘病毒的囊膜则在吞饮泡内脱落。

动物病毒穿入宿主细胞并脱壳的过程有所不同,可发生在细胞膜、内吞小体及核膜上。某些病毒(如腺病毒),可能因宿主细胞酶的作用或经某种物理因素脱壳。新城疫病毒等副黏病毒在细胞膜穿入并脱壳。流感病毒等病毒在吸附细胞后,细胞将其吞饮,又称为病毒包饮,形成内吞小体,病毒在内吞小体进行脱壳。

4. 生物合成

病毒脱壳后,释放核酸,这时在细胞内查不到病毒颗粒,故称为隐蔽期或黑暗期。病毒的生物合成发生在隐蔽期,非常活跃,包括mRNA的转录、蛋白质及DNA或RNA的合成等。隐蔽期实际上是病毒增殖过程中最主要的阶段,此时,病毒的遗传信息向细胞传达,宿主细胞在病毒遗传信息的控制下合成病毒的各种组成成分及其所需的酶类,包括病毒核酸转录或复制时所需的聚合酶。最后由新合成的病毒成分装配成完整的病毒粒子。

生物合成发生的部位因病毒种类而异,多数DNA病毒及逆转录病毒发生在细胞核,少数(如痘病毒、非洲猪瘟病毒)发生在细胞质,虹彩病毒及嗜肝DNA病毒在细胞核和细胞质均有。

5. 组装与释放

组装就是在病毒感染的细胞内,将分别合成的病毒核酸和蛋白质组装为成熟病毒粒子的过程。病毒的组装与释放显示了病毒的成熟。成熟的部位因病毒而异,可在细胞质、细胞核、核膜、细胞膜、内质网膜或高尔基体膜。如黄病毒、冠状病毒、动脉炎病毒和布尼亚病毒在高尔基体膜或粗面内质网膜成熟。

(1)无囊膜病毒。无囊膜结构的、简单的二十面体病毒产生的壳粒可自我组装,形成衣壳,进而包装核酸形成衣壳,如微 RNA 病毒、乳头瘤病毒和多瘤病毒等。微 RNA 病毒等的壳粒在自我组装前要经过酶的加工。

腺病毒由 DNA 一端的包装序列与某种蛋白质结合,从而使 DNA 进入事先装配好的空衣壳内,衣壳蛋白再经酶的加工,产生成熟的病毒颗粒。大多数无囊膜的病毒蓄积在细胞质或细胞核内,当细胞完全裂解时,释放出病毒颗粒。

(2)有囊膜病毒。有囊膜的病毒以出芽的方式成熟,有细胞膜出芽及胞吐两种形式。有囊膜的 DNA 病毒(如单纯疱疹病毒),在核内装配成核衣壳,移至核膜上,以出芽方式进入胞浆中,获取宿主细胞核膜成分成为囊膜,并逐渐从胞浆中释放到细胞之外。另一部分能通过核膜裂隙进入胞浆,获取一部分胞浆膜而成为囊膜,沿核周围与内质网相通部位从细胞内逐渐释放。有囊膜的 RNA 病毒(如副流感病毒),其 RNA 与蛋白质在胞浆中装配成螺旋状的核衣壳,宿主细胞膜上在感染过程中已整合有病毒的特异抗原成分(如血凝素与神经氨酸酶)。当成熟病毒以出芽方式通过细胞膜时,就带有这种胞膜成分,并产生刺突。

二、病毒的培养

病毒缺乏完整的酶系统,又无核糖体等细胞器,所以不能在无生命的培养基上生长,必须在活细胞内增殖。因此,实验动物、禽胚以及体外培养的组织和细胞就成为人工培养病毒的场所,其中细胞培养是用于病毒分离和培养最常用的方法,而病毒的人工培养,是病毒实验研究以及制备疫苗和特异性诊断制剂的基本条件。

(一)动物接种

病毒经注射、口服等途径进入易感动物体后可大量增殖,并使动物产生特定反应。动物接种分本动物接种和实验动物接种两种方法。实验用动物应该是健康的,血清中无相应病毒的抗体,并符合其他要求。当然,理想的实验动物是无菌动物或 SPF(无特定病原体)动物。常用的实验动物有小鼠、家兔、豚鼠、鸡等。

动物接种尽管是培养病毒的一种古老方法,但也是一种现在生产中常用的方法。动物接种培养病毒主要用于病原学检查、传染病的诊断、疫苗生产及疫苗效力检验等。

(二)禽胚培养

禽胚是正在孵育的禽胚胎。禽胚组织分化程度低,病毒易于在其中增殖,来自禽类的病毒大多可在相应的禽胚中增殖,其他动物病毒也可在禽胚内增殖,感染的胚胎组织中病毒含量高,培养后易于采集和处理,禽胚来源充足,操作简单。由于优点较多,禽胚是目前较常用的病毒培养方法。但禽胚中可能带有垂直传播的病毒,也有卵黄抗体干扰的问题,因此最好选择 SPF 胚。

禽胚中最常用的是鸡胚,病毒在鸡胚中增殖后,可根据鸡胚病变和病毒抗原的检测等方法判断病毒增殖情况。病毒导致禽胚病变常见的有以下 4 个方面:一是禽胚死亡,胚胎不活动,照蛋时血管变细或消失;二是禽胚充血、出血或出现坏死灶,常见在胚体的头、颈、躯干、腿等处或通体出血;三是禽胚畸形;四是禽胚绒毛尿囊膜上出现痘斑。然而,许多病毒缺乏特异性的病毒感染指征,必须应用血清学或病毒学相应的检测方法来确定病毒的存在和增殖情况。

接种时,不同病毒可采用不同的接种途径,并选择日龄合适的禽胚。常用的鸡胚接种途径及相应的日龄为:绒毛尿囊膜接种,主要用于痘病毒和疱疹病毒的分离与增殖,用10~13日龄鸡胚;尿囊腔接种,主要用于正黏病毒和负黏病毒的分离与增殖,用9~12日龄鸡胚;卵黄囊接种,主要用于虫媒披膜病毒及鹦鹉热衣原体和立克次氏体等的增殖,用6~8日龄鸡胚;羊膜腔接种,主要用于正黏病毒和负黏病毒的分离与增殖,此途径比尿囊腔接种更敏感,但操作较困难,且鸡胚易受伤致死,选用10~11日龄鸡胚。

鸡胚接种部位见图2.9,适于鸡胚接种的病毒见表2.2。

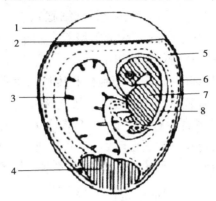

图2.9 鸡胚接种部位

1—气室;2—壳膜;3—卵黄囊;4—蛋清;5—尿囊腔;6—绒毛尿囊膜;7—胚体;8—羊膜腔

表2.2 适于鸡胚接种的病毒

病毒名称	增殖部位	病毒名称	增殖部位
禽痘及其他动物痘病毒	绒毛尿囊膜	禽脑脊髓炎病毒	卵黄囊内
马立克氏病病毒	卵黄囊内、绒毛膜	鸭肝炎病毒	绒毛尿囊腔
鸡传染性喉气管炎病毒	绒毛尿囊膜	鸡传染性支气管炎病毒	绒毛尿囊腔
鸭瘟病毒	绒毛尿囊膜	小鹅瘟病毒	鹅胚绒毛尿囊腔
人、畜、禽流感病毒	绒毛尿囊腔	马鼻肺炎病毒	卵黄囊内
鸡新城疫病毒	绒毛尿囊腔	绵羊蓝舌病病毒	卵黄囊内

接种后的鸡胚一般37 ℃孵育,相对湿度60%。根据接种途径不同,收获相应的材料:绒毛尿囊膜接种时收获接种部位的绒毛尿囊膜;尿囊腔接种时收获尿囊液;卵黄囊接种时收获卵黄囊及胚体;羊膜腔接种时收获羊水。

禽胚接种在基层生产中应用相当广泛,常用于家禽传染病的诊断、病毒病原性研究以及生产诊断抗原和疫苗等方面。

(三)组织培养

组织细胞培养是用体外培养的组织块或单层细胞分离增殖病毒。组织培养即将器官或组织块于体外细胞培养液中培养存活后接种病毒,观察组织功能的变化,如气管黏膜纤毛上皮的摆动等。

体外培养动物组织,在100多年前已获成功,直到20世纪50年代采用了将组织细胞分散的技术,使组织培养变为细胞培养,得以应用于病毒学研究、诊断及疫苗制备的方面。组织培养和细胞培养在此领域基本是同义词,前者包括后者。

细胞培养是用细胞分散剂将动物组织细胞消化成单个细胞的悬液,适当洗涤后加入营养液,使细胞贴壁生长成单层细胞。病毒感染细胞后,大多数能引起细胞病变,称为病毒的致细胞病变作用(CPE),借助倒置显微镜即可观察到,表现为多种形式(如细胞圆缩、肿大、形成合胞体或空泡等)。还有的细胞不发生病变,但培养物出现红细胞吸附及血凝现象(如流感病毒等)。有时还可用免疫荧光技术等血清学试验检查细胞中的病毒。兽医上通常用的细胞有 CEF(鸡胚成纤维细胞)、DEF(鸭胚成纤维细胞)、PK-15 株(猪肾上皮细胞)、Vero(非洲绿猴肾细胞)、K-L 株(中国仓鼠肺)等,细胞培养多用于病毒的分离、培养和检测中和抗体,在病毒的诊断和研究中发挥了很大的作用。

细胞培养的类型包括原代细胞、二倍体细胞株和传代细胞系。细胞培养的方法有静置培养和旋转培养、悬浮培养和微载体培养。组织细胞培养病毒有许多优点:一是离体活组织细胞不受机体免疫力影响,很多病毒易于生长;二是便于人工选择多种敏感细胞供病毒生长;三是易于观察病毒的生长特征;四是便于收集病毒作进一步检查。因此,细胞培养是病毒研究、疫苗生产和病毒病诊断的良好方法。但此法成本和技术水平要求较高,操作复杂,在基层单位尚未广泛应用。

三、病毒的其他特性

(一)干扰现象

在两种病毒感染同一种细胞时,可以发生一种病毒抑制另一种病毒复制的现象,称为干扰现象。干扰现象可以发生在异种病毒之间,也可发生在同种病毒不同型或株之间,甚至在病毒高度复制时,也可发生自身干扰,灭活病毒也可干扰活病毒的增殖,最常见的是异种病毒之间的干扰现象。

病毒之间产生干扰的原因有以下几方面:

1. 占据或破坏细胞受体

两种病毒感染同一细胞,需要细胞膜上相同的受体,先进入的病毒首先占据细胞受体或将受体破坏,使另一种病毒无法吸附和穿入易感细胞,增殖过程被阻断。

2. 争夺酶系统、生物合成原料及场所

两种病毒可能利用不同的受体进入同一细胞,但它们在细胞中增殖所需的原料、关键性酶及合成场所是一致的,而且是有限的。因此,先入者为主,强者优先,一种病毒占据有利增殖条件而正常增殖,另一种病毒则增殖受到抑制。

3. 干扰素的产生

病毒之间存在干扰现象的最主要原因是先进入的病毒可诱导细胞产生干扰素,抑制病毒的增殖。

干扰素是机体活细胞受到病毒感染或干扰素诱生剂刺激后产生的一种低分子量的糖蛋白。它释放到蛋白外被其他细胞吸收,吸收了这种干扰素的细胞便产生一种物质,即抗病毒蛋白质,具有抑制病毒复制的作用。具有强的种属特异性。

干扰素按照化学性质可分为以下 3 类:①α 干扰素,主要由白细胞和其他多种细胞在受到病毒感染后产生的,人类的 α 干扰素至少有 22 个亚型,动物的较少;②β 干扰素,由成纤维细胞和上皮细胞受到病毒感染时产生,只有 1 个亚型;③γ 干扰素,由 T 淋巴细胞和 NK 细胞在受到抗原或有丝分裂原的刺激产生,是一种免疫调节因子,主要作用于 T 细胞、B 细胞和 NK 细胞,增强这些细胞的活性,促进抗原的清除。

干扰素对热稳定,60 ℃ 1 h 一般不能灭活,在 pH 值为 3～10 稳定,但对胰蛋白酶和木瓜蛋白酶敏感。

干扰素的生物学活性有:①抗病毒作用。广谱抗病毒、非特异性的、具有明显的动物种属特异性;②免疫调节作用。主要是 γ 干扰素的作用,γ 干扰素可作用于 T 细胞、B 细胞和 NK 细胞,增强它们的活性;③抗肿瘤作用。抑制肿瘤病毒的增殖,抑制肿瘤细胞的生长,调节机体的免疫机能,通过调节癌细胞基因的表达,实现抗肿瘤的作用。

(二)抵抗力

灭活,病毒受理化因素的作用失去感染性。

1. 物理因素

耐干燥。高温能杀死病毒。多数 55 ℃ 30 min 可灭活。耐低温,0 ℃ 以下低温有利于病毒存活,加入乳糖或脱脂乳冻干可长期保存病毒,但不能反复冻融。大量紫外线和长时间日光照射能杀灭病毒。

2. 化学因素

用 50% 甘油缓冲生理盐水保存病毒。大多数病毒对碱敏感,常用 2% 氢氧化钠溶液消毒环境,对高锰酸钾、次氯酸盐、酒精、强酸碱敏感。0.125% 甲醛能有效降低病毒的致病力,但不影响其抗原性,常用于制备灭活疫苗。对盐类稳定($MgCl_2$、Na_2SO_4 作为正副黏病毒和疱疹病毒的稳定剂)。

3. 脂溶剂

脂溶剂能破坏病毒囊膜而使其灭活。常用乙醚、氯仿等脂溶剂处理病毒,以检查其有无囊膜。

(三)滤过特性与离心

病毒微小,能通过孔径为 0.02 μm 的滤膜过滤器,细菌不能透过,利用这一特性,可将病毒、细菌分开。病毒质量极轻,高速离心也难以下沉,以 3 000～4 000 r/min 离心,病毒处在上清液中。

(四)病毒的血凝现象

许多病毒表面有血凝素,能与鸡、豚鼠的红细胞表面受体结合,而出现红细胞凝集现象,简称病毒的血凝现象。这种血凝现象是非特异性的,当病毒与相应的抗病毒抗体结合后,能使红细胞的凝集现象受到抑制,称为病毒血凝抑制现象。能阻止病毒凝集红细胞的抗体称为红细胞凝集抑制抗体,其特异性很高。例如,用于诊断鸡新城疫、流感、流行性乙型脑炎、EDS-76、鸡传染性鼻炎、牛瘟、细小病毒病、狂犬病等。

任务三　病毒的致病性及实验室诊断

一、病毒的致病性

(一)对宿主细胞的致病作用

1.干扰宿主细胞的功能

(1)抑制或干扰宿主细胞的生物合成。大多数杀伤性病毒所转译的早期蛋白质可抑制宿主细胞 RNA 的蛋白质的合成,随后 DNA 的合成也受到抑制。如小 RNA 病毒、疱疹病毒和痘病毒。

(2)破坏宿主细胞的有丝分裂。病毒在宿主细胞内复制,能干扰宿主细胞的有丝分裂,形成多核的合胞体或多核巨细胞。如疱疹病毒、痘病毒和副黏病毒。

(3)细胞转化。病毒的 DNA 与宿主细胞的 DNA 整合,从而改变宿主细胞遗传信息的过程,称为转化。转化后的细胞具有高度生长和增殖的势能,分裂周期缩短,并能持续地旺盛生长,这种转化后的细胞在机体内可能形成肿瘤。如乳多空病毒、腺病毒、疱疹病毒、反转病毒等。

(4)抑制或改变宿主细胞的代谢。病毒进入宿主细胞后,其 DNA 能在几分钟内对宿主细胞 DNA 的合成产生抑制,同时,病毒抢夺宿主细胞生物合成的场地、原材料和酶类,产生破坏宿主细胞 DNA 及代谢酶的酶类,或产生宿主细胞代谢酶的抑制物,从而使宿主细胞的代谢发生改变或受到抑制。

2.损伤宿主细胞的结构

(1)细胞病变。病毒在宿主细胞内大量复制时,其代谢产物对宿主细胞具有明显的毒性,能导致宿主细胞结构的改变,出现肉眼或镜下可见的病理变化,即细胞病变。如空斑形成、细胞浊肿。

(2)包涵体形成。新复制的子病毒及其前体在宿主细胞内大量堆积,形成镜下可见的特殊结构,称为包涵体;或病毒在宿主细胞内复制时,形成病毒核配和蛋白质集中合成和装配的场所,即"病毒工厂",也是一种镜下可见的细胞内的特殊结构,又称包涵体。

(3)溶酶体的破坏。某些病毒进入宿主细胞后,首先使宿主细胞溶酶体膜的通透性升高,进而使溶酶体膜破坏,溶酶体被释放而使宿主细胞发生自溶。

(4)细胞融合。病毒破坏溶酶体使宿主细胞发生自溶后,溶酶体酶被释放到细胞外,作用于其他细胞表面的糖蛋白,使其结构发生变化,从而使相邻细胞的胞膜发生融合,形成合胞体。

(5)红细胞凝集和溶解。某些病毒的表面具有一些称为凝血原的特殊结构,能与宿主红细胞的表面受体结合,使红细胞发生凝集,称为病毒的凝血作用,如新城疫病毒、流行性感冒病毒、狂犬病病毒;还有些病毒能溶解宿主的红细胞,称为病毒的溶血作用,如新城疫病毒、流行性感冒病毒。

3. 引起宿主细胞死亡和破裂崩解

病毒在宿主细胞内复制,一方面,病毒粒子及病毒代谢产物对宿主细胞的结构,严重干扰宿主细胞的正常生命活动,引起宿主细胞的死亡;另一方面,不完全病毒在宿主细胞内复制出大量的子病毒后,以宿主细胞破裂的方式释放,造成宿主细胞死亡。

(二)对宿主机体的致病作用

1. 病毒直接破坏机体的结构

病毒对机体结构的破坏,是以其对宿主细胞的损伤为基础的。有些病毒能破坏宿主毛细血管内皮和基底膜,造成其通透性增高,导致全身性出血、水肿、局部缺氧和坏死,如猪瘟病毒、新城疫病毒、马传染性贫血病毒;有些病毒能在宿主血管内产生凝血作用,导致机体微循环障碍,严重者发生休克,如新城疫病毒、流行性感冒病毒;有些病毒则通过细胞的转化形成肿瘤,与其他健康组织争夺营养并对其周围组织造成压迫,使健康组织萎缩,机体消瘦,如鸡马立克氏病病毒、牛白血病病毒、禽白血病病毒;有些病毒能破坏神经细胞的结构,引发机体的神经细胞结构和神经症状,如狂犬病病毒;有些病毒能破坏肠黏膜柱状上皮,使小肠绒毛萎缩,影响营养和水分的吸收,引起剧烈的水样腹泻,如猪传染性胃肠炎病毒、猪流行性腹泻病毒。

2. 病毒的代谢产物对机体的致病作用

病毒在复制的过程中能产生一些健康动物体内没有的代谢产物,这些代谢产物与宿主体内的某些功能物质结合而影响这些物质的功能发挥,或吸附于某些细胞的表面,改变细胞表面的抗原性,激发机体的变态反应而造成组织损伤,如水貂阿留申病病毒、马传染性贫血病毒、淋巴细胞脉络丛脑膜炎病毒。代谢产物还可通过改变机体的神经体液功能而发挥致病作用。

病毒在破坏宿主细胞的过程中能释放出一些病理产物,这些病理产物可继发性地引起机体的结构和功能破坏。例如:细胞破裂后释放出来的溶酶体酶,可造成组织细胞的溶解和损伤;5-羟色胺、组胺、缓激肽等可引发局部炎症反应。

二、病毒感染的实验室诊断方法

畜禽病毒性传染病是危害最严重的一类疫病,给畜牧业带来的经济损失最大。除少数病毒病(如绵羊痘等)可根据临床症状、流行病学、病变作出诊断外,大多数病毒性传染病的确诊必须在临床诊断的基础上进行实验室诊断,以确定病毒的存在或检出特异性抗体。病毒病的实验室诊断和细菌病的实验室诊断一样,都需要正确地采集病料,常用的诊断方法有病毒的分离培养、病毒的血清学试验、动物接种试验、分子生物学的方法等。

(一)病料的采集、保存和运送

病料采集适当与否,直接影响病毒的检测结果。一般可采集发病或死亡动物的组织病料、分泌物或粪便等,采样因动物及病毒的种类而异。例如:因犬细小病毒或轮状病毒导致腹泻的幼犬或犊牛,一般应采其粪便;怀疑为口蹄疫的猪或牛,则应采其水疱液及水疱皮送检。

病毒病料采集的原则、方法以及保存运送的方法与细菌病病料的采集、保存和运送方法基本是一致的,不同的是病毒材料的保存除可冷冻外,还可放在50%甘油磷酸盐缓冲液中保存,液体病料采集后可直接加入一定量的青霉素、链霉素或其他抗生素,以防细菌和霉菌的污染。

(二)病毒的分离和培养

细胞培养、禽胚和实验动物可用于病毒的分离和培养,其中细胞培养是用于病毒分离和培养最常用的方法。供接种或培养的病料应作除菌处理。除菌方法有细菌滤器除菌、高速离心除菌和用抗生素处理3种。如用口蹄疫的水疱皮进行病毒分离培养时,将送检的水疱皮置平皿内,以灭菌的pH值为7.6的磷酸盐缓冲液洗涤数次,并用灭菌滤纸吸干、称重,剪碎、研磨制成1:5悬液,为防止细菌污染,每毫升加青霉素1 000 U、链霉素1 000 μg,置2 ~ 4 ℃冰箱内4 ~6 h,然后用8 000 ~10 000 r/min离心沉淀30 min,吸取上清液备用。

被接种的动物、禽胚或细胞出现死亡或病变时(但有的病毒须盲目传代后才能检出),可应用血清学试验及相关技术进一步鉴定病毒。

(三)动物接种试验

病毒病的诊断也可应用动物接种试验来进行。取病料或分离到的病毒处理后接种实验动物,通过观察记录动物的发病时间、临床症状及病变甚至死亡的情况,也可借助一些实验室的方法来检测病毒的存在。此方法尤其在病毒毒力测定上应用广泛。

(四)病毒的血清学试验

病毒分离后,可用已知的抗病毒血清或单克隆抗体,对分离毒株进行血清学鉴定,以确定病毒的种类、血清型及其亚型。常用的血清学试验方法有血清中和试验、血凝抑制试验、补体结合试验、免疫沉淀技术和免疫转印技术等。

(五)分子生物学方法

分子生物学诊断已广泛应用于病毒的鉴定,又称基因诊断,主要是针对不同病原微生物所具有的特异性核酸序列和结构进行测定。其特点是反应灵敏度高、特异性强,检出率高,是目前最先进的诊断技术之一。主要的方法包括病毒基因的PCR扩增(PCR技术)及其序列分析、核酸杂交和DNA芯片技术。

1. PCR诊断技术

PCR技术又称聚合酶链式反应,目前广泛用于病毒核酸检测。该方法是根据GenBank中病毒保守序列设计PCR引物,以待检病毒核酸为模板(称为模板DNA),在DNA聚合酶作用和适当条件下,置于PCR仪,经变性、退火、延伸等基本步骤的多次循环,最后获得所扩增的目的基因片段,结果与已知病毒序列进行比对,即可得出结论。

PCR可直接用于DNA病毒的检测,如果是RNA病毒,则需在扩增之前进行反转录,即提取病毒RNA,加入反转录酶合成cDNA后,再进行PCR扩增,称为反转录-聚合酶链式反应(简称RT-PCR)。

PCR结合序列测定,不仅可用于病毒核酸的检测,还可用于新病毒的鉴定、病毒的分子流行病学研究等,特别适用于那些尽量减少散毒风险不宜进行的高致病性病毒(如口蹄疫病毒、高致病性禽流感病毒等),或不能适应细胞培养的病毒(如猪戊型肝炎病毒等)。

从 PCR 技术发展起来的原味 PCR 和荧光定量 PCR,近年来也逐渐用于动物病毒的检测和病毒病的诊断。

2. 核酸杂交

核酸杂交包括 DNA 杂交和 RNA 杂交。DNA 杂交用于检测病毒 DNA,DNA 样本经限制性内切酶消化、凝胶电泳、变性,转移到滤膜上,然后用放射性同位素标记的病毒核酸序列探针检测结合到固相滤膜上的 DNA。目前放射性同位素标记的核酸探针很少使用,大多用非放射性标记探针(生物素标记)进行检测。经过改良的斑点杂交,可用于样本中病毒核酸的快速检测。RNA 杂交,用于病毒 RNA 的检测,基本过程与 DNA 杂交相似。

核酸杂交技术可用于细胞、组织中病毒基因组或转录产物的定位检测,称为原位杂交。

3. DNA 芯片

DNA 芯片技术是一类新型的分子生物学技术,为研究细胞中病毒感染的基因表达谱提供了重要的新的手段,近年来也开始应用于病毒的检测和病毒病的诊断。该技术是将病毒 DNA 片段有序地固化于支持物(如玻片、硅片)的表面,组成密集二维分子排列,然后与已标记的待测样本中的靶分子杂交,通过特定的仪器(如激光共聚焦扫描或电荷偶联摄影像机)对杂交信号的强度进行快速、并行、高效的检测分析,从而可检测样本中靶分子的数量。该技术可用于大批量样本的检测和不同病毒病的鉴别诊断。

实训 10　动物接种技术

一、目的要求

(1)掌握实验动物注射的一般方法。
(2)掌握实验动物的剖检技术。
(3)掌握微生物学诊断用病料的采取法及包装寄送。

二、仪器及材料

实验动物、注射器、针头、酒精、碘酊、注射药物。

三、方法与步骤

1. 实验动物接种操作技术
(1)实验动物的选择和接种后的管理。根据病原微生物的生物学特点和实验目的的要求选择适宜的实验动物(应考虑经济、健康、适龄、体重和性别适宜)和接种途径。接种完毕后,实验动物必须隔离饲养,作好标记,并作详细记载。

(2)实验动物的固定方法。示教。

(3)实验动物的接种(感染)方法。①皮下接种:一般在前肢或腋下皮下接种;②腹腔接种:将后肢抬高,从腹后侧注射,确定注射针进入腹腔后方可注射;③静脉注射:家兔可进行耳外缘静脉注射,小鼠可尾中缘静脉注射;④肌肉注射:从肌肉丰满处注射。

2. 实验动物的剖检、病料采取、包装要求

(1)实验动物死亡后立即解剖,以免腐败菌及肠道菌侵入脏器,给病原菌的分离带来困难,甚至不能得到应有的结果,同时也影响病理变化的观察。

(2)解剖用器械,必须经煮沸或高压灭菌。每一脏器用一套器械。

(3)实验动物放瓷盘中固定后,先用消毒药水将毛充分浸湿,打开皮肤后,用酒精棉球采灼烧腹壁,剪开腹壁。

以无菌操作法取病料,放入无菌容器送检或进行接种工作,再取病料制片,以备染色镜检。用酒精棉球灼烧胸壁,打开胸腔,无菌采取胸腔积液、心包液及血液进行培养或送检,并取病料制片染色镜检。观察实验动物有无特殊病变。作好详细记录。

实训 11　鸡胚接种技术

一、目的要求

(1)掌握病毒的鸡胚培养方法。
(2)掌握病毒的鸡胚接种技术。

二、仪器及材料

消毒设备、注射器、头皮针、滴管、接种环、酒精灯、受精卵、照蛋器、孵化设备、卵盘、卵杯、接种箱、眼科镊子和剪子、毛细吸管、锥子、灭菌平皿、恒温箱、碘酒、70%酒精、镊子、剪刀、封蜡。

三、方法与步骤

1. 准备蛋胚

孵育前的鸡卵先用清水以布洗净,再用干布擦干,放入孵卵器内进行孵育(37 ℃,相对

湿度是 45% ~60%),孵育 3 日后,鸡卵每日翻动 1 ~2 次。孵至第 4 日,用检卵灯观察鸡胚发育情况,未受精卵,只见模糊的卵黄黑影,不见鸡胚的形迹,这种鸡卵应淘汰。活胚可看到清晰的血管和鸡胚的暗影,比较大一些的可以看见胚动,随后每日观察 1 次,将胚动呆滞或没有运动的、血管昏暗模糊者,即可能是已死或将死的鸡胚,要随时加以淘汰。生长良好的蛋胚一直孵育到接种前,具体胚龄视所拟培养的病毒种类和接种途径而定。

2. 接种

(1)绒毛尿囊膜接种。

①将孵育 10 ~12 天的蛋胚放在检卵灯上,用铅笔勾出气室与胚胎略近气室端的绒毛尿囊膜发育得好的地方。

②用碘酒消毒气室顶端与绒毛尿囊膜记号处,并用磨壳器或齿钻在记号处的卵壳上磨开一个三角形或正方形(每边为 5 ~6 mm)的小窗,不可弄破下面的壳膜。在气室顶端钻一个小孔。

③用小镊子轻轻揭去所开小窗处的卵壳,露出壳下的壳膜,在壳膜上滴 1 滴生理盐水,用针尖小心地划破壳膜,但注意切勿伤及紧贴在下面的绒毛尿囊膜,此时生理盐水自破口处流至绒毛尿囊膜,以利两膜分离。

④用针尖刺破气室小孔处的壳膜,再用橡皮乳头吸出气室内的空气,使绒毛尿囊膜下陷而形成人工气室。

⑤用注射器通过窗口的壳膜窗孔滴 0.05 ~0.1 mL 牛痘病毒液于绒毛尿囊膜上。

⑥在卵壳的窗口周围涂上半凝固的石蜡,做成堤状,立即盖上消毒盖玻片。也可用揭下的卵壳封口,并将卵壳盖上,接缝处涂以石蜡,但石蜡不能过热,以免流入卵内。将鸡卵始终保持人工气室在上方的位置进行 37 ℃培养,48 ~96 h 观察结果。

(2)尿囊腔接种。用孵育 10 ~12 天的蛋胚,因这时尿囊液积存得最多。

①将蛋胚在检卵灯上照视,用铅笔画出气室与胚胎位置,并在绒毛尿囊膜血管较少的地方作记号。

②将蛋胚竖放在蛋座木架上,钝端向上。用碘酒消毒气室蛋壳,并用钢针在记号处钻一小孔。

③用带 18 mm 长针头的 1 mL 注射器吸取鸡新城疫病毒液,针头刺入孔内,经绒毛尿囊膜入尿囊腔,注入 0.1 mL 病毒液。

④用石蜡封孔后于 37 ℃孵卵器孵育 72 h。

(3)羊膜腔接种。

①将孵育 10 ~11 天的蛋胚照视,画出气室范围,并在胚胎最靠近卵壳的一侧作记号。

②用碘酒消毒气室部位的蛋壳。用齿钻在气室顶端磨一个三角形,每边约 1 cm 的裂痕。注意勿划破壳膜。

③用灭菌镊子揭去蛋壳和壳膜,并滴加 1 滴灭菌液体石蜡于下层壳膜上,使其透明,以便观察,若将蛋胚放在检卵灯上,则看得更清楚。

④用灭菌尖头镊子,两页并拢,刺穿下层壳膜和绒毛尿囊膜没有血管的地方,并夹住羊膜从刚才穿孔处拉出来。

⑤左手用另一把无齿镊子夹住拉出的羊膜,右手持带有 26 号针头的注射器,刺入羊膜

腔内,注入鸡新城疫病毒液 0.1 mL。针头最好用无斜削尖端的钝头,以免刺伤胚胎。

⑥用绒毛尿囊膜接种法的封闭方法将卵壳的小窗封住,于 37 ℃孵卵器内孵育 48～72 h,保持蛋胚的钝端朝上。

3.收获

(1)绒毛尿囊膜。

①用碘酒消毒人工气室上的卵壳,去除窗孔上的盖子。

②将灭菌剪子插入窗内,沿人工气室的界限剪去壳膜,露出绒毛尿囊膜,再用灭菌眼科镊子将膜正中夹起,用剪刀沿人工气室边缘将膜剪下,放入加有灭菌生理盐水的培养皿内,观察病灶形状。然后或用于传代,用 50% 甘油保存。

(2)尿囊腔接种法收获尿囊液。

①将蛋胚放在冰箱内冷冻半日或一夜,使血管收缩,以便得到无胎血的纯尿囊液。

②用碘酒消毒气室处的卵壳,并用灭菌剪刀除去气室的卵壳。切开壳膜及其下面的绒毛尿囊膜,翻开到卵壳边上。

③将鸡卵倾向一侧,用灭菌吸管吸出尿囊液。一个蛋胚可收获 6 mL 左右尿囊液。若操作时损伤了血管,则病毒会吸附在红细胞上,尿囊液成为无用。收获的尿囊液经无菌试验后,可在 4 ℃以下的温度中保存。

④观察鸡胚,看有无典型的症状。

(3)羊膜腔接种法收获羊水。

①按收获尿囊液的方法消毒、去壳,翻开壳膜和尿囊膜。

②先吸出尿囊液,再用镊子夹出羊膜,以尖头毛细吸管插入羊膜腔,吸出羊水,放入灭菌试管内,每蛋胚可吸 0.5～1.0 mL。经无菌试验后,保存于低温中。

③观察鸡胚的症状。

任务四　常见的动物病毒

病毒性传染病对畜牧业的危害极大,如口蹄疫、禽流感、狂犬病、猪瘟、猪繁殖与呼吸综合征、非洲猪瘟、新城疫、鸡马立克氏病等,下面将详细介绍一些常见的动物病毒。

一、多种动物共患病毒

1.口蹄疫病毒(FMDV)

口蹄疫是全球性最重要的动物健康问题之一,世界大部分地区时有发生,是 OIE 规定的通报疫病。口蹄疫病毒是猪、牛羊等偶蹄动物口蹄疫的病原体,人类偶能感染。

口蹄疫病毒是单股 RNA 病毒,属于微 RNA 病毒科口蹄疫病毒属,无囊膜,二十面体立体对称,近似球形,直径 20～25 nm。有 7 个血清型,分别命名为 O、A、C、SAT1、SAT2、SAT3 及亚洲 1 型,各型之间无交互免疫保护作用,每个血清型又可进一步划分亚型。我国流行的有 O、A 及亚洲 1 型,但 2018 年已宣布我国未再发现亚洲 1 型口蹄疫,已禁止亚洲 1 型口蹄疫疫苗的生产及免疫接种。

(1)致病机理。病畜口、鼻、蹄等部位出现水疱为主要症状,且可能跛行。不同动物的症状稍有不同,怀孕母牛可能流产,然后导致繁殖力降低。猪则以跛蹄为最主要的症状。山羊和绵羊的症状通常比牛温和。

口蹄疫传播迅速,常在牛群及猪群大范围流行。除马以外,羊及多种偶蹄动物都易感。此病的致死率很低,但是感染率很高。人类偶能感染,多发生于与患畜密切接触的或实验室工作人员,多为亚临床感染,可表现为发热、食欲差及口、手、脚产生水疱。

反刍动物感染的主要途径是通过吸入感染,但也可通过采食或接触污染物感染病毒经呼吸道感染时,最初在咽复制,而后传播到其他组织。在临床疾病出现前的 24 h,患畜排出病毒,奶中也带有大量病毒,并持续数天感染猪喷出的飞沫中含有大量的病毒。本病毒可长距离经气雾传播,依赖于风向及风速,特别是低温度及高湿度、阴暗的天气。1967—1968 年英国的口蹄疫流行就是因为长距离的气雾传播。

本病毒可在某些康复动物的咽部长时间存在,牛可长达 2 年,绵羊可达 6 个月。猪未发现病毒的持续感染。野生动物(如非洲的水牛)甚至携带不止一种 SAT 亚型。本病毒在反刍动物中产生持续性感染的机制仍不清楚。

康复与抗体的产生相关。早期 IgM 抗体既能中和同型病毒,也可以抗异型病毒。康复期产生的 IgG 是型特异性的或是亚型特异性的。康复牛对同型病毒感染的免疫力可维持 1 年或稍长。细胞免疫的作用与其他微 RNA 病毒感染一样,一般认为意义不大。

(2)诊断。口蹄疫的诊断只能在指定的实验室进行。送检样品包括水疱液、剥落的水疱皮、抗凝血或血清等。死亡动物还可采淋巴结、扁桃体及心脏。样品应冰冻保存,或置于 pH 值为 7.6 的甘油缓冲液中。

有多种检测方法。OIE 推荐使用商品化及标准化的 ELISA 试剂盒,如果水疱液或组织含有足够量的抗原,数小时之内就可获得结果。可采用 RT-PCR 检测样本中的病毒。如果样品中病毒的滴度较低,可用 BHK-21 细胞培养分离病毒。分离的病毒通过 ELISA 或者中和试验加以鉴定。

过去认为,可以通过检测 VIA(病毒相关抗原)的抗体区分野毒感染与疫苗接种。现在知道,VIA 实际上是病毒聚合酶(3D 蛋白),疫苗中也有,检测 3D 抗体并不能区分感染与免疫。取而代之的是检测 3ABC 抗体,是疫苗中没有的非结构蛋白,免疫动物 3ABC 抗体阴性,感染动物则为阳性。

(3)防控。由于本病毒的高度传染力,控制措施必须非常周全和严格。无病地区严禁从疫区调运牲畜及有关畜产品,如乳制品、皮毛等。一旦发病,应立即封锁现场,焚毁或深埋病畜。疫区周边的畜群应接种疫苗,建立免疫防护带。弱毒疫苗可能散毒,并对其他动物不安全,例如用于牛的弱毒疫苗误给猪接种时,可使猪发病。推荐使用浓缩的灭活疫苗。口蹄疫病毒的基因工程疫苗研究虽早,但迄今仍未能取代常规疫苗。

2. 禽流感病毒(AIV)

禽流感病毒(AIV)属于正黏病毒科、甲型流感病毒属。典型病毒粒子呈球形,也有的呈杆状或丝状,直径80~120 nm。含单股RNA,核衣壳呈螺旋对称,外有囊膜,囊膜表面有许多放射状排列的纤突。纤突有两类:一类是血凝素(H)纤突,现已发现16种,分别以H1~H16命名;另一类是神经氨酸酶(N)纤突,已发现10种,分别以N1~N10命名。本病毒毒力有很大差异,高致病力毒株主要有H5N1和H7N7亚型的某些毒株。禽流感病毒能感染人,某些毒株甚至可不经过猪体混合重配再传染的过程而直接感染人。

高致病力毒株引致鸡及火鸡突发性死亡,常无可见症状。日龄较大的鸡可耐过48天,然后表现为产蛋下降、呼吸道病患、腹泻、头部(尤其是鸡冠水肿等)。低致病力株主要为H9亚型,也引致产蛋下降、呼吸道症状及窦炎等。如有新城疫病毒或细菌等混合感染,或接种弱毒疫苗,或应激因子刺激,病状将更为复杂。

(1)致病机理。毒力因子除HA和NA外,还包括NP基因及聚合酶基因等表达产物的综合作用。非结构蛋白NS1具有抗干扰素活性有助于病毒感染。近年来分离的H5亚型高致病性毒株,对家养的鸭、鹅及野生的雁、天鹅等也具有强致病性。

哺乳动物的流感病毒仅在呼吸道和肠道增殖,但禽流感病毒的大多数强毒株感染鸡或火鸡可出现病毒血症,导致胰腺炎、心肌炎、肌炎及脑炎等。在发病后3~7天可检出中和抗体,在第2周时达到高峰,且可持续18个月以上。

大量病毒可通过粪便排出,在环境中长期存活,尤其是在低温的水中。病毒通过野禽传播,特别是野鸭。尚不清楚病毒如何能在野禽群体中长年存在,有可能以低的水平维持,即使在迁徙及越冬时也是如此。加拿大的20%年轻野鸭在向南迁飞之前已轻度感染病毒。我国的多种野鸭也有较高的病毒检出率。

(2)诊断。分离病毒对鉴定病原及其毒力均不可少,但鉴于高致病性毒株的潜在危险,一般实验室只做血清学检测或RT-PCR检测。高致病力毒株的分离及进一步鉴定需送国家级的参考实验室完成。一般从泄殖腔采样,接种8~10日龄鸡胚尿囊腔,取尿囊液用鸡红细胞做HA-HI、ELISA或RT-PCR。也可从病料直接检测病毒,但检出率一般低于经鸡胚传代者。

毒力分析可将分离毒做空斑试验,检测其毒力,有毒株能产生空斑,无毒株则否。

现行OIE规定的毒株高致病性标准为:将含病毒的鸡胚尿囊液原液用灭菌生理盐水做1:10稀释,静脉内接种4~8周龄SPF鸡8只,每只0.2 mL隔离饲养观察10天,死亡≥6只者,判定为HPAI病毒。此外,不论H5或H7亚型分离株上述雏鸡致病力结果如何,只要其HA裂解位点氨基酸序列与高致病力株相似,也判为HPAI病毒。OIE还规定,对人工感染的雏鸡没有致病性,而且HA裂解位点氨基酸序列不同于高致病力株H5或H7亚型的,为需要通报的低致病性禽流感病毒。如果不是H5或H7亚型的其他亚型,且无致病力,则不需向OIE通报。

(3)防控。预防措施应包括在国际、国内及局部养禽场3个不同水平。高致病力禽流感被OIE列为通报疫病,一旦发生应立即通报。国内措施主要为防止病毒传入及蔓延。养禽场还应侧重防止病毒由野禽传给家禽,要有隔离设施阻挡野禽。

一旦发生高致病力禽流感,应采取断然措施防止扩散。我国规定对确定为HPAI疫点周围3 km范围内所有禽类要全部扑杀,禽尸等要做无害化处理,严格消毒;疫区周围5 km范围内所有禽类应进行强制性免疫;疫区10 km范围内禁止活禽交易,6个月不许养禽。灭活疫苗可作预防之用。

HPAI 的潜伏期为 21 天。OIE 规定某一区域在最后一例 HPAI 病例确诊实施扑杀政策和消毒措施,并至少过去 21 天,或不采取扑杀政策时,最后一例感染动物临床康复或死亡 6 个月之后,可视为非 HPAI 疫区,宣布解除封锁。

3. 狂犬病病毒

本病毒感染所有温血动物,引致人和动物狂犬病,感染的动物和人一旦发病,难免死亡。除日本、英国、新西兰外,世界各地均有发生。主要是犬的狂病,欧洲国家野生动物狂犬病的控制已提上日程,南美洲则以牛的狂犬病为主。本病毒可分为若干基因型,基因型反映了病毒偏嗜宿主的演化结果,比如适应浣熊的基因型,更易感染浣熊,而不是蝙蝠,反之亦然。但是基因型的区分并不适用于流行病学调查,因为往往发生跨种噬咬而感染的病例。

(1)致病机理。主要传播途径为被带毒动物咬伤,是否发病取决于咬伤的部位、程度以及带毒动物的种类,如狐狸的每毫升唾液中可含 10 感染单位的病毒。病毒特异结合神经肌肉结合处的乙酰胆碱受体及神经节苷脂等受体,在伤口附近的肌细胞内复制,然后通过感觉或运动神经末梢侵入外周神经系统,沿神经轴索上行至中枢神经系统,在脑的边缘系统大量复制,导致脑组织损伤,行为失控而出现症状。病毒从脑沿传出神经扩散至唾液腺等器官,在其内复制,并以很高的滴度分泌到唾液中。在出现兴奋狂暴症状乱咬时,唾液具有高度感染性。狂犬病表现神经症状,有兴奋型和麻痹型两种。犬、猫、马比反刍动物及实验动物更多出现兴奋型。

病毒蛋白有很强的免疫原性,但在病毒从咬伤部位向中枢系统扩散的过程中,既不出现体液免疫应答,也不出现细胞免疫应答,可能是因为病毒隐埋在肌肉细胞或神经轴突之内。但此时如用抗体处理,可推迟感染进程。巴斯德对狂犬病的疗法是在感染后接种增殖比野毒快的疫苗毒,最好同时再注射高免疫球蛋白,可有较好的效果。

(2)诊断。在大多数国家,仅限于获得认可的实验室及人员才能做出狂犬病的实验室诊断。通常要确定咬人的动物是否患狂犬病,需做脑组织切片,检测 Negri 包涵体;或取其脑组织(如小脑或海马)或唾液腺检测,方法为荧光抗体染色,观察细胞质内是否有着染颗粒。采用 RT-PCR 技术检测组织中的病毒 RNA,比标准化的荧光抗体染色法敏感 100 ~ 1 000 倍,尤其适用于已掩埋的动物样本。活体诊断可取皮肤或唾液样本,或做角膜压片进行检测,但敏感性较差。

(3)防控。狂犬病是 OIE 规定的通报疫病,应及时扑灭狂犬病患畜,对家养犬、猫进行免疫接种,注意监测带毒的野生动物。发达国家投放含弱毒疫苗的食饵控制狐狸和狼的狂犬病;对臭鼬和浣熊,则计划使用金丝雀痘病毒为载体表达狂犬病毒糖蛋白的基因工程重组疫苗。

4. 伪狂犬病病毒

本病毒属于疱疹病毒科水痘病毒属,学名为猪疱疹病毒 1 型。猪为病毒的原始宿主,并作为贮主,可感染其他动物,如马、牛、绵羊、山羊犬、猫及多种野生动物,人类有抗性。

(1)致病机理。成年猪多为隐性感染,怀孕母猪 50% 可发生流产、死胎或木乃伊胎。仔猪表现为发热及神经症状,无母源抗体的新生仔猪死亡率可达 100%,育肥猪死亡率一般不超过 2%。其他动物感染有很高致死率,最有特征的症状为躯体某部位奇痒。舔咬、气雾均为可能的传播途径,但最主要的途径则是食入污染病毒的饲料或死猪肉。大鼠在猪群之间传递病毒,病鼠或死鼠可能是犬、猫的感染源。

病毒最初定位于扁桃体,在感染的最初24 h之内可从头部神经节、脊髓及脑桥中分离到病毒。康复猪可通过鼻腔分泌物及唾液持续排毒,粪、尿不带毒用核酸探针或PCR可从康复猪的神经节中检出病毒,但是神经细胞及淋巴内皮细胞是否作为病毒潜伏的部位,未有定论。

(2)诊断。可用标准化的ELISA试剂盒检测抗体,用于区分基因缺失疫苗免疫猪和野毒感染猪,组织病料可用荧光抗体染色和PCR等检测。

(3)防控。伪狂犬病又名Aujeszky病,是OIE规定的通报疫病。基因缺失疫苗用于猪伪狂犬病的预防是一个成功的典范,该疫苗为毒力基因TK的天然缺失株,再去除不影响免疫原性的某个糖蛋白基因(如gE),作为分子标记区别于野毒株的感染,已商品化并普遍应用。其他动物的伪狂犬病仅为散发,未见有用疫苗的报道。美、英等国家通过实施消灭计划,已消灭了猪伪狂犬病。

二、猪的常见病毒

1. 猪瘟病毒(CSFV)

本病毒是世界范围内最重要的猪病病毒,只侵害猪。亚洲、非洲、中南美洲仍然不断发生猪瘟;美国、加拿大、澳大利亚及欧洲的若干国家已消灭,但在欧洲某些国家近10年来仍常有再次发病的报道。

猪瘟病毒是单股RNA病毒,属于黄病毒科、瘟病毒属。病毒呈球形,直径为38~44 nm,核衣壳为二十面体,有囊膜,在细胞质内繁殖,以出芽方式释放。

(1)致病机理。本病毒最主要的入侵途径是通过采食,扁桃体是其最先定居的器官,然后在内皮细胞。淋巴器官及骨髓增殖,导致出血症及白细胞和血小板减少。组织器官的出血病灶和脾梗死是特征性病变。肠黏膜的坏死性溃疡可见于亚急性或慢性病例。病死的慢性病猪最显著的病变是胸腺、脾及淋巴结生发中心完全萎缩。健康猪对病毒可迅速产生坚强的免疫力。

典型的猪瘟为急性感染,伴有高热、厌食、委顿及结膜炎。潜伏期2~4天病猪白细胞严重减少,低于任何其他猪病的水平。仔猪可无症状而死亡,成年猪往往因细菌继发感染在1周内死亡。死亡率可高达100%。

亚急性型和慢性型的潜伏期及病程均延长,其病毒毒力减弱。此种毒株感染怀孕母猪导致死胎、流产、木乃伊胎或死产,所产仔猪不死者产生免疫耐受,表现为颤抖、矮小并终身排毒,多在数月内死亡。

病猪或无症状的持续感染家猪(主要是种猪)以及野猪是直接接触的传染源。此外,各种用具(如车辆、猪场人员的鞋等)也可间接接触传播。

(2)诊断。应在国家认可的实验室进行。病料可取胰、淋巴结、扁桃体、脾及血液。用荧光抗体染色法、免疫组化法或抗原捕捉ELISA法可快速检出组织中的病毒抗原,也可用RT-PCR检测样本中的猪瘟病毒核酸。用细胞培养可分离病毒,但不产生CPE,需用免疫学方法进一步检出病毒。

（3）防控。猪瘟是 OIE 规定通报的疫病。餐厅、食堂或屠宰场的废弃泔水等应加热处理后喂猪，以杀死可能存在的猪瘟病毒。冻肉及猪肉制品中的病毒可存活数年，运输检疫应予注意。我国用猪瘟病毒 C 株制成的猪瘟兔化弱毒疫苗是国际公认的有效疫苗，目前仍然发挥着可靠的作用。

一些发达国家消灭猪瘟采取的措施是"检测加屠宰"，即检出阳性的猪全群扑杀，费用高昂，但十分成功，其技术先决条件为：第一，猪瘟病毒仅限于家猪传播，野猪尚不是问题。某些欧洲国家由于野猪普遍感染，已成为家猪传染源，因此此法难以奏效。第二，通过有效的疫苗接种，将需淘汰的猪降至最低数量，以减少经济损失。第三，有适当的诊断技术对猪群进行监测。第四，应尽可能消除持续感染猪不断排毒的危险性。

2. 猪繁殖与呼吸综合征病毒（PRRSV）

猪繁殖-呼吸障碍综合征病毒（PRRSV）是有囊膜的小 RNA 病毒，是动脉炎病毒科动脉炎病毒属的成员。该病毒粒子呈球形，直径 45～55 nm，周围为脂质双层膜。

病毒有两个基因型：1 型为欧洲型，代表毒株是 Lelystad 病毒；2 型为美洲型，代表毒株为 VR2332 病毒，二者的核苷酸序列相似性约为 60%。同一基因型的 PRRSV 毒株之间存在着较广泛的变异，有基因突变、缺失和插入以及毒株间的基因重组现象，基因组中易变区域包括 NSP2、ORF5 和 ORF。不同毒株的 GP5 蛋白差异较大，1 型与 2 型的同源性仅 52%～55%，相当于 PRRSV 与 LDV 的同源性。

（1）致病机理。感染猪在若干星期内抗体存在的同时出现病毒血症，已证实抗体可增强病毒感染，亚中和滴度的 IgG 有利于发病。病毒可穿过胎盘感染仔猪，导致脐带出血性病变，组织学检查可见坏死性脐带动脉炎。猪肺泡巨噬细胞（PAM）为病毒的主要靶细胞，造成免疫抑制。PAM 的病毒受体为唾液酸黏附素、硫酸乙酰肝素及 CD163。

细胞培养测定的一步生长曲线显示，病毒复制周期相当短暂，为 10～15 h，最高滴度可达 10^6～10^7 TCID 50/mL。

感染猪表现为厌食、发热、耳发绀（曾称为蓝耳病）、流涕等。母猪则为子宫内膜炎及子宫肌炎，在怀孕 110 天左右流产，可见早产、死产、木乃伊胎，产出的仔猪十分衰弱，呼吸困难，在出生 1 周内半数死亡。成年猪也可有某些类似症状。

（2）诊断。在流产仔猪中的病毒很快失活，应尽可能迅速采样分离病毒可采肺脏、脾脏、淋巴结等，病毒培养较困难，仅在猪肺巨噬细胞、Marc-145 细胞及 Vero、MA-104 生长。可用中和试验进行诊断，加入适量豚鼠补体可提高试验的敏感性。RT-PCR 和 ELISA 等亦用于诊断。

（3）防控。猪繁殖与呼吸综合征是 OIE 规定通报的疫病。灭活疫苗的效力并不确实或基本无效，虽然减毒活疫可用于免疫接种，但因病毒的变异性和致病及免疫机理的复杂性，过度依靠活疫苗免疫接种，并不利于该病的控制。感染猪场加强饲养管理、控制继发感染，是不可或缺的重要手段，对种猪应加强检疫，建立无病猪场是根本性的措施。

3. 非洲猪瘟病毒（ASFV）

ASFV 被单列为非洲猪瘟病毒科，该科仅 ASFV 一属一种。ASFV 病毒颗粒有囊膜，直径为 75～215 nm，核衣壳二十面体对称，直径为 180 nm。螺旋状排列的核衣壳亚单位有 182～2 172 个。基因组由单分子线状双股 DNA 组成，大小为 170～190 kb。DNA 分子具有共价的闭合末端,并有倒置末端重复子及发夹结构,编码200多种蛋白质,其中34种为病毒颗粒的结构蛋白,100余种见于感染的Vero细胞中。

ASFV是唯一已知的核酸为DNA的虫媒病毒,由软蜱传递,此种昆虫同时还是一种达氏疏螺旋体的传播媒介。ASFV对温度及脂溶剂敏感但能耐受各种酸碱度,甚至在pH值为4或pH值为13时也能存活数小时。ASFV在冻肉中可存活数年甚至数十年。

(1)致病机理。病毒可由呼吸道入侵,首先在扁桃体和鼻黏膜附近的淋巴结增殖,然后进入血流形成病毒血症,红细胞及白细胞中含毒,此后全身分泌物中均含有大量病毒。感染量为每毫升血液$10^9 ID_{50}$或每克组织$10^9 ID_{50}$。

在感染的巨噬细胞中,ASFV可抑制抗病毒活性的若干细胞因子的合成,如干扰素、肿瘤坏死因子、白细胞介素-1、白细胞介素-8等,是由于病毒基因A238L编码一种与环孢霉素类似的免疫抑制蛋白所致。

(2)诊断。非洲猪瘟被OIE列为通报疫病,诊断只能由少数官方认可的机构进行,以防散毒和误诊。诊断方法应参照OIE的规定做血细胞吸附试验或猪接种试验,也可做PCR检测,目前常采用实时荧光定量PCR对其进行检测。

(3)防控。目前尚无有效的防控措施,没有疫苗可以进行免疫接种。

4.猪圆环病毒(PCV)

本病毒属于圆环病毒科圆环病毒属,1982年德国科学家在猪肾细胞系PK15中发现第一个与动物有关的圆环病毒,此后命名为PCV1。1997年法国首次分离到PCV2型与PCV1型抗原性有差异,存在于患僵猪综合征的仔猪,所致疾病称为断奶猪多系统衰竭综合征(PMs),PCV2感染还与繁殖障碍、皮炎与肾病综合征、呼吸道疾病等有关,统称为猪圆环病毒相关疾病(PCVAD)。

PCV2可在PK15细胞上生长,但不产生CPE,D氨基葡萄糖能够促进其增殖。PCV2的变异度不大,各国分离株序列的基因组96%相似,但与PCV相似性小于80%。PCV2可分为2个基因群,进而还可分为1A、1B、1C、2A、2B、2C、2D、2E 8个亚群,基因同源性超过93%。新近发现基因组全长1 766 nt的毒株。我国目前存在PCV2A、PCV2B和PCV2D毒株。

(1)致病机理。PCV2感染所致PMWS自然病例的外周血中单核细胞和未成熟粒细胞增加,而$CD4^+ T$细胞和B细胞数量减少,提示感染猪的免疫功能受到抑制。近年来的试验表明,单独PCV2感染并没有明显致病作用。一些病原体,如猪繁殖与呼吸综合征病毒、猪细小病毒、猪细环病毒、猪源牛犬病毒、多杀性巴氏杆菌猪肺炎支原体等,有协同致病作用。免疫刺激、环境因素以及其他应激因素(如运输和猪的混群)也是发病诱因。急性PMWS的死亡率可达10%,如有继发感染还可升高。除粪-口途径感染外,PCV2还可垂直传递。

(2)诊断。依据流行特点、临床表现,结合剖检病变,可对PCV2相关的PMWS做出初步诊断。确诊需分离病毒,可取肺脏、淋巴结、肾脏、血清,用PK15细胞培养,结合免疫荧光技术、PCR、免疫酶染色技术等进行鉴定。也可直接从组织中检测PCV2,或用ELISA检测抗体。同时,应注意检测其他相关病原。

(3)防控。目前虽有商品化的重组衣壳蛋白和全病毒灭活疫苗应用,但并不能完全控制PCV2感染。加强猪群饲养管理,搞好环境卫生消毒,控制继发感染十分重要。

三、牛羊的常见病毒

1. 牛暂时热病毒(BEFV)

本病毒又名牛流行热病毒或三日热病毒。在亚洲、非洲及澳大利亚的热带及亚热带地区流行,易感动物为黄牛及水牛。多呈地方流行,突然发作,有周期性。发病率可高达100%,死亡率一般只有1%～2%,但肉牛及高产奶牛死亡率可达10%～20%。

(1)致病机理。宿主感染病毒后产生炎性反应释放 γ 干扰素、白细胞介素等细胞因子,造成体温升高,是一种免疫病理变化。未发现病毒引致广泛的组织损伤。所有病牛早期均可见未成熟的中性粒细胞异常增多,血浆纤维蛋白原含量升高,而血钙明显降低。本病毒以库蠓、疟蚊等为传播媒介。感染后能产生坚强的免疫力。

(2)诊断。根据流行病学及临床表现并不难诊断。分离病毒可接种伊蚊的细胞或脑内接种吮乳小鼠,盲传数代可得结果。近年来用 RT-PCR 检测病毒,用 ELISA 法检测抗体也有诊断意义。

(3)防控。灭活疫苗所含抗原量有限,弱毒疫苗在致弱的过程中失去其免疫原性。目前已研制了表达病毒糖蛋白的重组疫苗。

2. 牛传染性鼻气管炎病毒(IBRV)

本病毒学名为牛疱疹病毒 1 型。感染牛,主要有呼吸道与生殖道两种表现型。呼吸道型极少发生于舍饲牛,常见于围栏牛引致多种症状,包括鼻气管炎、脓疱性阴道炎、龟头包皮炎、结膜炎、流产及肠炎新生犊牛可为全身性疾病,并可有脑炎。

(1)致病机理。潜伏感染的带毒牛可能终生排毒,成为传染源。生殖道型可因交配或人工授精引起,呼吸道型与结膜炎可因气雾传染。上述两型均为局部上皮细胞坏死,坏死灶周边细胞核内可见包涵体。病毒在犊牛肺、睾丸或肾细胞培养生长良好,1～2 天可产生明显的细胞病变,并有嗜酸性核内包涵体。经适应可在 HeLa 细胞培养中生长,不能在鸡胚生长。

(2)诊断。可取病变组织做涂片或切片,用荧光抗体染色或 PCR 检测。必要时可接种牛胚肺细胞等,做病毒分离。ELISA 法可检测血清及奶中的抗体。

(3)防控。牛传染性鼻气管炎是 OIE 规定的通报疫病。在流行较严重的国家,一般用疫苗预防控制,常用各种弱毒疫苗及基因缺失疫苗。疫苗虽不能防止感染,但可明显降低发病率及患病严重程度。杆状病毒表达的 gD 糖蛋白或含有该基因的 DNA 疫苗也已试用于免疫预防。在发病率低的欧洲国家,则采取淘汰阳性牛的严厉措施,不再允许使用疫苗。

四、禽的常见病毒

1. 新城疫(NDV)

本病毒旧名禽副黏病毒 1 型或禽副流感病毒 1 型。自从高密度的、封闭式养殖模式出现以来,新城疫已成为世界养禽业最重要的疾病之一。感染鸡可急性死亡,可出现呼吸系统、循环系统、消化道紊乱及神经症状。蛋鸡可有突发性产蛋下降、产薄壳蛋或鸡蛋白减少。临床表现取决于宿主的年龄及其免疫状态、感染毒株的毒力及嗜性。一般潜伏期为 5 天。

火鸡病状与鸡类似,有呼吸道及神经痛症状,最常见为气囊炎。鸭及鹅大多为隐性感染,但我国近年来常在鹅群严重发病。鸽、鹦鹉等也能致病。人类也可感染,发生一过性结膜炎。

(1)致病机理。病毒首先在呼吸道及肠道黏膜上皮复制,借助血流扩散到脾及骨髓,产生二次病毒血症,从而感染肺、肠及中枢神经系统。因肺充血及脑内呼吸中枢的损伤导致呼吸困难。

本病毒通过气雾、污染的食物及饮水传播本病毒的相对稳定性及广泛的宿主范围有利于在种群之间的机械传递。弱毒株经卵传递是重要途径。耐过鸡可通过分泌物及排泄物至少排毒 4 周,有的持续感染鸡甚至在接种疫苗后仍能排毒 40 多天。

抗体产生迅速。HI 抗体在感染后 4 ~ 6 天即可检出,可至少持续 2 年。HI 抗体的水平是衡量免疫力的指标。雏鸡的母源抗体保护可有 3 ~ 4 周。血液中 IgG 不能预防呼吸道感染,但可阻断病毒血症。分泌型 IgA 在呼吸道及肠道的保护方面作用重大。

(2)诊断。必须做病毒分离及血清学试验或 RT-PCR。可取脾、脑或肺匀浆,接种 10 日龄鸡胚尿囊腔分离病毒,病毒能凝集鸡、人及小鼠等红细胞,再做血吸附及 HI 试验鉴别。当存在循环抗体时,可从肠道分离病毒。气管切片或抹片做免疫荧光染色诊断,快速但不太敏感。抗体检测只适用于对未进行免疫接种鸡群的诊断,可用 HI 试验。在慢性新城疫流行的地区,可用 HI 试验作为监测手段。分离株有必要进一步测定其毒力,如 ICPI > 0.7,或者 F0 酶切位点的氨基酸序列符合强毒株特点,必须向 OIE 通报疫情。

(3)防控。新城疫是 OIE 规定的通报疫病。免疫通常采用由天然弱毒株筛选制备的活疫苗及弱毒或强毒株的油乳剂灭活苗。目前灭活疫苗主要有:新城疫油乳剂灭活苗、新城疫-传染性法氏囊-减蛋综合征油乳剂联苗、新城疫-传染性法氏囊-传染性鼻炎油乳剂联苗、新城疫-传染性支气管炎、新城疫-肾型传染性支气管炎等多种联苗。弱毒苗主要有传统的 I 系(Mukteswar)、Ⅱ系(B 株)、Ⅲ系(F 株)、Ⅳ系(La Sata)等弱毒疫苗。弱毒苗可采用饮水、气雾、滴眼或滴鼻途径。免疫后约 1 周可产生免疫保护,产蛋鸡应每 4 个月免疫一次。实际生产中,弱毒苗与灭活疫苗配合使用,方能收到较好的免疫效果。由于鸡在免疫接种后 15 天仍能排出疫苗毒,因此有些国家规定鸡在免疫接种 21 天后才可调运。

2. 鸭瘟病毒(DPV)

本病毒又名鸭疱疹病毒 1 型,根据全基因组序列的特点,ICTV 最近将其归属于甲型疱疹病毒亚科马立克病毒属。引致鸭瘟,又名鸭病毒性肠炎。主要危害家鸭,番鸭、野鸭、鹅、天鹅及其他水禽也易感。迁徙性水禽对病毒起传播作用。野鸭在感染后 1 年以上仍能分离到病毒。

(1)致病机理。本病毒只有一个血清型,但毒力有差异。在 8 ~ 14 日龄鸭胚绒尿膜及鸭胚成纤维细胞上均易生长,前者绒尿膜可出现灰白色坏死灶,胚体死亡,肝有坏死灶。后者可形成核内包涵体。在鸡胚或鸡胚细胞上经适应后也可生长。

病鸭发生肠炎、脉管炎以及广泛的局灶性坏死,产蛋率可下降 25% ~ 40%,发病率为 5% ~ 100%,出现临床症状的病鸭大多数死亡。可通过接触传染。

(2)诊断。可结合临床症状做组织切片荧光抗体染色或检测包涵体,必要时可分离病毒。应注意与雏鸭肝炎等相区别。

（3）防控。可接种鸡胚或鸭胚传代的弱毒疫苗，还应设法防止带毒野生水禽进入鸭群。

3. 禽传染性喉气管炎病毒（AILV）

本病毒学名为禽疱疹病毒1型，引致鸡传染性喉气管炎，遍及世界各地。

（1）致病机理。所有日龄的鸡均易感，但多感染4～18月龄鸡，表现为咳嗽、气喘、流涕等，严重的呼吸困难，伸颈探头，做挤压状，并咳出血样黏液以及白喉样病变。发病率可达100%，死亡率为50%～70%，因毒株的毒力而异。低毒株死亡率只有20%，表现为结膜炎及产蛋下降等。

病毒通过气雾及吸入感染，很少通过消化道途径隐性带毒鸡为传染源，从感染康复3个月以上的鸡的气管培养中仍可检出病毒。

（2）诊断。可取病变组织做涂片或冰冻切片，用荧光抗体染色检出病毒。或接种9～12日龄鸡胚绒尿膜或气管培养，分离病毒。用PCR法可检出潜伏感染的病毒。检测中和抗体可用空斑减数法，病毒在鸡胚绒尿膜上可形成痘疱，也可通过计数痘疱测定抗体效价。

（3）防控。禽传染性喉气管炎是OIE规定的通报疫病。建立无病毒的鸡群并不困难，肉鸡可采用全进全出的管理体制。种鸡及蛋鸡则需要用弱毒疫苗免疫预防，可不发病，但不能防止病毒感染或改变带毒状态。

4. 传染性囊病病毒（IBDV）

本病毒又名传染性法氏囊病病毒。全世界均有发现，很少鸡群能保持无病毒状态。本病毒有两个血清型，二者有较低的交叉保护，仅1型对鸡有致病性，火鸡和鸭为亚临床感染，2型未发现有致病性。

毒株的毒力有变强的趋势，1980年之前，对鸡的死亡率通常为2%～5%，偶尔达20%～30%。1990年初，在美洲、欧洲及东南亚从用经典疫苗株免疫的鸡群中分离到1型的高毒力变异株，被称为超强毒株（vvIBDV），死亡率超过50%，我国也分离到vvIBDV毒株。vvIBDV毒株的VP2高变区有富含丝氨酸的七肽区（SWSASGS），另外，强毒株279及284位的氨基酸分别为天冬氨酸和丙氨酸，弱毒株为天冬酰胺和苏氨酸。

（1）致病机理。由于本病毒在腔上囊（简称囊）内的前淋巴细胞选择性地复制，破坏囊内的B细胞，从而造成免疫抑制。

本病毒感染后在肠道的巨噬细胞及淋巴细胞中复制，进入循环系统，导致初次病毒血症。感染后11 h，在囊淋巴细胞中检测到病毒抗原。此时大量的病毒从囊释放，导致二次病毒血症，并在其他组织中定位。VP5在病毒感染早期可抑制感染的鸡胚成纤维细胞凋亡，而VP2则引致感染细胞凋亡。

本病毒通过直接接触传染或经口感染，可经鸡粪排出，在外环境中极其稳定，在鸡圈内可存活4个月以上，在饲料中可存活7周左右。常用的清洁及消毒措施往往不能有效地消灭本病毒。昆虫也可作为机械传播的媒介，带毒鸡胚可垂直传播。

（2）诊断。可取囊组织的触片用免疫荧光技术检测，或用囊组织的悬液做琼脂扩散试验，检出病毒抗原。用鸡胚分离病毒较为敏感可取9～11日龄鸡胚，接种绒尿膜，通常在3～5天内死亡，胚体皮下及肾出血，肝微绿并有坏死灶有些毒株也能在鸡胚源的细胞上生长，产生CPE，易产生缺陷型病毒颗粒。检测抗体可用中和试验或ELISA。

（3）防控。传染性囊病是 OIE 规定通报的疫病。疫苗的效果不尽如人意。种鸡可用弱毒苗饮水免疫,在 18 周龄产蛋前接种灭活的油乳剂苗,1 年后重复一次,在整个产蛋期,可维持高水平的中和抗体。母源抗体对孵化后 4～7 周的雏鸡可提供有效的保护。母源抗体水平低下的雏鸡可在 1～2 周龄时用弱毒苗免疫。近年来所用弱毒苗的毒力有增强趋势。病毒 VP2 基因在酵母或杆状病毒表达的基因工程疫苗已有报道,可产生高滴度的中和抗体,但尚未能替代传统的疫苗。

用感染 IBDV 的囊组织制成灭活疫苗可有较好的免疫效果,原因之一是在囊组织内存在囊素,为赖氨酸组氨酸甘氨酰胺三肽激素样物质,具有免疫调节功能。

5. 禽传染性支气管炎病毒（AIBV）

本病毒是冠状病毒科的原型,由于基因组大而易发生突变,产生许多抗原性及致病性的变异株。用中和试验可分为 8～10 个血清型不同血清型的 S 蛋白的差异一般为 15%,同一血清型之内毒株间的差异也有 3%。

AIBV 所致疾病于 1931 年在美国最先报道,1936 年证实为病毒病,1937 年病毒在鸡胚繁殖传代成功,目前已在世界各国发现。

（1）致病机理。本病毒主要感染鸡,此外还对雉、鸽、珍珠鸡有致病性。临床表现取决于鸡的日龄、感染的途径、鸡的免疫状况以及病毒的毒株。可急性暴发,1～4 周龄雏鸡最易感,表现为气喘、咳嗽及呼吸抑制,并可突然死亡。青年鸡的感染率通常为 25%～30%,高者可达 75%。弱毒株感染几乎无临床症状,但导致生长迟缓成为侏儒。产蛋鸡影响显著,产蛋量下降或者停止,或产异常蛋。近年来还出现以肾、肠或腺胃病变为主的致病型。嗜肾脏的毒株多见于澳大利亚,目前已在全世界发现。

本病毒通过气雾及摄入污染粪便的食物和饲料而在鸡群中迅速传播。在环境中的病毒可存活数天,在低温环境下,则可存活数周。鸡群中往往存在持续感染的带毒者。本病毒首先在呼吸道纤毛上皮细胞或肠道复制,可达到很高的滴度。在感染 1～2 天后,出现病毒血症,将病毒散布到许多器官,最终导致生殖系统及肾脏的严重损伤。上呼吸道的原发感染可能比下呼吸道的原发感染致病程度轻。在感染 10 天后很难分离到病毒,在个别情况下病毒可持续存在 50 天。肾及腔上囊等多种器官可分离到病毒。某些毒株对未成熟的输卵管可产生永久性的结构损伤。

（2）诊断。早期诊断可取器官组织切片做直接免疫荧光染色。分离病毒可取病料匀浆上清接种鸡胚尿囊腔,绒尿囊血管肿胀,鸡胚蜷缩并矮小化。病毒的进一步鉴定通常可用免疫荧光染色、凝胶扩散试验或免疫电镜技术,也可用 RT-PCR 或 DNA 探针。

（3）防控。禽传染性支气管炎是 OIE 规定通报的疫病。建立无病鸡群是根本性的预防措施,国外大多养鸡户从批准的种禽场获得 1 日龄的雏鸡隔离饲养。弱毒苗被广泛地应用。疫苗来自无毒力的分离株,或者通过在鸡胚传代致弱。免疫途径包括饮水、喷雾或点眼。通常在 7～10 日龄时接种疫苗,4 周龄时再次免疫。小于 7 日龄的雏鸡免疫多数不成功,因为此时有母源抗体的干扰。由于 AIBV 不断出现新的突变株,免疫效果是一个问题。

6. 马立克病病毒（MDV）

本病毒学名为禽疱疹病毒 2 型,是鸡的重要的传染病病原,并且具有致肿瘤特性。病毒是细胞结合性疱疹病毒,靶细胞为 T 淋巴细胞,目前归属甲型亚科。本病毒可分为 3 个血清型,一般所说马立克病病毒指 1 型,2 型为非致瘤毒株,3 型为火鸡疱疹病毒(HVT),可致火鸡产卵下降,对鸡无致病性。

(1)致病机理。病毒对鸡及鹌鹑有致病性,其他禽类无致病意义周龄雏鸡即可感染发病,2～5 月龄高发,死亡率可达 80%。病情复杂,可为神经淋巴瘤病,出现麻痹等症状。急性型则在未出现神经症状之前即已死亡。也可为眼型或皮肤型淋巴瘤。致病的严重程度与病毒毒株的毒力、鸡的日龄、性别、免疫状况及遗传品系有关。隐性感染鸡可终生带毒并排毒,其羽囊角化层的上皮细胞含有病毒,是污染源,易感鸡通过吸入此种毛屑感染。病毒不经卵传递。

新近的研究表明,MDV 基因组中的端粒酶重复(TMRs)与宿主基因组末端的端粒酶基因相同,病毒借助 TMRs,可将病毒基因组整合到宿主端粒酶基因中,从而形成淋巴肿瘤。病毒基因组之所以能够在不断分裂的宿主细胞内始终存在,TMRs 介导的此种整合至关重要。

(2)诊断。免疫荧光染色等血清学方法可检出病毒分离可用全血白细胞层接种,或接种 4 日龄鸡胚卵黄囊或绒尿膜,再用荧光抗体染色或电镜检查做出诊断。禽白血病病毒往往与本病毒同时存在,要注意鉴别。

(3)防控。由于 HVT 与本病毒 95% DNA 同源,常用作疫苗进行预防接种。某些天然无致病力毒株也筛选为疫苗,但需液氮保存,使用不便。常规方法是对 1 日龄雏鸡进行免疫接种,试行 18 日龄的鸡胚卵内接种有良效。对鸡群除采取全进全出的管理体制外,抗病育种也是防控措施之一,培育的抗病品系其红细胞具有 B21 抗原。

实训 12　病毒的血凝和血凝抑制试验

一、目的要求

(1)掌握鸡新城疫病毒的红细胞凝集和凝集抑制试验(微量法)的操作方法。
(2)掌握这两个试验的判定方法。

二、仪器及材料

96 孔 V 型微量血凝集反应板、微量吸液器、微量振荡器、玻璃注射器、离心管、离心机、灭菌生理盐水、0.5% 鸡红细胞悬液、鸡新城疫弱毒疫苗 Ⅱ 系或 Lasota 系、鸡新城疫标准阳性血清和阴性血清、被检血清。

三、方法与步骤

1. 试验准备

0.5%红细胞液的制法:由鸡翅静脉或心脏采血,放入灭菌试管内(按每毫升血加入3.8%灭菌枸橼酸钠0.2 mL做抗凝剂),迅速混匀,将此血液注入离心管中,经3 000 r/min,离心5～10 min,用吸管吸去上清液和红细胞上的白细胞薄膜,将沉淀的红细胞加生理盐水洗涤,如此反复洗涤3次,将最后一次离心后的红细胞,按0.5%的稀释度加入生理盐水即配成0.5%鸡红细胞生理盐水悬液。

2. 病毒的红细胞凝集试验(微量法)

(1)用微量吸液器每孔均滴加生理盐水0.025 mL。

(2)用微量吸液器再吸取0.025 mL病毒,滴于第1孔中,用吸液器挤5次混合后吸至第2孔,依次倍比稀释到第11孔,弃去0.025 mL,病毒稀释倍数依次为1:2～1:2 048,第12孔做对照。

(3)以微量吸液器,每孔加0.5%鸡红细胞悬液0.025 mL。

(4)置于振荡器上振荡混匀约1 min,放入37 ℃恒温箱中15～30 min,取出观察结果。

孔号	1	2	3	4	5	6	7	8	9	10	11	12
生理盐水	0.025	0.025	0.025	0.025	0.025	0.025	0.025	0.025	0.025	0.025	0.025	0.05
鸡新城疫弱毒疫苗	0.025	0.025	0.025	0.025	0.025	0.025	0.025	0.025	0.025	0.025 弃	(0.025)	
0.5%鸡红细胞悬液	0.025	0.025	0.025	0.025	0.025	0.025	0.025	0.025	0.025	0.025	0.025	
病毒稀释倍数	1:2	1:4	1:8	1:16	1:32	1:64	1:128	1:256	1:512	1:1 024		
作用温度与时间	振荡器上振荡混匀约1 min,放入37 ℃恒温箱中15～30 min											
结果(例)	++++	++++	++++	++++	++++	++++	++++	++++	++	—	—	—

注:++++表示完全凝集;++表示不完全凝集;—表示不凝集。

观察结果:将反应板倾斜成45°,沉于管低的红细胞沿着倾斜面向下呈线状流动者,表明红细胞未被或不完全被病毒凝集;如果孔低的红细胞铺平孔低,凝成均匀薄层,倾斜后红细胞不流动,说明红细胞被病毒所凝集。

病毒液的HA效价1:256,HI试验时,病毒抗原液0.025 mL内须含4个凝集单位,则应将病毒液做成256/4 =64倍的稀释液。

3.病毒的红细胞凝集抑制试验(HI)

(1)用微量吸液器 1~10 孔均滴加生理盐水 0.025 mL,第 11 孔滴加 0.05 mL。

(2)用微量吸液器再吸取 0.025 mL 被检血清,滴于第 1 孔中,用吸液器挤 5 次混合后吸至第 2 孔,依次倍比稀释到第 10 孔,弃去 0.025 mL,被检血清稀释倍数依次为 1:2~1:1 024。

(3)以微量吸液器,每孔加入含有 4 个单位的病毒液 0.025 mL 至第 10 孔,第 11 孔为红细胞对照孔,不加病毒液。

(4)置于振荡器上振荡混匀约 1 min,放入 37 ℃恒温箱中 15~20 min。

(5)以微量吸液器,每孔加 0.5%鸡红细胞悬液 0.025 mL,放振荡器上振荡 1~2 混匀,置 15~30 min,判定结果。

(6)每次试验应做抗原对照管。

孔号	1	2	3	4	5	6	7	8	9	10	11	12
被检血清稀释倍数	1:2	1:4	1:8	1:16	1:32	1:64	1:128	1:256	1:512	1:1 024	红细胞对照	抗原对照
生理盐水	0.025	0.025	0.025	0.025	0.025	0.025	0.025	0.025	0.025	0.025 弃	0.05	(0.025)
免疫血清	0.025	0.025	0.025	0.025	0.025	0.025	0.025	0.025	0.025	0.025		
4 单位病毒	0.025	0.025	0.025	0.025	0.025	0.025	0.025	0.025	0.025	0.025		0.025
0.5% 鸡红细胞悬液	0.025	0.025	0.025	0.025	0.025	0.025	0.025	0.025	0.025	0.025	0.025	0.025

注:一表示不凝集;++表示不完全凝集;++++表示完全凝集。

四、实验结果

将反应板倾斜成 45°,沉于管低的红细胞沿着倾斜面向下呈线状流动者,表明红细胞未被或不完全被病毒凝集;如果孔低的红细胞铺平孔低,凝成均匀薄层,倾斜后红细胞不流动,说明红细胞被病毒所凝集。

能将 4 单位病毒物质凝集红细胞的作用完全抑制的血清最高稀释倍数,称为该血清的红细胞凝集抑制效价,用被检血清的稀释倍数或以 2 位底的对数表示。

【思考与练习】

1. 名词解释:病毒、核衣壳、噬菌体、病毒的干扰现象、病毒的血凝现象、病毒的血凝抑制现象。

2. 病毒颗粒的基本结构是什么?

3. 简述病毒核酸及蛋白的特点。

4. 简述病毒的复制过程。

5. 解释血凝和血凝抑制作用。

6. 简述病毒的干扰现象在生产实践中的应用。

7. 病毒培养的方法有哪几种?

8. 什么是细胞病变?其表现形式及涉及的细胞结构如何?

9. 细胞培养与SPF动物或禽胚相比,在培养病毒时有什么优缺点?

10. 简述病毒病的实验室检测过程。

11. 口蹄疫病毒有哪些血清型?我国主要存在的血清型有哪些?

12. 试述非洲猪瘟病毒形态、基因组结构及传播方式的特点。

13. 试述猪圆环病毒的致病性特点。

14. 试述猪瘟病毒的传播特点及检测手段。

项目三 其他微生物的鉴别诊断

【学习目标】

1. 了解真菌、放线菌、支原体、螺旋体、衣原体、立克次氏体的形态结构和培养方法。
2. 能做真菌的抹片和染色，能设计真菌、霉形体等诊断方案。

任务一 真 菌

真菌在自然界中分布广泛，类群庞大，有十几万种，形态差异极大。菌体小至显微镜下才能看见的单细胞酵母菌，大至肉眼可见的分化程度较高的灵芝等担子菌的子实体。生殖方式为无性或有性，同种或异种配合。

真菌是一类低等真核微生物，主要有 4 个特点：①有边缘清楚的核膜包围着细胞核，而且在一个细胞内有时可以包含多个核，其他真核生物很少出现这种现象；②不含叶绿素，不能进行光合作用，营养方式为异养吸收型，即通过细胞表面自周围环境中吸收可溶性营养物质，不同于植物（光合作用）和动物（吞噬作用）；③以产生大量无性和有性孢子进行繁殖；④除酵母菌为单细胞外，一般具有发达分枝的菌丝体。

真菌与人类的关系非常密切。它们可以作为食品的来源，为人类提供美味食品和蛋白质、维生素等资源，同时还可为人类提供真菌多糖、低聚糖等提高免疫力、抗肿瘤的生物活性物质。有些真菌还可产生抗生素、酒精、有机酸、酶制剂、脂肪、促生长素等。用作名贵药材的灵芝、茯苓等也是真菌的菌体。真菌还可以将环境中的各种有机物降解为简单的复合物和无机小分子，在自然界的物质转化中起着不容忽视的作用。另外，真菌还是进行基础生物学研究的重要工具。

但是真菌也有对人类有害的一面，如许多真菌可引起人畜的疾病、植物病害、导致工业原料及农产品的霉变、食品和粮食发霉，甚至在食品和粮食中产生毒素，给人类带来了极大的危害和损失。

大多数的致病性真菌都是以人畜共患病为主，它不仅能在实验动物间互相感染，而且感染接触患病动物的饲养者和动物实验者。根据形态真菌可分为酵母菌、霉菌和担子菌三大类群。

(一)酵母菌

酵母菌不是分类学上的名称,而是一类非丝状真核微生物,一般泛指能发酵糖类的各种单细胞真菌。酵母菌通常以单细胞状态存在,细胞壁常含甘露聚糖,以芽殖或裂殖进行无性繁殖,能发酵糖类产能,喜在含糖量较高的偏酸性水生环境中生长。

酵母菌在自然界分布很广,主要分布于偏酸性的含糖环境中,如水果、蔬菜、蜜饯的表面和果园土壤中。石油酵母则多分布于油田和炼油厂周围的土壤中。

酵母菌是人类应用最早的微生物,与人类关系极为密切。千百年来,酵母菌及其发酵产品大大改善和丰富了人类的生活,如各种酒类生产,面包制造,甘油发酵,饲用、药用及食用单细胞蛋白生产,从酵母菌体提取核酸、麦角甾醇、辅酶A、细胞色素C、凝血物质和维生素等生化药物。近年来,在基因工程中酵母菌还以最好的模式真核微生物而被用作表达外源蛋白功能的优良受体菌,同时它也是分子生物学、分子遗传学等重要理论研究的良好材料。当然,酵母菌也会给人类带来危害。例如,腐生型的酵母菌能使食品、纺织品和其他原料发生腐败变质;耐渗透压酵母可引起果酱、蜜饯和蜂蜜的变质。少数酵母菌能引起人或其他动物的疾病,其中最常见者为"白色念珠菌"(白假丝酵母),能引起人体一些表层(皮肤、黏膜或深层各内脏和器官)组织疾病。

1.酵母菌的形态和构造

(1)酵母菌的形状与大小。大多数酵母菌为单细胞,形状因种而异。基本形态为球形、卵圆形、圆柱形或香肠形。某些酵母菌进行一连串的芽殖后,长大的子细胞与母细胞并不立即分离,其间仅以极狭小的接触面相连,这种藕节状的细胞串称为假菌丝。菌体无鞭毛,不能游动。

酵母菌的细胞直径约为细菌的10倍,其直径一般为2~5 μm,长度为5~30 μm,最长可达100 μm。每一种酵母菌的大小因生活环境、培养条件和培养时间长短而有较大的变化。最典型和最重要的酿酒酵母细胞大小为(2.5~10) μm ×(4.5~21) μm。

(2)酵母菌的细胞构造。酵母菌具有典型的真核细胞构造(图3.1),与其他真菌的细胞构造基本相同,但是也有其本身的特点。酵母菌细胞壁具3层结构——外层为甘露聚糖,内层为葡聚糖,都是复杂的分枝状聚合物,其间夹有一层蛋白质分子。位于细胞壁内层的葡聚糖是维持细胞壁强度的主要物质。此外,细胞壁上还含有少量类脂和以环状形式分布于芽痕周围的几丁质。用玛瑙螺的胃液制得的蜗牛消化酶,可用来制备酵母菌的原生质体。

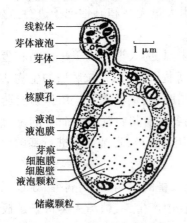

线粒体
芽体液泡
芽体
1 μm
核
核膜孔
液泡
液泡膜
芽痕
细胞膜
细胞壁
液泡颗粒
储藏颗粒

图3.1 酵母菌细胞构造的模式图

芽痕是酵母菌特有的结构,酵母菌为出芽生殖,芽体成长后与母细胞分离,在母细胞壁上留下的标记即为芽痕。在光学显微镜下无法看到芽痕,但用荧光染料染色或用扫描电镜观察,都可看到芽痕。

2. 酵母菌的繁殖方式

酵母菌具有无性繁殖和有性繁殖两种方式,大多数酵母以无性繁殖为主。无性繁殖包括芽殖、裂殖和产生无性孢子,有性繁殖主要是产生子囊孢子。繁殖方式对酵母菌的鉴定极为重要。

(1)无性繁殖。

①芽殖。芽殖是酵母菌最常见的繁殖方式。在良好的营养和生长条件下,酵母菌生长迅速,几乎所有的细胞上都长有芽体,而且芽体上还可形成新芽体,于是就形成了呈簇状的细胞团。出芽过程如图3.2所示。

图3.2　酵母菌出芽过程

芽体形成过程:水解酶分解母细胞形成芽体部位的细胞壁多糖,使细胞壁变薄;大量新细胞物质[核物质(染色体)和细胞质等]在芽体起始部位堆积,芽体逐步长大后,就在与母细胞连接的位置形成由葡聚糖、甘露聚糖和几丁质组成的隔壁。成熟后两者分离,在母细胞上留下一个芽痕,在子细胞上相应地留下一个芽痕。

②裂殖。酵母菌的裂殖与细菌裂殖相似。其过程是细胞伸长,核分裂为二,细胞中央出现隔膜,将细胞横分为两个大小相等、各具一个核的子细胞。进行裂殖的酵母种类很少,裂殖酵母属的八孢裂殖酵母就是其中一种。

③产生无性孢子。少数酵母菌(如掷孢酵母)可以产生无性孢子。掷孢酵母可在卵圆形营养细胞上生出小梗,其上产生掷孢子。掷孢子成熟后通过特有喷射机制射出。用倒置培养器培养掷孢酵母时,器盖上会出现掷孢子发射形成的酵母菌落的模糊镜像。有的酵母菌(如白假丝酵母等)还能在假菌丝的顶端产生具有厚壁的厚垣孢子。

(2)有性繁殖。酵母菌以形成子囊和子囊孢子的方式进行有性繁殖。其过程是通过邻近的两个形态相同而性别不同的细胞各伸出一根管状原生质突起,相互接触、融合并形成一个通道,细胞质结合(质配),2个核在此通道内结合(核配),形成双倍体细胞,并随即进行减数分裂,形成4个核或8个核,每一子核和其周围的原生质形成孢子。含有孢子的细胞称为子囊,子囊内的孢子称为子囊孢子。

酵母菌的子囊和子囊孢子形状,因菌种不同而异,是酵母菌分类鉴定的重要依据之一。通常处于幼龄的酵母细胞,在适宜的培养基和良好的环境条件下,才易形成子囊孢子。在合适的条件下,子囊孢子又可萌发成新的菌体。

3. 酵母菌的菌落特征

酵母菌的菌落形态特征与细菌相似,但比细菌大而厚,湿润,表面光滑,多数不透明,黏稠,菌落颜色单调,多数呈乳白色,少数红色,个别黑色。酵母菌生长在固体培养基表面,容易用针挑起,菌落质地均匀,正、反面及中央与边缘的颜色一致。不产生假菌丝的酵母菌菌落更隆起,边缘十分圆整;形成大量假菌丝的酵母,菌落较平坦,表面和边缘粗糙。酵母菌菌落特征是分类鉴定的重要依据。

酵母菌在液体培养基中的生长情况也不相同,有的在液体中均匀生长,有的在底部生长并产生沉淀,有的在表面生长形成菌膜,菌膜的表面状况及厚薄也不相同。以上特征对分类也具有意义。

4. 常用常见的酵母菌

(1)啤酒酵母。指用于酿造啤酒的酵母。除用于酿造啤酒、酒精及其他的饮料酒外,还可发酵面包。菌体维生素、蛋白质含量高,可作食用、药用和饲料酵母,还可以从中提取细胞色素 C、核酸、谷胱甘肽、凝血质、辅酶 A 和三磷酸腺苷等。在维生素的微生物测定中,常用啤酒酵母测定生物素、泛酸、硫胺素、吡哆醇和肌醇等。

啤酒酵母在麦芽汁琼脂培养基上菌落为乳白色,有光泽,平坦,边缘整齐。无性繁殖以芽殖为主。能发酵葡萄糖、麦芽糖、半乳糖和蔗糖,不能发酵乳糖和蜜二糖。

(2)卡尔斯伯酵母。因丹麦卡尔斯伯而得名,是啤酒酿造业中的典型的下面酵母,俗称卡氏酵母。卡氏酵母细胞呈椭圆形或卵形,$(3 \sim 5)\mu m \times (7 \sim 10)\mu m$。在麦芽汁琼脂斜面培养基上,菌落呈浅黄色,软质,具光泽,产生微细的皱纹,边缘产生细的锯齿状,孢子形成困难。能发酵葡萄糖、蔗糖、半乳糖、麦芽糖及棉子糖。卡氏酵母除了用于酿造啤酒外,还可做食用、药用和饲料酵母。麦角固醇含量较高,也可用于泛酸、硫胺素、吡哆醇和肌醇等维生素的测定。

(3)异常汉逊氏酵母异常变种。细胞为圆形$(4 \sim 7 \mu m)$、椭圆形或腊肠形,大小为$(2.5 \sim 6)\mu m \times (4.5 \sim 20)\mu m$,有的甚至长达 $30 \mu m$,属于多边芽殖,发酵液面有白色菌膜,培养液混浊,有菌体沉淀于管底。在麦芽汁琼脂斜面上,菌落平坦,乳白色,无光泽,边缘丝状。在加盖玻片马铃薯葡萄糖琼脂培养基上,能形成发达的树枝状假菌丝。

异常汉逊氏酵母产生乙酸乙酯,故常在食品的风味中起一定作用。如:无盐发酵酱油的增香;以薯干为原料酿造白酒时,经浸香和串香处理可酿造出味道更醇厚的酱油和白酒。该菌种氧化烃类能力强,可以煤油和甘油作碳源。培养液中它还能累积游离 L-色氨酸。

(4)产朊假丝酵母。细胞呈圆形、椭圆形或腊肠形,大小为$(3.5 \sim 4.5)\mu m \times (7 \sim 13)\mu m$。液体培养不产醭,管底有菌体沉淀。在麦芽汁琼脂培养基上,菌落乳白色,平滑,有或无光泽,边缘整齐或菌丝状。在加盖片的玉米粉琼脂培养基上,形成原始假菌丝或不发达的假菌丝,或无假菌丝;能发酵葡萄糖、蔗糖、棉子糖,不发酵麦芽糖、半乳糖、乳糖和蜜二糖。不分解脂肪,能同化硝酸盐。

产朊假丝酵母的蛋白质含量和维生素 B 含量均高于啤酒酵母。它能以尿素和硝酸盐为氮源,不需任何生长因子。特别重要的是它能利用五碳糖和六碳糖,即能利用造纸工业的亚硫酸废液、木材水解液及糖蜜等生产人畜食用的蛋白质。

(5)解脂假丝酵母解脂变种。细胞呈卵形$[(3 \sim 5)\mu m \times (5 \sim 11)\mu m]$和长形$(20 \mu m)$,液体培养时有菌醭产生,管底有菌体沉淀。麦芽汁琼脂斜面上菌落乳白色,黏湿,无光泽。有些菌株的菌落有皱褶或表面菌丝状,边缘不整齐。在加盖玻片的玉米粉琼脂培养基上可见假菌丝或具横隔的真菌丝。

从黄油、人造黄油、石油井口的黑墨土、炼油厂及动植物油脂生产车间等处采样,可分离到解脂假丝酵母。解脂假丝酵母能利用石油等烷烃,是石油发酵脱蜡和制取蛋白质的较优良的菌种。

(二)霉菌

霉菌在自然界分布极为广泛,它们存在于土壤、空气、水体和生物体内外等处,与人类关系极为密切,兼具利和害的双重作用。①工业应用:柠檬酸、葡萄糖酸等多种有机酸,淀粉酶、蛋白酶和纤维素酶等多种酶制剂、青霉素和头孢霉素等抗生素、核黄素等维生素、麦角碱等生物碱、真菌多糖和植物生长刺激素(赤霉素)等产品的生产;利用某些霉菌对甾族化合物的生物转化生产甾体激素类药物。②食品酿造:酿酒、制酱及酱油等。③在基础理论研究方面,霉菌是良好的实验材料。④危害:霉菌能引起粮食、水果、蔬菜等农副产品及各种工业原料、产品、电器和光学设备的发霉或变质,也能引起动植物和人体疾病。如马铃薯晚疫病、小麦锈病、稻瘟病和皮肤癣症等。

1.霉菌的形态和构造

(1)霉菌的菌丝。霉菌的营养体由菌丝构成。菌丝可无限伸长和产生分枝,分枝的菌丝相互交错在一起,形成了菌丝体。菌丝直径一般为 $3 \sim 10~\mu m$,与酵母细胞直径类似,但比细菌或放线菌的细胞约粗 10 倍。

霉菌菌丝细胞的构造与酵母菌十分相似。菌丝最外层为厚实、坚韧的细胞壁,其内有细胞膜,膜内空间充满细胞质。细胞核、线粒体、核糖体、内质网、液泡等与酵母菌相同。构成霉菌细胞壁的成分按物理形态可分为两大类:一类为纤维状物质,如纤维素和几丁质,赋予细胞壁坚韧的机械性能。在低等霉菌里细胞壁的多糖主要是纤维素,在高等霉菌里细胞壁的多糖主要是几丁质。另一类为无定形物质,如蛋白质、葡聚糖和甘露聚糖,混填在纤维状物质构成的网内或网外,充实细胞壁的结构。

霉菌的菌丝有两类(图3.3):一类菌丝中无横隔,整个菌丝为长管状单细胞,含有多个细胞核。其生长过程只表现为菌丝的延长和细胞核的裂殖增多以及细胞质的增加,如根霉、毛霉、犁头霉等的菌丝属于此种形式[图3.4(a)]。另一类菌丝有横隔,菌丝由横隔膜分隔成成串多细胞,每个细胞内含有一个或多个细胞核。有些菌丝,从外观看虽然像多细胞,但横隔膜上有小孔,使细胞质和细胞核可以自由流通,而且每个细胞的功能也都相同,如青霉菌、曲霉菌、白地霉等。

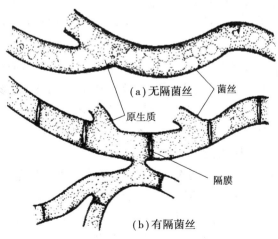

(a)无隔菌丝　菌丝

原生质

隔膜

(b)有隔菌丝

图3.3　霉菌的菌丝

霉菌菌丝在生理功能上有一定程度的分化。在固体培养基上,一部分菌丝伸入培养基内吸收养料,称为营养菌丝;另一部分则向空中生长,称为气生菌丝。有的气生菌丝发育到一定阶段,分化成繁殖菌丝(图3.4)。

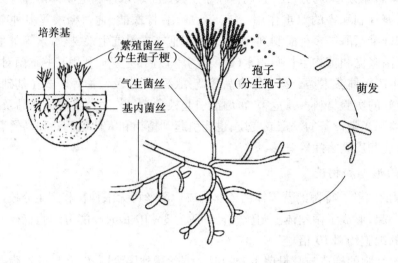

图3.4 霉菌的营养菌丝、气生菌丝和繁殖菌丝

(2)菌丝的变态。不同的真菌在长期进化中,对各自所处的环境条件产生了高度的适应性,其营养菌丝体和气生菌丝体的形态与功能发生了明显变化,形成了各种特化的构造。

2.霉菌的繁殖方式

霉菌具有很强的繁殖能力,繁殖方式多种多样,除了菌丝断片可以生长成新的菌丝体外,主要是通过无性繁殖或有性繁殖来完成生命的传递。无性繁殖是指不经过两性细胞结合而直接由菌丝分化形成孢子的过程,所产生的孢子叫无性孢子。有性繁殖则是经过不同性别细胞的结合、经质配、核配、减数分裂形成孢子的过程,而产生的孢子叫有性孢子。霉菌孢子的形态和产孢子器官的特征是分类的主要依据。

(1)无性孢子。霉菌的无性繁殖主要是通过产生无性孢子的方式来实现的。常见的无性孢子有孢囊孢子、分生孢子、厚垣孢子、节孢子等(图3.5)。

①孢囊孢子。又称孢子囊孢子,是一种内生孢子,为藻状菌纲的毛霉、根霉、犁头霉等所具有。其形成过程是:菌丝发育到一定阶段,气生菌丝的顶端细胞膨大成圆形、椭圆形或犁形孢子囊,然后膨大部分与菌丝间形成隔膜,囊内原生质形成许多原生质小团(每个小团内包含1~2个核),每一小团的周围形成一层壁,将原生质包围起来,形成孢囊孢子。孢子囊成熟后破裂,散出孢囊孢子。该孢子遇适宜环境发芽,形成菌丝体。孢囊孢子有两种类型,一种为生鞭毛、能游动的叫游动孢子,如鞭毛菌亚门中的绵霉属;另一种是不生鞭毛、不能游动的叫静孢子,如接合菌亚门中的根霉属。

②分生孢子。是一种外生孢子,是霉菌中最常见的一类无性孢子。分生孢子由菌丝顶端或分生孢子梗出芽或缢缩形成,其形状、大小、颜色、结构以及着生方式因菌种不同而异,如红曲霉和交链孢霉等,其分生孢子着生在菌丝或其分枝的顶端,单生、成链或成簇,具有无明显分化的分生孢子梗;曲霉和青霉等,具有明显分化的分生孢子梗,它们的分生孢子着生于分生孢子梗的顶端,壁较厚。

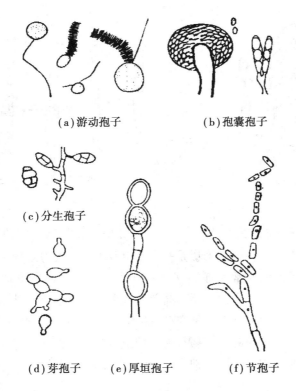

（a）游动孢子　　　　　　（b）孢囊孢子

（c）分生孢子

（d）芽孢子　　（e）厚垣孢子　　　　（f）节孢子

图3.5　霉菌的无性孢子类型

③厚垣孢子。又称厚壁孢子，是外生孢子，它是由菌丝顶端或中间的个别细胞膨大，原生质浓缩，变圆，细胞壁加厚形成的球形或纺锤形的休眠体，对外界环境有较强抵抗力。厚垣孢子的形态、大小和产生位置各种各样，常因霉菌种类不同而异，如总状毛霉往往在菌丝中间形成厚垣孢子。

④节孢子。又称粉孢子，是白地霉等少数种类所产生的一种外生孢子，由菌丝中间形成许多横隔顺次断裂而成，孢子形态多为圆柱形。

（2）有性孢子。在霉菌中，有性繁殖不及无性繁殖普遍，仅发生于特定条件下，一般培养基上不常出现。真菌的有性结合是较为复杂的过程，它们的发生需要种种条件。霉菌的有性孢子主要有卵孢子、接合孢子、子囊孢子。

①卵孢子。由两个大小形状不同的配子囊结合后发育而成的有性孢子。其小型配子囊称为雄器，大型的配子囊称为藏卵器。藏卵器中原生质与雄器配合以前，往往收缩成一个或数个原生质小团，即卵球。雄器与藏卵器接触后，雄器生出一根小管刺入藏卵器，并将细胞核与细胞质输入到卵球内。受精后的卵球生出外壁，发育成双倍体的厚壁卵孢子（图3.6）。

②接合孢子。由菌丝生出形态相同或略有不同的配子囊接合而成（图3.7）。当两个邻近的菌丝相遇时，各自向对方生长出极短的侧枝，称为原配子囊。两个原配子囊接触后，各自的顶端膨大，并形成横隔，融成一个细胞，称为配子囊。相接触的两个配子囊之间的横隔消失，细胞质和细胞核互相配合，同时外部形成厚壁，即为接合孢子。接合孢子主要分布在接合菌类中，如高大毛霉和黑根霉产生的有性孢子为接合孢子。

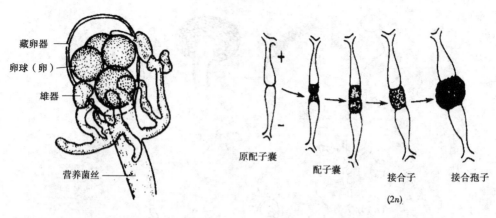

图 3.6 藏卵器、雄器及卵孢子   图 3.7 根霉接合孢子的发育过程

③子囊孢子。产生于子囊中。子囊是一种囊状结构,一般为圆球形、棒形或圆筒形,还有的为长方形。一个子囊内通常含有 2~8 个孢子。一般真菌产生子囊孢子过程相当复杂,但是酵母菌有性过程产生的子囊孢子相对简单。大多数子囊包在由很多菌丝聚集而形成的特殊的子囊果中。子囊果的形态有 3 种类型(图 3.8),第一种为完全封闭的圆球形,称为闭囊壳;第二种为烧瓶状,有孔,称为子囊壳;第三种呈盘状,称为子囊盘。子囊孢子、子囊及子囊果的形态、大小、质地和颜色等随菌种而异,在分类上有重要意义。

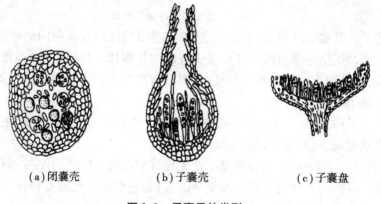

(a)闭囊壳   (b)子囊壳   (c)子囊盘

图 3.8 子囊果的类型

3.霉菌的菌落特征

由于霉菌的细胞呈丝状,在固体培养基上生长时形成营养菌丝和气生菌丝,气生菌丝间无毛细水管,因此霉菌的菌落与细菌和酵母菌不同,与放线菌接近。但霉菌的菌落形态较大,质地比放线菌疏松,外观干燥,不透明,呈现或紧或松的蛛网状、绒毛状或棉絮状。菌落与培养基连接紧密,不易挑取。菌落正反面的颜色及边缘与中心的颜色常不一致。菌落正反面颜色呈现明显差别,其原因是气生菌丝分化出来的子实体和孢子的颜色往往比深入在固体基质内的营养菌丝的颜色深;菌落中心气生菌丝的生理年龄大于菌落边缘的气生菌丝,其发育分化和成熟度较高,颜色较深,形成菌落中心与边缘气生菌丝在颜色与形态结构上的明显差异。

菌落特征是鉴定各类微生物的重要形态学指标,在实验室和生产实践中有重要的意义。现将细菌、放线菌、酵母菌和霉菌这 4 类微生物的细胞和菌落形态等特征作比较,见表 3.1。

表 3.1　四大类微生物的细胞形态和菌落特征的比较

微生物类别 菌落特征			单细胞微生物		菌丝状微生物	
			细菌	酵母菌	放线菌	霉菌
主要特征	细胞	形态特征	小而均匀、个别有芽孢	大而分化	细而均匀	粗而分化
		相互关系	单个分散或按一定方式排列	单个分散或假丝状	丝状交织	丝状交织
	菌落	含水情况	很湿或较湿	较湿	干燥或较干燥	干燥
		外观特征	小而突起或大而平坦	大而突起	小而紧密	大而疏松或大而致密
参考特征		菌落透明度	透明或稍透明	稍透明	不透明	不透明
		菌落与培养基的结合度	不结合	不结合	牢固结合	较牢固结合
		菌落的颜色	多样	单调	十分多样	十分多样
		菌落正反面的颜色差别	相同	相同	一般不同	一般不同
		细胞生长速度	一般很快	较快	慢	一般较快
		气味	一般有臭味	多带酒香	常有泥腥味	霉味

4.常用常见的霉菌

(1)根霉。根霉的菌丝无隔膜、有分枝和假根,营养菌丝体上产生匍匐枝,匍匐枝的节间形成特有的假根,从假根处向上丛生直立、不分枝的孢囊梗,顶端膨大形成圆形的孢子囊,囊内产生孢囊孢子。孢子囊内囊轴明显,球形或近球形,囊轴基部与梗相连处有囊托(图3.9)。根霉的孢子可以在固体培养基内保存,能长期保持生活力。

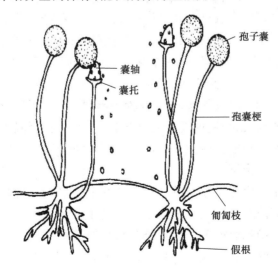

图 3.9　根霉的形态和构造

根霉在自然界分布很广,用途广泛,其淀粉酶活性很强,是酿造工业中常用的糖化菌。我国最早利用根霉糖化淀粉(即阿明诺法)生产酒精。根霉能生产延胡索酸、乳酸等有机酸,还能产生芳香性的酯类物质。根霉也是转化甾族化合物的重要菌类。与生物技术关系密切的根霉主要有黑根霉、华根霉和米根霉。

黑根霉也称匍枝根霉,分布广泛,常出现于生霉的食品上,瓜果蔬菜等在运输和储藏中的腐烂及甘薯的软腐都与其有关。黑根霉是目前发酵工业上常使用的微生物菌种。黑根霉的最适生长温度约为 28 ℃,超过 32 ℃不再生长。

(2)毛霉。又叫黑霉、长毛霉。菌丝为无隔膜的单细胞,多核,以孢囊孢子和接合孢子繁殖。毛霉的菌丝体在基质上或基质内能广泛蔓延,无假根和匍匐枝,孢囊梗直接由菌丝体生出,一般单生,分枝较少或不分枝。分枝顶端都有膨大的孢子囊,囊轴与孢囊梗相连处无囊托。孢囊孢子成熟后,孢子囊壁破裂,孢囊孢子分散开来(图 3.10)。毛霉菌丝初期白色,后灰白色至黑色,这说明孢子囊大量成熟。

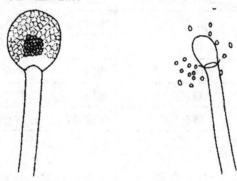

(a)孢子囊梗和幼年孢子囊　　(b)孢子囊破裂后露出囊轴和孢囊孢子

图 3.10　高大毛霉的孢子囊和孢囊孢子

毛霉在土壤、粪便、禾草及空气等环境中存在。在高温、高湿度以及通风不良的条件下生长良好。毛霉的用途很广,常出现在酒药中,能糖化淀粉并能生成少量乙醇,产生蛋白酶,有分解大豆蛋白的能力,我国多用来做豆腐乳、豆豉。许多毛霉能产生草酸、乳酸、琥珀酸及甘油等,有的毛霉能产生脂肪酶、果胶酶、凝乳酶等。常用的毛霉主要有鲁氏毛霉和总状毛霉。

(3)曲霉。是一种典型的丝状菌,属多细胞,菌丝有隔膜。营养菌丝大多匍匐生长,没有假根。曲霉的菌丝体通常无色,老熟时渐变为浅黄色至褐色。从特化的菌丝细胞(足细胞)上形成分生孢子梗,顶端膨大形成顶囊,顶囊有棍棒形、椭圆形、半球形或球形。顶囊表面生辐射状小梗,小梗单层或双层,小梗顶端分生孢子串生。分生孢子具各种形状、颜色和纹饰。由顶囊、小梗以及分生孢子构成分生孢子头(图 3.11)。曲霉仅有少数种具有有性阶段,产生闭囊壳,内生子囊和子囊孢子。

曲霉种类较多,其中与生物工程关系密切的主要有黑曲霉和黄曲霉。

黑曲霉在自然界中分布极为广泛,在各种基质上普遍存在,能引起水分较高的粮食霉变,其他材料上亦常见。菌丛黑褐色,顶囊大球形,小梗双层,自顶囊全面着生,分生孢子球形。黑曲霉具有多种活性很高的酶系,如淀粉酶、蛋白酶、果胶酶、纤维素酶和葡萄糖氧化酶等。黑曲霉还能产生多种有机酸,如柠檬酸、葡萄糖酸和没食子酸等。工业生产中广泛使用的黑曲霉有邬氏曲霉、甘薯曲霉、宇佐美曲霉等。

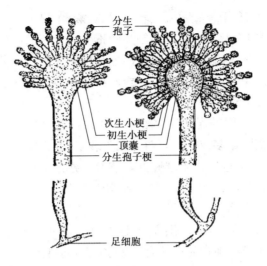

图 3.11 曲霉的形态

黄曲霉菌群中主要是米曲霉和黄曲霉。米曲霉具有较强的蛋白质分解能力,同时也具有糖化活性,很早就被用于酱油和酱类生产上。黄曲霉产生的液化型淀粉酶,并较黑曲霉强,蛋白质分解能力仅次于米曲霉,它还能分解 DNA 产生核苷酸。但黄曲霉菌中的某些菌株是使粮食发霉的优势菌,特别是在花生等食品上容易形成,并产生黄曲霉毒素。黄曲霉毒素是一种很强的致癌物质,能引起人、家禽、家畜中毒以致死亡,我国现已停止使用会产生黄曲霉毒素的菌种。

(4)青霉。属多细胞,营养菌丝体无色、淡色或具鲜明颜色。菌丝有横隔,分生孢子梗亦有横隔,光滑或粗糙。基部无足细胞,顶端不形成膨大的顶囊,其分生孢子梗经过多次分枝,产生几轮对称或不对称的小梗,形如扫帚,称为帚状体(图 3.12)。分生孢子球形、椭圆形或短柱形,光滑或粗糙,大部分生长时呈蓝绿色。有少数种产生闭囊壳,内形成子囊和子囊孢子,也有少数菌种产生菌核。

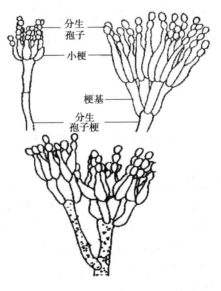

图 3.12 青霉的形态

青霉的孢子耐热性较强,菌体繁殖温度较低,酒石酸、苹果酸、柠檬酸等饮料中常用的酸味剂又是它喜爱的碳源,因而常常引起这些制品的霉变。青霉菌能产生多种酶类及有机酸,在工业生产上主要用于生产青霉素,并用以生产葡萄糖氧化酶或葡萄糖酸、柠檬酸和抗坏血酸。发酵青霉素的菌丝废料含有丰富的蛋白质、矿物质和 B 类维生素,可用作家畜家禽的饲料。该菌还可用作霉腐试验菌。

(5)白地霉。在 28 ~30 ℃的麦芽汁中培养 24 h,会产生白色的、呈毛绒状或粉状的膜。具有真菌丝,有的分枝,横隔或多或少。繁殖方式为裂殖,形成的节孢子单个或连接成链,孢子呈长筒形、方形,也有椭圆或圆形,末端钝圆。节孢子绝大多数为 $(4.9 \sim 7.6)\mu m \times (5.4 \sim 16.6)\mu m$。白地霉能水解蛋白,其中多数能液化明胶、陈化牛奶,少数只能陈化牛奶,不能液化明胶。此菌最高生长温度为 33 ~37 ℃。

白地霉的菌体蛋白营养价值高,可供食用及饲料用,也可用于提取核酸。白地霉还能合成脂肪,能利用糖厂、酒厂及其他食品厂的有机废水生产饲料蛋白。

(6)白僵菌。白僵菌的菌丝无色透明,具隔膜,有分枝,较细,直径为 1.5 ~2 μm。以分生孢子进行无性繁殖,分生孢子着生在多次分叉的分生孢子梗顶端,并聚集成团。孢子为球状,直径为 2 ~2.5 μm。液体培养则形成圆柱形芽生孢子。

白僵菌的孢子在昆虫体上萌发后,可穿过体壁进入虫体内大量繁殖,使其死亡,死虫僵直,呈白茸毛状,故将该菌称为白僵菌。它已广泛应用于杀灭农林害虫(如棉花红蜘蛛、松毛虫、玉米螟等),是治虫效果最好的生物农药之一。但是白僵菌对家蚕也有杀害作用,同时还产生毒素,对动、植物有毒害作用。

(7)脉孢菌。子囊孢子表面有纵形花纹,形如叶脉,故称脉孢菌。菌丝无色透明,有隔膜,多核,具分枝,蔓延迅速。分生孢子梗直立,双叉分枝,分枝上成串生长分生孢子。分生孢子卵圆形,一般呈红色、粉红色,常在面包等淀粉性食物上生长,俗称红色面包霉。有性过程通过异宗接合产生子囊和子囊孢子,子囊黑色、棒状,内生 8 枚长圆形子囊孢子,孢子在子囊中顺序排列。在一般情况下,进行无性繁殖,很少进行有性繁殖。

脉孢菌是研究遗传学和生化途径的好材料。菌体含有丰富的蛋白质和维生素,可作饲料;有的可造成食物腐烂。常见的种类有粗糙脉孢菌、好食脉孢菌等。

任务二　放线菌

放线菌是介于细菌与真菌之间而又接近于细菌的一类丝状原核生物(有人认为它是细菌中的一类),因菌落呈放射状而得名。放线菌多为腐生,少数寄生,与人类关系十分密切。腐生型在自然界物质循环中起着相当重要的作用,而寄生型可引起人、动物、植物的疾病。这些疾病可分为两大类:一类是放线菌病,由一些放线菌所引起,如马铃薯疮痂病、动物皮肤病、肺部感染、脑膜炎等;另一类为诺卡氏菌病,由诺卡氏菌引起的人畜疾病,如皮肤病、肺部感染、足菌病等。此外,放线菌具有特殊的土霉味,易使水和食品变味。有的能破坏棉毛织品、纸张等,给人类造成经济损失。只要掌握了有关放线菌的知识,充分了解其特性,就可以控制、利用和改造它们,使之更好地为人类服务。

放线菌最突出的特性之一是能产生大量的、种类繁多的抗生素。人们在寻找、生产抗生素的过程中,逐步积累了有关放线菌的生态、形态、分类、生理特性及其代谢等方面的知识。据估计,全世界共发现 4 000 多种抗生素,其中绝大多数由放线菌产生,这是其他生物难以比拟的。抗生素是主要的化学疗剂,现在临床所用的抗生素种类如井冈霉素、庆丰霉素和我国用的菌肥"5406"也是由泾阳链霉菌制成的;有的放线菌还用于生产维生素、酶制剂;此外,在甾体转化、石油脱蜡、烃类发酵、污水处理等方面也有应用。因此,近三十多年来,放线菌在微生物中特别受到重视。

(一)放线菌的分布

放线菌常以孢子或菌丝状态极其广泛地存在于自然界。不论数量和种类,以土壤中最多。据测定,每克土壤可含数万乃至数百万个孢子,但受土壤性质、季节、作物种类等条件的影响。一般情况下,肥土较瘦土多,农田土比森林土多,中性或偏碱性土壤中也较多。土壤环境因子(如有机质、水分、温度、通气状况等)也影响其数量。它适宜在含水量较低的土壤内生长。厩肥和堆肥中仅限于高温放线菌活动。放线菌所产生的代谢产物往往使土壤具有特殊的泥腥味。

河流和湖泊中,放线菌数量不多,大多为小单孢菌、游动放线菌和孢囊链霉菌,还有少数链霉菌。海洋中的放线菌多半来自土壤或生存在漂浮海面的藻体上。海水中还存在耐盐放线菌。大气中也存在着大量的放线菌菌丝和孢子,它们并非原生的微生物区系,而是由于土壤、动植物、食品甚至衣物等表面均有大量放线菌存在,由于它们耐干燥,常随尘埃、水滴,借助风力飞入大气所致。食品上常常生长放线菌,尤其在比较干燥、温暖的条件下易于大量繁殖,使食品发出刺鼻的霉味。

健康动物,特别是反刍动物的肠道内有着大量的放线菌,它们是肠道内定居的微生物,堆肥中的高温放线菌可能来源于此。在动物和植物体表有大量的腐生性放线菌,偶尔也有寄生性放线菌存在。

(二)放线菌的形态与结构

放线菌菌体为单细胞,大多由分枝发达的菌丝组成,最简单的为杆状或具原始菌丝。菌丝直径与杆状细菌差不多,大约为 1 μm。细胞壁化学组成中也含原核生物所特有的胞壁酸和二氨基庚二酸,不含几丁质或纤维素。革兰氏染色阳性反应,极少阴性。有许多放线菌对抗酸性染色也无阳性反应,如诺卡氏放线菌,它与结核杆菌相比,如果脱色时间太长也可成为阴性,这是诺卡氏放线菌与结核杆菌的区别之一。放线菌菌丝细胞的结构与细菌基本相同。根据菌丝形态和功能可分为营养菌丝、气生丝和孢子丝 3 种。

孢子丝生长到一定阶段可形成孢子。在光学显微镜下,孢子呈球形、椭圆形、杆状、瓜子状等;在电子显微镜下还可看到孢子的表面结构,有的光滑、有的带小疣、有的生刺(不同种的孢子,刺的粗细长短不同)或有毛发状物。孢子表面结构也是放线菌种鉴定的重要依据。孢子的表面结构与孢子丝的形状、颜色也有一定关系,一般直形或波曲状的孢子丝形成的孢子表面光滑。而螺旋状孢子丝形成的孢子,有的光滑、有的带刺或毛;白色、黄色、淡绿色、灰黄色、淡紫色的孢子表面一般都是光滑型的,粉红色孢子只有极少数带刺,黑色孢子绝大部分都带刺和毛发。

由于孢子含有不同色素,成熟的孢子堆也表现出特定的颜色,而且在一定条件下比较稳定,故也是鉴定菌种的依据之一。应指出的是,孢子的形态和大小不能笼统地作为分类鉴定的重要依据。因为,即使从一个孢子子丝分化出来的孢子,形状和大小也可能有差异。

(三)放线菌和菌落特征

放线菌的菌落由菌丝体组成。一般圆形、光平或有许多皱褶,在光学显微镜下观察,菌落周围具辐射状菌丝。总的特征介于霉菌与细菌之间,因种类不同可分为以下两类。

(1)由产生大量分枝与气生菌丝与菌种所形成的菌落。链霉菌的菌落是这一类型的代表。链霉菌菌丝较细,生长缓慢,分枝多且相互缠绕,故形成的菌落质地致密,表面呈较紧密的绒状或坚实、干燥、多皱,菌落较小而不蔓延;营养菌丝长在培养基内,所以菌落与培养基结合较紧,不易挑起或挑起后不易破碎;当气生菌丝尚未分化成孢子丝以前,幼龄菌落与细菌的菌落很相似,光滑或如发状缠结。有时气生菌丝呈同心环状,当孢子丝产生大量孢子并布满整个菌落表面后,才形成絮状、粉状或颗粒状的典型的放线菌菌落;有些种类的孢子含有色素,使菌落有面或背面呈现不同颜色。

(2)菌落由不产生大量菌丝体的种类形成。如诺卡氏放线菌的菌落,黏着力差,结构呈粉质状,用针挑起则粉碎。

若将放线菌接种于液体培养基内静置培养,能在瓶壁液面处形成斑状或膜状菌落,或沉降于瓶底而不使培养基混浊;如以震荡培养,常形成由短的菌丝体所构成的球状颗粒。

(四)放线菌的繁殖方式

放线菌主要通过形成无性孢子的方式进行繁殖,也可借菌体为裂片段繁殖。放线菌长到一定阶段,一部分气生菌丝形成孢子丝,孢子丝成熟便分化形成许多孢子,称为分生孢子。孢子的产生主要有以下几种方式。

1. 凝聚分裂形成凝聚孢子

其过程是孢子丝孢壁内的原生质围绕核物质,从顶端向基部逐渐凝聚成一串体积相等或大小相似的小段,然后小段收缩,并在每段外面产生新的孢子壁而成为圆形或椭圆形的孢子。孢子成熟后,孢子丝壁破裂释放出孢子。多数放线菌按此方式形成孢子,如链霉菌孢子的形成多属此类型。现今对这种方式现已提出了异议。

2. 横隔分裂形成横隔孢子

其过程是单细胞孢子丝长到一定阶段,首先在其中产生横隔膜,然后,在横隔膜处断裂形成孢子,称横隔孢子,也称中节孢子或粉孢子。一般呈圆柱形或杆状,体积基本相等,大小相似,为 $(0.7 \sim 0.8)\mu m \times (1 \sim 2.5)\mu m$。诺卡氏放线菌属按此方式形成孢子。

有些放线菌首先在菌丝上形成孢子囊,在孢子囊内形成孢子,孢子囊成熟后,破裂,释放出大量的孢囊孢子。孢子囊可在气生菌丝上形成,也可在营养菌丝上形成,或二者均可生成。孢子囊可由孢子丝盘绕形成,有的由孢子囊柄顶端膨大形成。

小单孢菌科中多数种的孢子形成是在营养菌线上作单轴分枝,基上再生出直而短(5 ~ 10 μm)的特殊分枝,分枝还可再分枝权,每个枝权顶端形成一个球形、椭圆形或长圆形孢子,它们聚集在一起,很像一串葡萄,这些孢子也称分生孢子。某些放线菌偶尔也产生厚壁孢子。

放线菌孢子具有较强的耐干燥能力,但不耐高温,60~65 ℃处理10~15 min即失去生活能力。放线菌也可借菌丝断裂的片段形成新的菌体,这种繁殖方式常见于液体培养基中。工业化发酵生产抗生素时,放线菌就以此方式大量繁殖。如果静置培养,培养物表面往往形成菌膜,膜上也可产生出孢子。

(五)放线菌的生理

除少数自养型菌种(如自养链霉菌)外,绝大多数为异养型。异差菌的营养要求差别很大,有的能利用简单化合物,有的却需要复杂的有机化合物。它们能利用不同的碳水化合物,包括糖、淀、粉有机酸、纤维素、半纤维素等作为能源。最好的碳源是葡萄糖、麦芽糖、糊精、淀粉和甘油,而蔗糖、木糖、棉子糖、醇和有机酸次之。有机酸中以醋酸、乳酸、柠檬酸、琥珀酸和苹果酸易于利用,而草酸、酒石酸和马尿酸较难利用。某些放线菌还可利用几丁质、碳氢化合物、丹宁以及橡胶。氮素营养方面,以蛋白质、蛋白有胨以及某些氨基酸最适,硝酸盐、铵盐和素次之。除诺卡氏放线菌外,绝大多数放线菌都能利用酪蛋白,并能液化明胶。

和其他生物一样,放线菌的生长一般都需要K、Mg、Fe、Cu、Ca,其中Mg和K对于菌丝生长和抗生素的产生有显著作用。各种抗生素的产生所需的矿质营养并不完全相同,如弗氏链霉菌产生新霉素时必需Zn元素,而Mg、Fe、Cu、Al和Mn等不起作用。Co是放线菌产生维生素B_{12}的必需元素,当培养基中含1或2 mg/L的Co时,可提高灰色链霉菌的维生素产量3倍;如果培养基中Co含量高至20~50 mg/L时;则产生毒害作用。另外,Co还有促进孢子形成的功能。

大多数放线菌是好气的,只有某些种是微量好气菌和厌气菌。因此,工业化发酵生产抗生素过程中必须保证足够的通气量;温度对放线菌生长也有影响,大多数放线菌的最适生长温度为23~37 ℃,高温放线菌的生长温度为50~65 ℃,也有许多菌种在20~23 ℃以下仍生长良好;放线菌菌丝体比细菌营养体抗干燥能力强,很多菌种在$CaCl_2$和H_2SO_4的干燥器内能存活一年半左右。

(六)放线菌的代表属

1.链霉菌属

链霉菌属共1 000多种,其中包括很多不同的种别和变种。虽然一些链霉菌可见于淡水和海洋,但它主要生长在含水量较低、通气较好的土壤中。由于许多链霉菌产生抗生素的巨大经济价值和医学意义,对这类放线菌已做了大量研究工作。研究表明,抗生素主要由放线菌产生,而其中90%又由链霉菌产生,著名的、常用的抗生素如链霉素、土霉素,抗肿瘤的博莱霉素、丝裂霉素,抗真菌的制霉菌素,抗结核的卡那霉素,能有效防治水稻纹枯的井冈霉素等,都是链霉菌的次生代谢产物。链霉菌不仅种类繁多,而且其中50%以上的都能产生抗生素。

2.诺卡氏菌属

诺卡氏菌属又名原放线菌属,菌落外貌与结构多样,一般比链霉菌菌落小,表面崎岖多皱,致密干燥,一触即碎,或者为面团;有的种菌落平滑或凸起,无光或发亮呈水浸状。此属多为好气性腐生菌,少数为厌气性寄生菌。能同化各种碳水化合物,有的能利用碳氢化合物、纤维素等。诺卡氏菌主要分布于土壤。现已报道100余种,能产生30多种抗生素。如对结核分枝杆菌和麻风分枝菌有特效的利福霉素,对引起植物白叶枯病的细菌,以及原虫、病毒有作用的间型霉素,对革兰氏阳性细菌有作用的瑞斯托菌素等。另外,有些诺卡氏菌用于石油脱蜡、烃类发酵以及污水处理中分解腈类化合物。

3. 放线菌属

放线菌属多为致病菌,只有营养菌丝,直径小于 1 μm,有横隔,可断裂成"V"形或"Y"形体。无气生菌丝,也不形成孢子。一类为厌气菌或兼性厌气菌,引起牛颚肿病的牛型放线菌是此属的典型代表;另一类是衣氏放线菌,可引起牛的骨髓放线菌病和猪的乳房放线菌病,它也寄生于人体,可引起后颚骨肿瘤和肺部感染。它们的生长需要较丰富的营养,通常在培养基中加放血清或心、脑浸汁等。此外,还有狗、猫放线菌病的病原体,可引起狗、猫的放线菌病。

4. 小单孢菌属

菌落比链霉菌小得多,一般 2 ~ 3 mm,通常橙黄色,也有深褐色、黑色、蓝色者;菌落表面覆盖着一薄层孢子堆。此属菌一般为好气性腐生,能利用各种氮化物的碳水化合物。大多分布在土壤或湖底泥土中,堆肥的厩肥中也有不少。此属约 30 种,也是产生抗生素较多的一个属。如庆大霉素即由绛红小单孢菌和棘孢小单孢菌产生,有的能产生利福霉素、卤霉素等共 30 余种抗生素。现在认为,此属菌产生抗生素的潜力较大,而且有的种还积累维生素 B_{12},应予重视。

5. 链孢囊菌属

该属主要特点是能形成孢囊和孢囊孢子。此属菌约 15 种以上,其中因不少种可产生广谱抗生素而受到重视。粉红链孢囊菌产生的多霉素,可抑制革兰氏阳性细菌、革兰氏阴性细菌、病毒等,对肿瘤也有抑制作用。绿灰链孢囊菌产生的绿菌素,对细菌、霉、酵母菌均有作用。由西伯利亚链孢囊菌产生的两性西伯利亚霉素,对肿瘤有一定疗效。

任务三　支原体

由霉形体属(支原体属)成员引起的家畜传染病的总称。霉形体是能自行繁殖的、体积最小、构造最简单的原核生物,无细胞壁,光镜下呈多形,能通过细菌滤器在无细胞培养基中生长,菌落呈典型的油煎蛋状。世界上第一个人工培养成功的霉形体亚种是在 1898 年由法国的 E. I. E. 诺卡等从牛传染性胸膜肺炎病牛胸水中分离的。家畜的重要霉形体病(支原体病)有以下几种。

1. 牛传染性胸膜肺炎

牛传染性胸膜肺炎又名牛肺疫,由丝状霉形体的亚种所致的传染病。多见于牛、水牛和牦牛。在非洲和亚洲至少已有 200 多年的历史。19 世纪初流行于欧洲,又由欧洲传播到美洲、大洋洲等处。现已在许多国家被消灭,但部分地区仍有流行或发生,中国仅局限于一些边远牧区。

牛传染性胸膜肺炎主要由飞沫传染。带菌牛是重要的传染源。潜伏期平均为 2～4 周,病程发展一般缓慢,偶有急性发作死亡的。主要症状是咳嗽、鼻孔流出液体、体温 40 ℃ 以上,死亡率高低不等。从病肺中分离病原霉形体是最可靠的诊断方法。血清学检验有补体结合试验、琼脂扩散沉淀试验、玻片凝集试验和皮肤变态反应等方法。可用疫苗注射预防。由霉形体所致的牛病还有由牛生殖道霉形体、牛霉形体和加拿大霉形体等所致的牛乳腺炎,以及由牛鼻霉形体所致的支气管肺炎等。

2. 山羊传染性胸膜肺炎

山羊传染性胸膜肺炎由丝状霉形体山羊亚种引起的山羊传染病。世界性分布。潜伏期为 2～28 天,主要症状为体温上升,高者可达 41 ℃,呼吸(家畜)急促,伴有鸣叫声、咳嗽、流鼻涕。孕羊大批流产。急性死亡或转为慢性病。早期可用抗生素治疗。中国使用氢氧化铝疫苗预防,达到良好效果。

3. 猪地方性肺炎

猪地方性肺炎又名猪喘病,由猪肺炎霉形体引起的猪慢性呼吸道传染病。世界性分布。20 世纪 50 年代中期出现于中国。病原存在于猪呼吸道中,主要经过飞沫或鼻部接触传染。新发病猪群常出现急性病例,呼吸急促,痉挛性阵咳。多数病猪转为慢性,或渐次恢复,转为隐性型。老疫场的猪一开始即可能呈慢性型。病猪死亡率不高,但生长缓慢,饲料报酬降低。病变主要在肺部,结合流行病学和症状可作出诊断。可用 X 射线透视检查。血清学诊断有补体结合试验、间接血凝试验和酶联免疫吸附测定等方法。土霉素、卡那霉素有治疗效果。尚无疫苗可供预防。此外,还有由猪鼻霉形体引起的关节炎和多发性浆膜炎,以及由猪滑液霉形体引起的关节炎等。

4. 鸡霉形体病

鸡霉形体病主要有以下致病菌:

(1)鸡毒霉形体。主要感染鸡与火鸡,可经蛋传播给仔鸡,也可经接触传播给同群鸡。鸡以气管炎和气囊炎为特征;火鸡以窦炎和气囊炎为特征。世界性分布。实验感染时潜伏期为 1～3 周。症状为流鼻涕、咳嗽和呼吸时有啰音,可因不良外界环境而加重,火鸡的一侧或双侧眶下窦常有肿胀。诊断可采用快速玻片凝集试验、试管凝集试验和血凝抑制试验等方法。治疗可用抗生素如链霉素和四环素等注射,或加在饮水或饲料中饲喂。尚无疫苗可供使用。

(2)滑液霉形体。鸡和火鸡都可由蛋感染,或经过接触传播。潜伏期为 10～20 天。症状有两类:一以跛行为特征,一为呼吸道型;也可能两种兼有,而以跛行最为常见。严重的伴有全身症状,如精神委顿、生长缓慢、可能出现腹泻等。剖检时患部关节滑液膜上可看到有黏稠乳酪样灰白色渗出物,甚至呈干酪样变化。诊断可用快速玻片凝集试验、试管凝集试验和血凝抑制试验等方法。治疗时,可用抗生素如氯霉素或链霉素等药物。尚无可供使用的疫苗。此外,还有由火鸡霉形体所致的火鸡霉形体感染等。

任务四　螺旋体

　　螺旋体细长、柔软、弯曲呈螺旋状的运动活泼的单细胞原核生物。全长 3 ~ 500 μm,具有细菌细胞的所有内部结构。用暗视野显微镜观察含活菌的新鲜标本,可看到运动活泼的螺旋体。运动有 3 种类型:绕螺旋体的长轴迅速转动、细胞屈曲运动以及沿着螺旋形或盘旋的线路移动。横断分裂繁殖,化能异养,好氧、兼性厌氧或厌氧,自由生活、共栖或寄生,有些种是致病菌。

　　在生物学上的位置介于细菌与原虫之间。它与细菌的相似之处是:具有与细菌相似的细胞壁,内含脂多糖和胞壁酸,以二分裂方式繁殖,无定型核(属原核型细胞),对抗生素敏感;与原虫的相似之处有:体态柔软,胞壁与胞膜之间绕有弹性轴丝,借助它的屈曲和收缩能活泼运动,易被胆汁或胆盐溶解。

　　螺旋体广泛分布在自然界和动物体内,分以下 5 个属(图 3.13):螺旋体属、脊螺旋体属、疏螺旋体属、密螺旋体属、细螺旋体属(又称钩端螺旋体)。螺旋体广泛存在于水生环境,也有许多分布在人和动物体内。大部分营腐生生活,无致病性,只有一部分能引起人和动物的疾病,如猪痢疾密螺旋体、兔密螺旋体、钩端螺旋体。

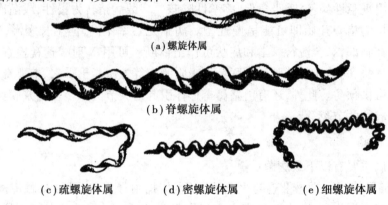

(a)螺旋体属

(b)脊螺旋体属

(c)疏螺旋体属　　　(d)密螺旋体属　　　(e)细螺旋体属

图 3.13　螺旋体

　　(1)螺旋体属。长 5 ~ 500 μm,宽 0.2 ~ 0.75 μm,厌氧或兼性厌氧,自由生活,多见于水生环境,目前尚未发现有致病者。

　　(2)脊螺旋体属。长 30 ~ 150 μm,宽 0.5 ~ 3.0 μm,有螺旋 2 ~ 10 圈。在活体标本,可用相差显微镜观察到卵圆形的内含物及大束的轴丝。营共生生活,通常存于蛤、贝等软体动物肠内。

　　(3)疏螺旋体属。有 5 ~ 10 个稀疏而不规则的螺旋,其中对人致病的有回归热螺旋体及奋森氏螺旋体,前者引起回归热,后者常与棱形杆菌共生,共同引起咽峡炎、溃疡性口腔炎等。

　　(4)密螺旋体属。有 8 ~ 14 个较细密而规则的螺旋,对人有致病的主要是梅毒螺旋体、雅司螺旋体、品他螺旋体,后二者通过接触传播但不是性病。本属螺旋体长 5 ~ 20 μm,宽 0.09 ~ 0.5 μm;螺旋弯曲而致密。多数菌种用姬姆萨氏染料染色,效果不佳。用银染法较好。本属的病原菌最熟知者为梅毒苍白密螺旋体。在兽医微生物学中重要者有兔密螺旋体和猪痢疾密螺旋体。

（5）细螺旋体属。螺旋数目较多,螺旋较密,比密螺旋体更细密而规则,菌体一端或两端弯曲呈钩状,本属中有一部分能引起人及动物的钩端螺旋体病。钩端螺旋体种类很多,可分为致病性钩体及非致病性钩体两大类。致病性钩体能引起人及动物的钩端螺旋体病,简称钩体病。

钩体病为自然疫源性疾病,在野生动物和家畜中广泛流行。钩体在肾小管中生长繁殖,从尿中排出。肾长期带菌的鼠和猪是钩体的重要储存宿主和传染源。猪、鼠的尿污染的水源、稻田、小溪、塘水等称为疫水,人在参加田间运动、防洪、捕鱼等接触疫水时,由于钩体有较强的侵袭力,能穿过正常或破损的皮肤和黏膜侵入人体。

任务五　立克次氏体

立克次氏体是一类严格的活细胞内寄生的原核微生物,在形态结构、化学组成及代谢方式等方面与细菌类似。

立克次氏体细胞多形,球杆状或杆状;大小介于细菌和病毒之间,球状菌直径 $0.2 \sim 0.7\ \mu m$,杆状菌大小为 $(0.3 \sim 0.6)\ \mu m \times (0.8 \sim 2)\ \mu m$,如图 3.14 所示。贝氏柯克斯体最小,平均大小为 $0.25 \sim 1\ \mu m$。革兰氏染色阴性,吉姆萨染色呈紫或蓝色,马基为洛法染成红色。它具有细胞壁,胞壁中含肽聚糖、脂多糖和蛋白质,是以二分裂方式繁殖,同时含有 RNA 和 DNA 两种核酸,由于酶系不完整需在活细胞内寄生,专性寄生对多种抗生素敏感等。

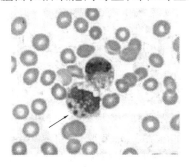

图 3.14　寄生在细胞内的立克次氏体

立克次氏体的致病因子有两种:一为内毒素,由脂多糖组成,具有与肠杆菌内毒素相似的多种生物学活性;二为磷脂酶 A,可分解脂膜而溶解细胞,导致宿主细胞中毒。立克次氏体主要以节肢动物(虱、蜱、螨等)为媒介,寄生在它们的消化道表皮细胞中,然后通过节肢动物叮咬和排泄物传播给人和其他动物。有的立克次氏体能引起人类的流行性斑疹伤寒、恙虫热、Q 热等严重疾病,而且立克次氏体大多是人畜共患病原体。

立克次氏体酶系统不够完整,必须依赖于宿主细胞提供 ATP、辅酶 I、辅酶 A、NAD 等才能生长繁殖。除罗沙利马体外,其他的都为严格的真核细胞内寄生。常用的培养方法有动物接种、鸡胚卵黄囊接种以及细胞培养等。

立克次氏体对理化因素抵抗力不强,尤对热敏感,室温放置数小时即可丧失活力;对低温及干燥的抵抗力强,在干燥虱粪中能存活数月;对一般消毒剂和广谱抗生素敏感,但是磺胺类药物不仅不能抑制反而促进立克次体的生长。

预防立克次体重点应针对中间宿主及储存宿主。消灭体虱有望根绝流行性斑疹伤寒;灭鼠、杀灭媒介节肢动物是防止地方性斑疹伤寒、恙虫热、斑点热的有效措施。特异性预防以接种疫苗为主,接种后有一定效果。

任务六　衣原体

衣原体是介于立克次氏体与病毒之间,能通过细菌滤器,专性活细胞内寄生的一类原核微生物,生物学特性更接近细菌。衣原体在宿主细胞内生长繁殖具有独特的生活周期(图3.15),即存在原体(EB)和始体(RB)两种形态。

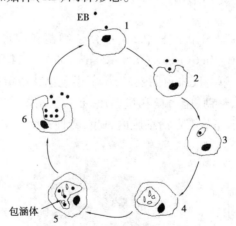

图 3.15　衣原体的发育周期

1—EB 吸附;2—EB 被吞入;3—8 h 后发育成 RB;4—24 h,RB 增殖;
5—30 h,RB 分化成 EB,包涵体形成;6—48 h,细胞破裂,释放 EB

具有感染性的原体通过胞饮作用进入宿主细胞,被宿主细胞膜包围形成空泡,原体逐渐增大成为始体。始体无感染性,但能在空泡中以二分裂方式反复繁殖,形成大量新的原体,积聚于细胞质内成为各种形状的包涵体(图 3.16),宿主细胞破裂,释放出的原体则感染新的细胞。

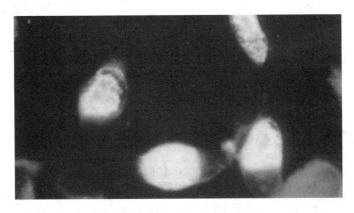

图 3.16　衣原体包涵体的荧光显示

衣原体广泛寄生于人类、哺乳动物及鸟类,仅少数致病,如人的沙眼衣原体、鸟的鹦鹉热衣原体、牛羊亲衣原体和肺炎衣原体。有的还是人畜共患的病原体。1956 年,我国微生物学家汤飞凡等应用鸡胚卵黄囊接种法,在国际上首先成功地分离培养出沙眼衣原体。现衣原体可用多种细胞培养。

1.鹦鹉热衣原体

首先从鹦鹉体内分离出来,然后陆续从鸽、鸭、海鸥等 100 余种鸟类体内分离出来。人的鹦鹉热是一种动物源性疾病,通常由接触感染的鸟类而引起。鹦鹉热衣原体为圆形或椭圆形,在鸡胚卵黄囊、HeLa 细胞株和猴肾细胞中均可生长。非鹦鹉类(鸽、火鸡、鸭、鸡)的鸟疫与鹦鹉热基本同种。鸽感染后表现为结膜炎、鼻炎和腹泻等症状;雏鸡感染后表现为白痢样腹泻、厌食;羊、牛主要引起流产、早产、死产以及肺炎;猪主要是肺炎,腹泻,关节炎和结膜炎等,孕猪流产,死产和传染性不育症。

2.兽类衣原体

兽类衣原体主要从绵羊和牛中分离,可引起羊牛的多发性关节炎、脑脊髓炎和腹泻,见表 3.2。

表 3.2　4 种衣原体的主要特性

性状	沙眼衣原体	肺炎衣原体	鹦鹉热衣原体	兽类衣原体
自然宿主	人、小鼠	人	鸟类、低等哺乳类	牛、羊
主要人类疾病	沙眼、性传播疾病、幼儿肺炎	肺炎、呼吸道感染	肺炎、呼吸道感染	呼吸道感染
原体形态	圆、椭圆	梨形	圆、椭圆	圆
包涵体糖原	+	−	−	−
血清型	18	1(TWAR 株)	不明	3
DNA 同源性 与相同衣原体种 与不同衣原体种	>90% <10%	>90% <10%	14% ~95% <10%	88% ~100%
对磺胺的敏感性	敏感	不敏感	不敏感	不敏感

实训 13　真菌的形态观察与检疫技术

一、目的要求

（1）掌握观察霉菌形态的基本方法，并观察其形态特征。

（2）掌握常用的霉菌制片方法。

二、仪器及材料

曲霉、青霉、根霉、毛霉、乳酸石炭酸棉蓝染色液、20%甘油、查氏培养基平板、马铃薯培养基、无菌吸管、载玻片、盖玻片、U 形棒、解剖刀、玻璃纸、滤纸等。

三、方法与步骤

1. 一般观察法

于洁净载玻片上，滴 1 滴乳酸石炭酸棉蓝染色液，用解剖针从霉菌菌落的边缘处取小量带有孢子的菌丝置染色液中，再细心地将菌丝挑散开，然后小心地盖上盖玻片，注意不要产生气泡。置显微镜下先用低倍镜观察，必要时再换高倍镜。

2. 载玻片观察法

（1）将略小于培养皿底内径的滤纸放入皿内，再放上"U"形玻棒，其上放一个洁净的载玻片，然后将两个盖玻片分别斜立在载玻片的两端，盖上皿盖，把数套（根据需要而定）如此装置的培养皿叠起，包扎好，用 1.05 kg/cm² 121.3 ℃灭菌 20 min 或干热灭菌，备用。

（2）将 6~7 mL 灭菌的马铃薯葡萄糖培养基倒入直径为 9 cm 的灭菌平皿中，待凝固后，用无菌解剖刀切成 0.5~1 cm² 的琼脂块，用刀尖铲起琼脂块放在已灭菌的培养皿内的载玻片上，每片上放置 2 块。

（3）用灭菌的尖细接种针或装有柄的缝衣针，取（肉眼方能看见的）一点霉菌孢子，轻轻点在琼脂块的边缘上，用无菌镊子夹着立在载玻片旁的盖玻片盖在琼脂块上，再盖上皿盖。

（4）在培养皿的滤纸上，加无菌的 20%甘油数毫升，至滤纸湿润即可停加。将培养皿置 28 ℃培养一定时间后，取出载玻片置显微镜下观察。

3. 玻璃纸透析培养观察法

（1）向霉菌斜面试管中加入 5 mL 无菌水，洗下孢子，制成孢子悬液。

（2）用无菌镊子将已灭菌的、直径与培养皿相同的圆形玻璃纸覆盖于查氏培养基平板上。

（3）用 1 mL 无菌吸管吸取 0.2 mL 孢子悬液于上述玻璃纸平板上，并用无菌玻璃刮棒涂抹均匀。

(4)置28 ℃温室培养48 h后,取出培养皿,打开皿盖,用镊子将玻璃纸与培养基分开,再用剪刀剪取一小片玻璃纸置载玻片上,用显微镜观察。

【思考与练习】

1. 名词解释:真菌、菌丝体、营养菌丝、孢子、气生菌丝、酵母菌、无隔膜菌丝、有隔膜菌丝。

2. 根据细胞核的融合与否,真菌的孢子分为_____和_____两大类。

3. 无性孢子根据形态的不同,可分为分生孢子_____、_____和_____3种。

4. 菌丝体按功能可分为_____和_____两种。

5. 酵母菌为_____细胞真菌,呈_____形态。

6. 霉菌的基本结构由_____构成。常见的霉菌有_____。

7. 霉菌为_____细胞真菌,其结构可分为_____和_____两部分。

8. 霉菌的菌丝因结构不同而分为_____和_____。

9. 真菌细胞不具有的结构或成分是(　　)。

　　A.细胞壁　　　　B.细胞核　　　　C.线粒体　　　　D.内质网　　　　E.叶绿素

10. 酵母菌在分类学中属于(　　)。

　　A.细菌类　　　B.真菌类　　　C.放线菌类

11. 关于真菌孢子的描述,错误的是(　　)。

　　A.真菌的休眠状态

　　B.抵抗力不如细菌芽孢强

　　C.一条菌丝上可长出多个孢子

　　D.大部分真菌既能形成有性孢子,又能形成无性孢子

　　E.大分生孢子是鉴定半知菌类的重要依据

12. 真菌孢子的主要作用是(　　)。

　　A.抵抗不良环境的影响　　　　B.抗吞噬　　　　C.进行繁殖

　　D.引起炎症反应　　　　　　　E.引起变态反应

13. 霉菌的培养特性是(　　)。

　　A.形成菌丝和孢子　　　　B.只形成菌丝　　　C.只形成孢子

14. 关于真菌的抵抗力,错误的一项是(　　)。

　　A.对干燥、阳光和紫外线有较强的抵抗力

　　B.对一般消毒剂有较强的抵抗力

　　C.耐热,60 ℃ 1 h不能被杀死

　　D.对抗细菌的抗生素均不敏感

　　E.灰黄霉素、制霉菌素可抑制真菌生长

15. 霉菌菌落的颜色是由(   )决定的。

  A. 菌丝   B. 孢子   C. 菌丝和孢子共同

16. 比较真菌孢子与细菌芽孢的区别。

17. 简述真菌的培养特性。

18. 真菌的生长繁殖条件与细菌有何不同?

19. 酵母菌和霉菌是何种细胞类型的微生物? 它们与细菌有何不同?

20. 霉菌是由哪些形态结构组成?

21. 真菌的繁殖有何特点? 孢子在繁殖中起什么作用?

22. 比较支原体、衣原体、放线菌、螺旋体、立克次氏体的区别。

项目四　免疫学基础

【学习目标】

1.掌握非特异性免疫的概念、特点、构成、影响因素。

2.掌握特异性免疫的概念、组成,免疫系统的组成,抗原、抗体的概念,免疫应答的机制,特异性免疫的抗感染作用与获得途径。

3.掌握血清学试验的特点、影响因素和类型。

4.掌握免疫诊断、免疫防治的应用范围和注意事项。

5.掌握凝集试验、沉淀试验、ELISA 试验、间接血凝试验、免疫荧光技术。

6.基本掌握细胞免疫检测方法。

7.会设计细胞免疫检测方案并实施。

免疫学是人类与传染性疾病作斗争的过程中发展起来的。从抗感染免疫研究到免疫学成为一门独立的学科,经历了 100 余年时间,现代免疫学对免疫细胞生命活动基本规律的机制,使细胞活化、信号转导、细胞凋亡、细胞活动的生物活性调节分子、细胞分化发育等根本问题,进行了深入研究,从而推动了生命科学的发展,免疫学自身也发展成为生命科学的前沿科学。

任务一　非特异性免疫

机体的免疫包括非特异性免疫和特异性免疫。非特异性免疫又称为先天性免疫、自然免疫或固有免疫,是动物在长期进化过程中所形成的阻挡病原微生物侵入及杀灭、吞噬病原微生物的一系列防御机制,是机体与生俱来的具有强大和广泛作用的一种生物学功能,其具有遗传性,它只能识别自身和非自身,对异物无特异性区别作用。

非特异性免疫的特点有先天的,具遗传性;免疫力较巩固;发挥作用快,作用范围广;特异性免疫的基础,起着第一道防御线的作用;对抗原异物无特异性识别作用,只有较初级的识别功能。

一、非特异性免疫的组成

对动物来说,非特异性免疫主要由宿主的防御性生理屏障、吞噬细胞的吞噬功能、正常组织和体液中的抗菌物质以及有保护性的炎症反应4个方面组成。

(一)生理屏障

生理屏障是正常机体普遍存在的组织结构。

1. 皮肤及黏膜屏障

皮肤是动物机体防御外界异物的第一道防线或机械防线。健康完整的皮肤对外界异物侵入起着机械的阻挡作用,皮肤上的汗腺分泌物中的乳酸及不饱和脂肪酸有一定的杀菌作用。当皮肤损伤时,细菌则乘虚而入,引起感染。黏膜除了机械阻挡外,腺体分泌液中含有溶菌酶及杀菌物质,对黏膜表面起着化学屏障作用。眼泪和唾液的冲洗,以及其中溶菌酶的杀菌作用,有助于清除病原体。气管、支气管上皮细胞纤毛有节律地颤动,能阻止异物的侵入及将异物排除。消化道的胃酸和胆汁均具有杀菌作用,也可阻止病原体的侵入。

2. 内部屏障

动物机体有多种内部屏障,具有特定的组织结构,能够保护机体主要器官或组织免受病毒异物感染或侵入。血脑屏障主要由脑、脑膜的毛细血管壁和由神经细胞形成的胶原膜构成的血脑屏障,能防止病原体由血液进入脑组织和脑脊髓中。幼畜血脑屏障未发育完善而易发生中枢神经系统疾病的感染,如仔猪易发生的伪狂犬病等(图4.1)。

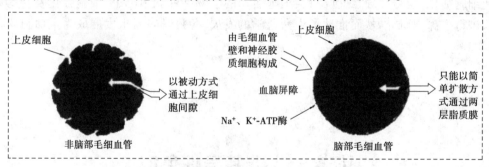

图4.1 血脑屏障示意图

血胎屏障是由母体子宫内膜及血管和胎儿绒毛膜及血管所形成的胎盘构成的,是妊娠期动物保护胎儿免受感染的一种防御机构,可以阻止母体内的大多数病原微生物通过胎盘侵入感染胎儿。

除上述防御屏障外,还有血管屏障,肺脏中的气血屏障能防止病原微生物经肺泡壁进入血液,睾丸中的血睾屏障能防止病原微生物进入曲精细管。

(二)吞噬作用

当病原微生物突破第一道防线后,就会遇到宿主非特异性防御系统中的第二道防线的抵抗,即吞噬细胞的吞噬作用。吞噬作用是动物机体在长期进化过程中建立起来的一种原始而有效的防御反应机制。

1. 吞噬细胞

吞噬细胞是一类存在于血液、体液或组织中,能进行变形运动,并能吞噬、杀死和消化病原微生物等异常抗原的白细胞。

(1)嗜中性粒细胞。具有高度移行性和非特异性吞噬功能,形状较小(直径 10 ~ 15 μm),运动力强(40 μm/min),属于小吞噬细胞。在骨髓中形成,寿命短(半衰期为 6 ~ 7 h),存在于血液和骨髓中,在其溶酶体中含有杀菌物质和酶类,如过氧化氢酶、溶菌酶等。该细胞能吞噬并破坏异物,还能吸引其他吞噬细胞向异物移动,增强吞噬效果。

(2)单核巨噬细胞。单核巨噬细胞分布广泛,细胞形体较大(10 ~ 20 μm),为大吞噬细胞,寿命长达数月至数年,可作变形运动,并有吞噬和胞饮功能。单核巨噬细胞包括血液中的单核细胞,以及由单核细胞移行于各组织器官而形成的多种巨噬细胞。如肺脏中的尘细胞、肝脏中的枯否氏细胞、骨组织中的破骨细胞、神经组织中的小胶质细胞等。

2. 吞噬的过程

吞噬细胞在趋化因子作用下与病原微生物或其他异物接触后,能伸出伪足将病原微生物包围,并吞入细胞质内形成由部分细胞膜包绕的吞噬体。接着细胞内溶酶体逐渐向吞噬体靠近,并相互融合形成吞噬溶酶体。在吞噬溶酶体内,溶菌酶、过氧化物酶、乳铁蛋白、杀菌素、碱性磷酸酶等可杀死病原微生物,蛋白酶、多糖酶、脂酶、核酸酶等可将病原微生物分解、消化。最后,将不能消化的病原残渣排出胞外。

3. 吞噬的结果

由于机体的抵抗力、病原微生物的种类和致病力不同,吞噬发生后可能表现为完全吞噬和不完全吞噬两种。动物整体抵抗力和吞噬细胞的功能较强时,病原微生物在吞噬溶酶体中被杀灭、消化后连同溶酶体内容物一起以残渣的形式排出细胞外,称为完全吞噬。

当某些细胞内寄生的细菌如结核分枝杆菌、布氏杆菌,以及部分病毒被吞噬后,不能被吞噬细胞破坏并排到细胞外,称为不完全吞噬。不完全吞噬有利于细胞内病原逃避体内杀菌物质及药物的作用,甚至在吞噬细胞内生长、繁殖,或随吞噬细胞的游走而扩散,引起更大范围的感染。

(三)正常体液或组织中的抗微生物物质

在正常体液或组织中含有多种抗菌物质,如补体、溶菌酶、乙型溶素、干扰素、抗菌肽、血浆蛋白、吞噬细胞杀菌素、组蛋白、白细胞素、血小板素、正铁血红素、精素、精胺碱和乳铁蛋白等,它们一般不能直接杀灭病原体,而是配合免疫细胞、抗体或其他防御因子使之发挥较强的免疫功能。

1. 补体

补体是存在于脊椎动物血清和组织液中的一组经活化后具有酶活性的蛋白质。由 30 余种可溶性蛋白和膜结合蛋白组成,故被称为补体系统。

(1)补体系统的组成及性质。按其功能不同可分为以下 3 类。

①补体系统的固有成分。包括参与经典活化途径的 C1、C2、C3、C4、C5 ~ C9 及参与旁路途径的 B 因子、D 因子、P 因子等。

②补体激活的调节蛋白。包括 C1 抑制物、C4 结合蛋白、C8 结合蛋白、I 因子、H 因子、S 蛋白等。

③补体受体。包括多种补体片段的受体,如 C3aR、CSaR 等。

补体由体内多种细胞合成,其中肝细胞和巨噬细胞是产生补体的主要细胞。血清补体蛋白总量相对稳定,占血清总蛋白的 5% ~6%。补体在 -20 ℃ 可以长期保存,但对热、剧烈震荡、酸碱环境、蛋白酶等不稳定,经 56 ℃ 30 min 即可失去活性。因而,血清及血清制品必须经过 56 ℃ 30 min 加热处理,称为灭活。灭活后的血清不易引起溶血和溶细胞作用。

(2)补体系统的激活。补体成分常以非活化形式存在,只有在某些物质的作用下,或在特定的固相表面,补体成分才能依次被激活。被激活的前一组成分具有裂解后一组成分的特性,由此形成一系列级联反应(连锁反应),最终发挥溶细胞效应。补体在激活过程中产生多种裂解片段,广泛参与炎症反应和免疫调节。补体的活化途径包括经典途径、旁路途径和甘露聚糖结合凝集素(MBL)途径。

(3)补体的生物学作用。补体激活途径的共同终末效应是导致细胞溶解。补体在激活过程中产生的多种裂解片段也可表现多种生物学效应。

①溶菌、溶细胞和抗病毒作用。补体激活形成的产物插入靶细胞膜的脂质双层内,使细胞膜表面形成许多跨膜小孔,最终导致靶细胞溶解。抗体与相应病毒结合后,在补体参与下,可以中和病毒的致病力。此外,补体系统激活后可溶解有囊膜的病毒。

②调理作用。促进吞噬细胞的吞噬作用称为调理作用,具有调理作用的物质称为调理素。补体激活过程中产生的 C3b 和 C4b 是重要的调理素。其一端与细菌、病毒及其他颗粒物质结合,另一端与吞噬细胞表面的受体结合,在两者之间起桥梁作用,促进吞噬细胞吞噬、杀伤功能。

③清除免疫复合物。可溶性免疫复合物激活补体产生的 C3b 结合于复合物上,一方面可被循环中的吞噬细胞吞噬清除,另一方面复合物通过 C3b 与具有 Cab 受体的红细胞、血小板黏附,被运送至肝脏、脾脏,被吞噬细胞吞噬清除。

④引起炎症反应。C3a、C4a、C5a 具有过敏毒素作用,被称为过敏毒素。过敏毒素与肥大细胞、嗜碱性粒细胞等表面的相应受体结合,激发细胞脱颗粒,释放组胺等血管活性介质,导致血管扩张,血管通透性增加,有利于吞噬细胞和血浆成分进入组织,加重局部炎症。

此外,补体还参与特异性免疫应答的调节,发挥广泛的生物学作用。

2. 干扰素

干扰素是高等动物机体细胞,在病毒或其他干扰素诱生剂的刺激下,所产生的一种具有高活性、广谱抗病毒等功能的低分子量的特异性糖蛋白。相对分子质量较小(约 2.0×10^4)。当这种物质进入其他未感染细胞时,可诱导细胞产生能抑制病毒复制的抗病毒蛋白质(图4.2)。

在脊椎动物中,几乎所有类型的细胞(如成纤维细胞、白细胞、巨噬细胞等),均可产生干扰素,但不同类型的细胞产生干扰素的能力差异很大,一般以白细胞产生能力最强。干扰素不仅具有广谱的抗病毒作用,而且能抑制一些细胞内感染细菌、真菌,并有抗肿瘤的作用。干扰素还有调节机体免疫的功能(包括增强巨噬细胞的吞噬作用、增强 NK 细胞和 T 细胞的活力)。

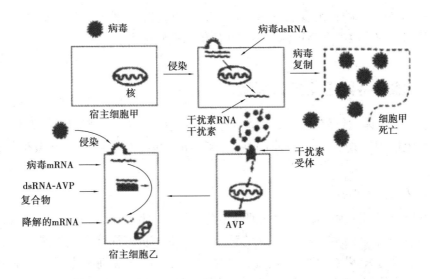

图 4.2　干扰素的诱生及其作用示意图

3. 溶菌酶

溶菌酶属不耐热碱性蛋白质,主要来源于吞噬细胞,广泛分布于各种体液中,如血清、唾液、泪液以及乳汁、胃肠、呼吸道分泌液和吞噬细胞的溶酶体颗粒中等。溶菌酶能水解细菌细胞壁的肽聚糖从而使细菌溶解。由于 G^+ 菌细胞壁几乎全部由肽聚糖组成,而 G^- 菌细胞壁肽聚糖含量较少,因此溶菌酶只能破坏 G^+ 菌的细胞壁,对 G^- 菌作用不大。但在有补体和 Mg^+ 存在时,溶菌酶能使 G^- 菌的脂多糖和脂蛋白受到破坏,从而破坏 G 菌细胞。由于溶菌酶是一种无毒、无副作用的蛋白质,又具有一定的溶菌作用,因此溶菌酶已被广泛用于水产品、肉食品、蛋糕及饮料的防腐,国际上也已生产出医用溶菌酶。

4. 急性期蛋白

急性期蛋白是机体受感染时肝细胞合成的一类血浆蛋白,具有抗微生物感染和限制因创伤、感染、肿瘤等所致的组织损伤的作用。急性期蛋白包括 C 反应蛋白、淀粉样蛋白 A 和甘露糖结合凝集素等。它们具有激活补体和调理促进吞噬的作用。

5. 抗菌肽

抗菌肽是具有抗菌活性短肽的总称,现已从多种动、植物中发现数百种抗菌肽。在动物体内,抗菌肽主要分布于吞噬细胞、多种上皮细胞以及体液中,具有广谱的抗菌活性,并有抗病毒和抗肿瘤的作用。

(四)炎症反应

炎症是动物机体对病原体的侵入或其他损伤的一种保护性反应。在防御、消灭病原微生物的非特异性反应中相应部位常出现红、肿、热、痛和功能障碍,是炎症的五大特征。炎症反应广泛存在于高等动物体内组织中的巨噬细胞、红细胞、血小板、单核细胞、多形核粒细胞等在发炎早期有着重要的作用。

炎症反应既是一种病理过程,又是一种防御病原体入侵的积极的免疫反应,其原因是:可动员大量吞噬细胞、淋巴细胞和抗菌物质聚集在炎症部位;感染部位的微血管迅速扩张,血流量增加使血液中的抗菌因子和抗体发生局部浓缩;死亡的宿主细胞堆集可释放一部分抗菌物质;炎症反应部位氧浓度的下降和乳酸浓度的提高,可抑制多种病原体的生长;炎症反应部位的高温和体温的升高可降低某些病原体的繁殖速度。

二、影响非特异性免疫的因素

对初次侵入机体的任何病原微生物,非特异性免疫反应常表现出杀灭及清除的反应。但非特异性免疫的杀伤效果在不同的种类、年龄的动物,对不同的病原微生物作用往往不同。

1. 遗传因素

不同种属或不同品种的动物,对病原微生物的易感性和免疫反应性有差异,这些差异决定于动物的遗传因素。例如,在正常情况下,草食动物对炭疽杆菌十分易感,而家禽却无感受性。一种动物对大多数微生物具有先天性免疫力,只对少数病原体易感,在同一种动物不同品系之间或个体间也有差异,是由于一些动物机体对某些入侵的病原微生物生长繁殖缺乏适宜条件,或存在抑制因素,使病原微生物在机体中不能繁殖足够的数量,不能破坏机体生理机能,造成传染。免疫的这种种间、品系间或个体的差异,是由遗传基因所控制的。如家禽的体温高达 41 ℃ 以上,不适宜炭疽杆菌的生长,故不能致病。

2. 年龄因素

不同年龄的动物对病原微生物的易感性和免疫反应性也不同。在自然条件下,不少病原微生物只侵害幼龄动物。例如,小鹅瘟病毒、致病性大肠杆菌和引起犊牛下痢的轮状病毒等。有些发生在一定年龄,如猪丹毒发生 3 月龄以上的猪,布氏杆菌病主要侵害性成熟的动物,老龄动物的器官组织功能及机体的防御能力趋于下降,因此容易发生肿瘤或反复感染。

3. 环境因素

自然环境因素(如气候、温度、湿度等)的剧烈变化,对机体免疫力有一定的影响。如寒冷能使呼吸道黏膜的抵抗力下降。营养极度不良,缺乏维生素等,可导致机体抵抗力及吞噬细胞的吞噬能力下降,免疫功能失调而发生感染。

4. 应激反应

应激反应是指机体受到强烈刺激时,如剧痛、创伤、烧伤、过冷、过热、饥饿、疲劳、缺氧、电离辐射等,而出现以交感神经兴奋和垂体-肾上腺皮质分泌增加为主的一系列引起机体机能和代谢的改变的防御反应,表现为淋巴细胞转化率和吞噬能力下降,因而易发生感染。

任务二 特异性免疫

特异性免疫又称获得性免疫或适应性免疫,这种免疫只针对一种病原。它是动物经后天感染(病愈或无症状的感染)或人工预防接种(菌苗、疫苗、类毒素、免疫球蛋白等)而使机体获得的抵抗感染能力。一般是在微生物等抗原物质刺激后才形成的,并能与该抗原起特异性反应。

一、免疫系统

免疫系统是动物在种系发生和个体发育过程中逐渐进化和完善起来的,是动物机体执行免疫功能的组织机构,是产生免疫应答的物质基础。免疫系统由免疫器官、免疫细胞和免疫分子组成(图4.3)。

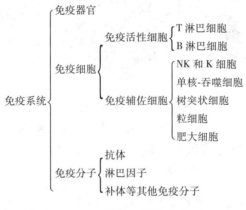

图 4.3　免疫系统的组成

(一)免疫器官

机体执行免疫功能的组织结构称为免疫器官。根据发生和作用的不同,免疫器官分为两大类:一类为中枢免疫器官,又称初级免疫器官,是淋巴细胞形成、分化及成熟的场所,包括骨髓、胸腺、法氏囊(禽特有);另一类为外周免疫器官,又称次级免疫器官,是淋巴细胞定居、增殖以及对抗原的刺激产生免疫应答的场所,包括脾脏、淋巴结、哈德尔氏腺(禽特有)和黏膜相关淋巴组织。

1.中枢免疫器官

(1)骨髓。骨髓是重要的免疫器官,具有造血和免疫双重功能,出生后一切血细胞均源于骨髓,其是免疫细胞发生和分化的场所,是哺乳动物的 B 细胞分化和成熟的场所,也是发生再次免疫应答的主要部位。骨髓中的多功能干细胞,首先分化成髓样干细胞和淋巴干细胞。前者进一步分化成红细胞系、单核细胞系、粒细胞系和巨噬细胞;后者则发育成各种淋巴细胞的前体细胞(如 T 细胞、B 细胞前体细胞)。当骨髓功能缺陷时,不仅严重损害造血功能也将导致免疫缺陷症发生,造血及免疫功能下降,导致免疫丧失。输入同种骨髓,使其被破坏的淋巴组织重建,可恢复起免疫功能,保护动物免于死亡。

(2)胸腺。胸腺是淋巴细胞增殖最活跃的场所,它不仅诱导 T 细胞(胸腺依赖淋巴细胞)的发育成熟,而且对机体的免疫系统的总体控制起着重要作用(图4.4)。

哺乳动物的胸腺位于胸腔前部纵隔内,禽类的胸腺沿颈部在颈静脉一侧呈多叶分布,是诱导前体细胞分化为 T 细胞的场所。青春期之后,胸腺实质萎缩,皮质为脂肪组织取代。除了随年龄增长而逐渐退化外,动物处于应激状态时,其胸腺也可较快地萎缩,因此,久病死亡的动物,胸腺非常小。

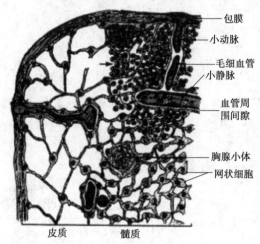

图 4.4 胸腺结构示意图

（3）法氏囊。法氏囊是禽类特有的中枢免疫器官,位于泄殖腔背侧,并以短管与其相连。法氏囊是诱导骨髓干细胞分化成熟为 B 细胞的场所(图 4.5)。

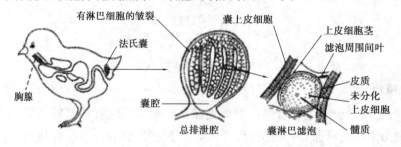

图 4.5 禽法氏囊的部位和结构

2. 外周免疫器官

外周免疫器官又称次级免疫器官,包括脾脏、淋巴结和消化道、呼吸道与泌尿生殖道的淋巴小结节,是成熟 T 细胞、B 细胞定居、增殖和发挥免疫作用的场所。

（1）淋巴结。淋巴结呈圆形或豆形,遍布于淋巴循环路径各部位。外有结缔组织包膜,内部由网状组织构成支架,并充满淋巴细胞、巨噬细胞和树突状细胞。可捕获从身体外部进入血液-淋巴液的抗原,具有过滤和清除异物的作用,还是产生免疫应答的场所。鸡无淋巴结,但淋巴组织广泛分布于体内(图 4.6)。

（2）脾脏。脾脏外有被膜,实质分为两部分:一部分储存红细胞,捕获抗原和生成红细胞;另一部分发生免疫应答,称为白髓。禽类的脾脏白髓与红髓分界不明显,主要参与免疫功能,储血作用很小(图 4.7)。

脾脏主要功能有:①血液滤过作用;②滞留淋巴细胞:当有抗原刺激时,便滞留淋巴细胞,使之发挥免疫作用;③产生免疫应答:脾脏内定居着大量的淋巴细胞和其他免疫细胞,抗原一旦进入脾脏即可发生 T 细胞和 B 细胞的活化与增殖,产生致敏 T 细胞和浆细胞,脾脏是体内产生抗体的主要器官;④产生吞噬细胞增强激素。

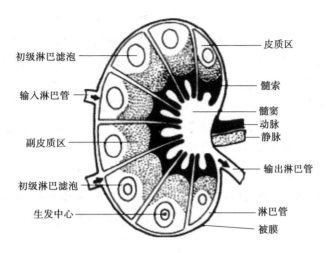

图 4.6　淋巴结的结构

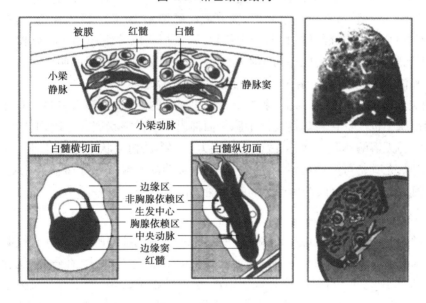

图 4.7　脾脏的结构

（3）哈德氏腺。哈德氏腺是禽类眼窝腺体之一,能接受抗原刺激产生特异性抗体,通过泪液进入上呼吸道黏膜分泌物中,成为口腔、上呼吸道的抗体来源之一,不仅是重要的局部免疫器官,还可激发全身免疫。

（4）其他淋巴组织。包括骨髓、扁桃体和散布全身的其他淋巴组织,构成了机体重要的黏膜免疫系统。骨髓是重要的外周免疫器官,能产生大量抗体。

（二）免疫细胞

凡参与免疫应答或与免疫应答有关的细胞,统称为免疫细胞,其种类很多。

1.免疫活性细胞

在免疫细胞中,接受抗原物质刺激后能分化增殖并产生特异性免疫应答的细胞,称为免疫活性细胞或抗原特异性淋巴细胞,主要有 T 细胞、B 细胞、自然杀伤细胞、杀伤细胞等。除中枢神经系统外,所有组织均含有淋巴细胞。

骨髓的多功能干细胞分化为淋巴细胞,而后淋巴细胞分化为前 T 细胞和前 B 细胞。前 T 细胞进入胸腺发育成为成熟的 T 细胞,前 B 细胞在哺乳类动物的骨髓或在禽类的腔上囊分化发育为成熟的 B 细胞。成熟的 T 细胞在外周免疫器官的胸腺依赖区定居和增殖,而 B 细胞在非胸腺依赖区定居和增殖。T 细胞在接受抗原刺激后分别活化、增殖和分化为效应 T 细胞,执行细胞免疫功能(一般存活 4~6 天);B 细胞则分化为浆细胞,由浆细胞产生特异性抗体,发挥体液免疫功能(一般只能存活 2 天)。一部分 T 细胞和 B 细胞变为长寿的免疫记忆细胞,进入淋巴细胞再循环,可存活数月到数年。

2.辅佐细胞

对抗原进行捕捉、加工和处理的巨噬细胞、树突状细胞等称为免疫辅佐细胞,简称 A 细胞。由于辅佐细胞在免疫应答中能将抗原呈递给免疫活性细胞,因此成为抗原呈递细胞(APC)。

(1)单核-巨噬细胞系统。起源于骨髓的干细胞,其子代是单核细胞。它们进入血液循环,在该处停留几天后,再移行到组织内,发育成巨噬细胞,分布于机体各处,其中游离存在于血液循环中的,称为单核细胞;移行到组织以后,定居于结缔组织和各种脏器内的巨噬细胞称为组织细胞;神经组织内的称为小胶质细胞;被覆于肝脏窦状隙的叫作枯否氏细胞。其他如腹腔、肺泡、脾脏、淋巴结、骨髓内都有巨噬细胞的存在。

(2)树突状细胞。简称 D 细胞,来源于骨髓和脾脏的红髓,成熟后主要分布脾脏和淋巴结中,结缔组织中也广泛存在。树突状细胞表面伸出很多树突状突起。胞内线粒体丰富,高尔基体发达,但无溶酶体和吞噬体,故无吞噬能力。大多数树突状细胞可处理与递呈不需细胞处理的抗原,尤其是可溶性抗原,能将病毒抗原、细菌内毒素抗原等递呈给免疫活性细胞。此外,B 细胞、红细胞、朗罕氏细胞也具有抗原递呈作用。

3.其他免疫细胞

(1)杀伤细胞。简称 K 细胞,又称抗体依赖性淋巴细胞毒细胞,是一种直接源自骨髓的淋巴细胞。其主要存在于腹腔渗出液、血液和脾脏中,淋巴结中很少,在骨髓、胸腺和胸导管中含量极微。K 细胞的主要特点是释放细胞毒,裂解靶细胞,这种作用称为抗体依赖性细胞介导的细胞毒作用(ADCC)。K 细胞杀伤的靶细胞包括病毒感染的宿主细胞、恶性肿瘤细胞、移植物中的异体细胞及某些较大的病原体(如寄生虫)等。因此,K 细胞在抗肿瘤免疫、抗感染免疫和移植物排斥反应、清除自身的衰老细胞等方面有一定的意义。

(2)自然杀伤细胞。简称 NK 细胞,又叫自然杀伤淋巴细胞或无标志细胞,是一群既不依赖抗体,也不需要抗原刺激和致敏就能杀伤靶细胞的淋巴细胞,动物出生后 2~3 周由骨髓干细胞发育而来。该细胞表面存在着识别靶细胞表面分子的受体结构,通过此受体与靶细胞结合而发挥杀伤作用。NK 细胞来源于骨髓,主要存在于外周血和脾脏中,淋巴结和骨髓中很少,胸腺中不存在。NK 细胞的主要生物学功能为非特异性地杀伤各种靶细胞如组织细胞、肿瘤细胞,抵抗多种微生物感染及排斥骨髓细胞的移植,同时通过释放多种细胞因子(如 IL-1、IL-2、干扰素等),发挥免疫调节作用。

(3)粒细胞。胞浆中含有颗粒的白细胞统称为粒细胞,包括嗜中性粒细胞、嗜碱性粒细胞和嗜酸性粒细胞。粒细胞是血液中的主要吞噬细胞,具有高度的移动性和吞噬功能。嗜酸性粒细胞胞浆内有许多嗜酸性颗粒,颗粒中含有多种酶,尤其富含过氧化物酶。该细胞具有吞噬杀菌能力,并具有抗寄生虫的作用,寄生虫感染时往往嗜酸性粒细胞增多。嗜碱性粒细胞内含有大小不等的嗜碱性颗粒,颗粒内含有组织胺、白三烯、肝素等参与Ⅰ型变态反应的介质。

(4)红细胞。研究表明,红细胞和白细胞一样具有重要的免疫功能,它具有识别抗原、清除体内免疫复合体、增强吞噬细胞的吞噬功能、递呈抗原信息及免疫调节等功能。

免疫细胞诱生示意图如图4.8所示。

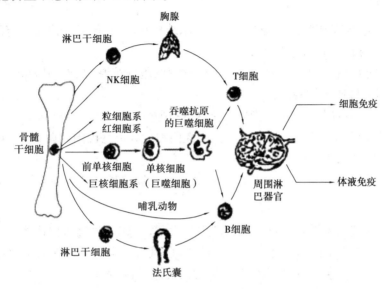

图4.8 免疫细胞诱生示意图

二、抗原

凡能刺激机体产生抗体和致敏淋巴细胞,并能与相应的抗体和致敏淋巴细胞发生特异性反应的物质,称抗原或免疫原。

抗原具有双重特性,包括免疫原性和反应原性:①免疫原性,指抗原能刺激机体产生抗体和致敏感淋巴细胞的特性,即产生免疫应答的特性。②反应原性,指抗原能与相应的抗体和致敏淋巴细胞(即能与相应的免疫反应产物)发生特异性结合反应的特性。抗原的免疫原性和反应原性统称为抗原的抗原性。

(一)抗原的分类

1.根据抗原性质分类

(1)完全抗原。其既具有免疫原性,又具有反应原性的物质,称为完全抗原。如大多数蛋白质、细胞、病毒、立克次体等微生物。

(2)不完全抗原。只有反应原性没有免疫原性的物质,称为不完全抗原,又称半抗原。如细菌的荚膜多糖、类脂质、脂多糖为复合半抗原,抗生素、酒石酸、苯甲酸等低分子化合物为简单半抗原。

2.根据对胸腺的依赖性分类

(1)胸腺依赖性抗原(TD抗原)。这类抗原在刺激机体B细胞分化和产生抗体的过程中,需要巨噬细胞等抗原递呈细胞和辅助性 T 细胞的协助。绝大多数抗原属于此类,如异种红细胞、异种蛋白质等。

(2)非胸腺依赖性抗原(TI 抗原)。这类抗原在刺激机体产生免疫反应过程中不需要辅助性 T 细胞的协助,直接刺激 B 细胞产生抗体。仅少数抗原属于此类,如大肠杆菌脂多糖。

(二)重要的微生物抗原

1.细菌抗原

细菌的各种结构都有多种抗原成分,其抗原结构比较复杂,因此细菌具有较强的抗原性。细菌抗原主要有以下几种类型。

(1)菌体抗原(O 抗原)。主要指革兰氏阴性菌细胞壁抗原,位于细胞壁上,其成分是脂多糖(LPS),耐热,性质比较稳定。

(2)鞭毛抗原(H 抗原)。主要指鞭毛蛋白的抗原性。

(3)菌毛抗原(F 抗原)。为许多革兰氏阴性菌和少数革兰氏阳性菌具有,菌毛是由菌毛素组成,有很强的抗原性。

(4)荚膜抗原(K 抗原)。又称表面抗原,主要指荚膜多糖和荚膜多肽的抗原性。

2.毒素抗原

很多细菌(如破伤风梭菌、内毒梭菌)产生外毒素,其成分为糖蛋白或蛋白质,具有很强抗原性,能刺激机体产生抗体。外毒素经甲醛处理,其毒力减弱或完全丧失,但仍保留很强的免疫原性,称为类毒素,能刺激机体产生抗毒素抗体(抗毒素)。

3.病毒抗原

各种病毒都有相应的抗原结构。病毒很小,结构简单,有囊膜病毒的抗原特异性由囊膜上的纤突所决定,将病毒表面的囊膜抗原称为 V 抗原。如流感病毒在其囊膜上有两种表型:V 抗原,即血凝素 HA 和神经氨酸酶 NA,HA 和 NA 均属于糖蛋白,受病毒基因所控制,流感病毒血清型改变,主要 HA 的变异,V 抗原具有型和亚型的特异性。没有囊膜的病毒,在衣壳上是蛋白质成分,有些病毒与核酸相连蛋白质(核蛋白)称为 P 抗原。例如,口蹄疫病毒在核衣壳上 3 种抗原 VP1、VP2、VP3。VP1 是病毒保护性抗原(VP1 美国命名 VP3)。此外,还有 S 抗原(可溶性抗原)、NP 抗原(核蛋白抗原)。

4.真菌和寄生虫抗原

真菌、寄生虫及其虫卵都有特异性抗原,由于寄生虫属于真核生物,其组织结构复杂,因而寄生虫抗原的结构也很复杂。但免疫原性较弱,特异性也不强,交叉反应较多,一般很少用于进行分类鉴定。

三、抗体

抗体(Ab)是机体免疫活性细胞(B 淋巴细胞)受抗原刺激后,在血清和体液中出现的一种能与相应抗原发生特异性反应的免疫球蛋白(Ig)。抗体的化学本质是免疫球蛋白,含免疫球蛋白的血清常称为免疫血清或抗血清。包括免疫球蛋白 G、A、M、D、E,简称 IgG、IgA、IgM、IgD、IgE,家畜主要以前 4 种为主。机体产生的抗体主要存在于血液(血清)、淋巴液、组织液和其他外分泌液中,因此,将抗体介导的免疫称为体液免疫。

抗体具有以下5个特点:

(1)仅由鱼类以上脊椎动物的浆细胞产生。

(2)必须有相应的抗原物质刺激免疫细胞后才能产生。

(3)能与相应的抗原发生特异性、非共价和可逆性结合。

(4)其化学本质是一类具有体液免疫功能的可溶性球蛋白。

(5)因抗体是蛋白质,故既具有抗体功能,也可作抗原去刺激异种生物产生相应的抗体,成为抗抗体。

(一)免疫球蛋白的种类

1. IgG

IgG 是动物血清中含量最高的球蛋白,占75%～80%。由脾脏和淋巴结中的 B 淋巴细胞分化的浆细胞产生。IgG 是介导体液免疫的主要抗体,其在血液中产生稍迟,但含量高,维持时间长,对构成机体的免疫力有重要的作用,可发挥抗菌、抗病毒、抗毒素及调理、凝集和沉淀抗原的作用,同时也是血清学诊断和疫苗免疫后检测的主要抗体,也是引起Ⅱ型、Ⅲ型变态反应及自身免疫病的抗体。

2. IgM

IgM 是由 5 个单体 J 链连接组成的五聚体,其分子量是免疫球蛋白中最大的,又称为巨球蛋白,其含量仅占血清球蛋白的 10% 左右,是机体初次体液免疫反应最早出现的抗体,但持续时间短。因此,IgM 不是抗感染免疫的主要抗体,但可通过检查 IgM 进行早起诊断。

IgM 是高效能抗体,具有抗菌、抗病毒、中和毒素等免疫活性,其抗原结合位点多,杀菌、溶菌、促进吞噬等作用比 IgG 要强。IgM 有免疫损伤作用,它参与Ⅱ型、Ⅲ型变态反应。

3. IgA

以单体和二聚体两种形式存在。单体存在与血清中,称为血清型 IgA,占血清球蛋白的10%～20%,具有抗菌、抗病毒、抗毒素作用。二聚体由 J 链连接而成,主要存在于呼吸道、消化道、生殖道外分泌液中,以及初乳、唾液、泪液等分泌液中,称为分泌型 IgA。分泌型 IgA对机体呼吸道、消化道等局部黏膜起着重要的保护作用。

4. IgE

IgE 又称皮肤至敏性抗体或亲细胞抗体,基本结构有一个单体结构,相对分子量为200 000,IgE 的产生部位与分泌型 IgA 的相似,是由呼吸道、消化道黏膜固有层中的浆细胞所产生的,在血清中的含量甚微,占免疫球蛋白的 0.002%。IgE 是一种亲细胞性抗体,易与皮肤组织、肥大细胞、血液中的嗜碱性粒细胞和血管内皮细胞结合,介导Ⅰ型过敏反应。此外,IgE 在抗寄生虫及某些真菌感染中也起重要作用。

5. IgD

它是近年来一类仅在人体内发现的一种抗体,基本结构与 IgG 相似,有一个单体结构,相对分子质量为 170 000。在血清中含量极低,不稳定,易被降解。迄今 IgD 的功能尚未完全清楚,目前认为 IgD 是 B 细胞的重要表面标志,是作为成熟 B 细胞膜上的抗原特异性受体,而且与免疫记忆有关。有报道认为,IgD 与某些过敏反应有关。

(二)抗体产生的一般规律

抗原初次进入机体所引发的体液免疫应答,称为初次应答。当机体再次受相同抗原刺激时,记忆性淋巴细胞可迅速、高效、特异地产生体液免疫应答,称为再次应答或回忆应答。抗体产生的一般规律,如图4.9所示。

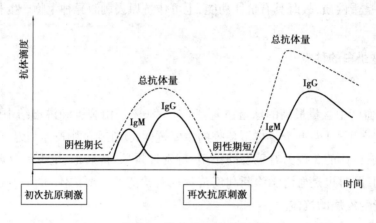

图4.9　抗体产生的一般规律

1.初次应答

抗原初次进入动物机体后,在一定时期内体内查不到抗体或抗体产生很少,这一时期称为潜伏期。潜伏期的长短视抗原的种类而异,如初次注射的是细菌苗,需经5~7天血液中有抗体出现;若初次注射的是类毒素,则需经2~3周才出现抗体;若初次注射的是病毒苗,则需经3~4天才出现抗体。初次应答最早产生的抗体是 IgM,抗体的亲和力相对较低。接着才产生 IgG,IgA 常在 IgG 出现后2周至1~2个月才能在血液中查出,而且含量少。初次应答产生的抗体总量较低,维持时间也较短。其中,IgM 的维持时间最短,IgG 可在较长时间内维持较高水平,其含量也比 IgM 高。

2.再次应答

初次应答产生抗体量为下降期时,再次用相同抗原免疫,引起的再次应答可直接活化记忆 B 细胞,反应性高、增殖快,与初次应答相比其潜伏期短、抗体滴度高、持续时间长、抗体亲和力高,以产生 IgG 为主。如细菌抗原仅2~3天,起初原有抗体量略显下降,随后抗体量迅速升高,多达几倍至几十倍,维持时间较长,产生的抗体大部分为 IgG,再次应答的发生是上次应答时形成了记忆 T 细胞和记忆 B 细胞。在免疫应答中,根据 IgM 产生早、消失快的特点,可通过检测特异性 IgM 类抗体作为传染病的早期诊断指标之一。

(三)影响抗体产生的因素

抗体是动物机体免疫系统受抗原的刺激后产生的,因此,影响抗体产生的因素就在于抗原和机体两个方面。

1.抗原方面

(1)抗原的性质。抗原的性质影响免疫应答的类型、速度和免疫期的长短及免疫记忆等。一般情况下,异源性强的抗原激活 B 细胞,引起体液免疫;病原微生物多引起体液免疫。此外抗原的物理性状、化学结构及毒力的不同,产生的免疫效果也不一样。如给动物机体注射颗粒性抗原,只需 2 ~ 5 天血液中就有抗体出现,而注射可溶性抗原类毒素则需 2 ~ 3 周才出现抗毒素。一般来说,活菌苗比死菌苗免疫效果好,因为活菌苗抗原性比较完整。制造死菌苗必须选用毒力强、抗原性良好和当地流行菌株作为种毒。

(2)抗原的用量、免疫次数及间隔时间。在一定限度内,抗体的产生随抗原用量的增加而增加。但当抗原用量过多,超过了一定限度,抗体的形成反而受到抑制,称此为免疫麻痹。呈现"免疫麻痹"的动物,经过一定时间,待大量抗原被分解清除后,麻痹现象可以解除。和上述情况相反,如果抗原剂量太少,也不能刺激机体产生抗体。所以在进行预防接种时,细菌(病毒)苗的用量必须严格按照规定取用。一般注射弱毒活细菌(病毒)苗,由于活微生物可以在局部适当繁殖,能比较长久地在机体内存在,起到加强刺激的作用,一次注射即可达到目的。而灭活苗和类毒素用量较大,应免疫 2 ~ 3 次才能产生足够抗体,间隔 7 ~ 10 天,类毒素需间隔 6 周左右。

(3)免疫途径。由于抗原注射途径的不同,抗原在体内停留的时间和接触的组织也不同,因此会产生不同的结果。免疫途径的选择以刺激机体产生良好的免疫反应为原则,因为大多数抗原易被消化酶降解而失去免疫原性,所以多数疫苗采用非经口途径免疫,如皮内、皮下、肌肉等注射途径以及滴鼻、点眼、气雾免疫等,只有少数弱毒疫苗,如传染性法氏囊病疫苗可经饮水免疫。

2.机体方面

动物的年龄、品种、营养状况、某些内分泌激素及疾病等均可影响抗体的产生。如初生或出生不久的动物,免疫应答能力较差。其原因主要是免疫系统发育尚未健全,其次是受母源抗体的影响。母源抗体是指动物机体通过胎盘、初乳、卵黄等途径从母体获得的抗体。母源抗体可保护幼畜禽免于感染,还能抑制或中和相应抗原。因此,给幼畜禽初次免疫时必须考虑母源抗体的影响。此外,老龄动物的免疫功能逐渐下降,或者动物处于严重的感染期,免疫器官和免疫细胞遭受损伤,都会影响抗体的形成。

四、免疫应答

免疫应答是动物机体免疫系统受抗原刺激后,免疫细胞对抗原分子的识别并产生一系列复杂的免疫连锁反应和表现出特定的生物学效应的过程。机体通过有效的免疫应答,来保持环境的平衡和稳定。

(一)免疫应答的参与细胞、表现形式及发生场所

参与机体免疫应答的核心细胞是 T 细胞和 B 细胞,巨噬细胞等是免疫应答的辅佐细胞,也是免疫应答不可缺少的细胞。免疫应答的表现形式为体液免疫和细胞免疫,分别由 B 细

胞、T 细胞介导。

淋巴结、脾脏等外周免疫器官是发生免疫应答的主要场所。抗原进入机体后一般先通过淋巴循环进入淋巴结,进入血液的抗原则滞留于脾脏和全身各淋巴组织,随后被淋巴结和脾脏中的抗原递呈细胞捕获、加工和处理,而后表达于抗原递呈细胞表面。与此同时,血液循环中成熟的 T 细胞和 B 细胞,经淋巴组织中的毛细血管后静脉进入淋巴器官,与表达于抗原递呈细胞表面的抗原接触而被活化、增殖和分化为效应细胞,并滞留于该淋巴器官内。由于正常淋巴细胞的滞留,特异性增殖,以及因血管扩张所致体液成分增加等因素,引起淋巴器官的迅速增长,导致感染部位附近的淋巴结肿大。待免疫应答减退后才逐渐恢复到原来的大小。

(二)免疫应答的基本过程

免疫应答可分为 3 个阶段:致敏阶段、反应阶段和效应阶段。免疫应答的基本过程,如图 4.10 所示。

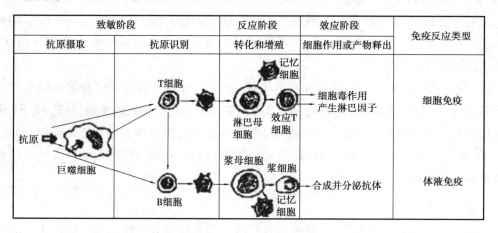

图 4.10　免疫应答基本过程示意图

1. 致敏阶段

致敏阶段又称感应阶段,是抗原物质进入体内,抗原递呈细胞对其摄取、识别、捕获、加工处理和递呈以及 T 细胞和 B 细胞对抗原的识别阶段。

当抗原物质进入机体后,大多数颗粒性抗原首先被巨噬细胞吞噬,并通过巨噬细胞内溶酶体的作用,把抗原消化降解,保留其具有免疫原性的抗原部分。这部分抗原多浓集与巨噬细胞,通过细胞面直接接触方式将抗原信息传递给 T 细胞引起细胞免疫;或者再经 T 细胞将抗原信息传递给 B 细胞引起体液免疫,这类由巨噬细胞及 T 细胞与 B 细胞相互协作引起体液免疫的抗原称为胸腺依赖性抗原(TD 抗原)。少数抗原(如荚膜多糖、脂多糖)不需要巨噬细胞和 T 细胞的辅助,可直接刺激 B 细胞引起体液免疫,这类抗原称为非胸腺依赖性抗原(TI 抗原)。另外,一些可溶性抗原可能会直接被 T 细胞吞饮。

2. 反应阶段

反应阶段又称增殖分化阶段,反应阶段是 T 细胞或 B 细胞受抗原刺激后,进行活化、增殖与分化,以及产生效应性淋巴细胞和效应分子的过程。诱导产生细胞免疫时,上述活化的

TH 细胞分化、增殖为淋巴母细胞,而后再转化为致敏 T 细胞。诱导产生体液免疫时,抗原则刺激 B 细胞分化,增殖为浆母细胞,而后成为产生抗体的浆细胞。T 细胞、B 细胞在分化过程中均有少数细胞中途停止分化而转变为长寿的记忆细胞(T 记忆细胞及 B 记忆细胞)。记忆细胞储存着抗原的信息,在体内可活数月、数年或更长的时间,以后再次接触同样抗原时,便能迅速大量增殖成致敏淋巴细胞或浆细胞。

3. 效应阶段

主要体现在活化的效应性细胞(细胞毒性 T 细胞与迟发型变态反应性 T 细胞)和效应分子(细胞因子和抗体)发挥细胞免疫效应和体液免疫效应的阶段。这些效应细胞与效应分子共同作用清除抗原物质。当致敏 T 细胞再次遇到同样抗原时,即通过 TD 细胞释放一系列可溶性活性介质(淋巴因子)或通过 TC 细胞与靶细胞特异性结合,最后使靶细胞溶解破坏(细胞毒效应)而发挥细胞免疫作用,浆细胞则通过合成分泌抗体发挥体液免疫作用。

(三) 免疫应答分类

免疫应答可根据效应分为正免疫应答和负免疫应答,根据对机体影响可分为生理性免疫应答和病理性免疫应答,还可根据免疫细胞及效应成分的不同分为细胞免疫和体液免疫。

1. 细胞免疫

由 T 细胞介导的免疫应答,称为细胞免疫。主要是指 T 细胞在抗原的刺激下,增殖分化为效应性 T 淋巴细胞并产生细胞因子,从而发挥免疫效应的过程。一般细胞免疫 T 细胞只能结合肽类抗原,对于其他异物和细胞性抗原须经抗原递呈细胞的吞噬,将其消化降解成抗原肽,递呈于抗原递呈细胞表面,供 T 细胞识别。T 细胞识别后开始活化即母细胞化,表现为胞体变大,胞浆增多,核仁明显,大分子物质合成与分泌增加,随后增殖,分化出大量的具有不同功能的效应 T 细胞,同时产生多种细胞因子,共同清除抗原,实现细胞免疫。其中一部分 T 细胞在分化初期就形成记忆 T 细胞而暂时停止分化,受到同种抗原的再次刺激时,便迅速活化增殖,产生再次应答。

2. 体液免疫

由 B 细胞介导的免疫应答,称为体液免疫应答。体液免疫效应是由 B 细胞通过对抗原的识别、活化、增殖,最后分化为浆细胞并合成分泌抗体来实现的,因此,抗体是介导体液免疫效应的效应分子。

B 细胞对抗原的识别视抗原不同而异。由 TI 抗原引起的体液免疫不需要抗原递呈细胞和 TH 细胞的协助,抗原能直接与 B 细胞表面的抗原受体特异性结合,引起 B 细胞活化。而由 TD 抗原引起的体液免疫,抗原必须经过抗原递呈细胞的捕捉、吞噬、处理,然后把含有抗原决定簇的片段呈送到抗原递呈细胞表面。只有 TH 细胞识别带有抗原决定簇的抗原递呈细胞后,B 细胞才能与抗原结合被激活。由 TD 抗原激活的 B 细胞,一小部分在分化过程中停留下来不再继续分化,成为记忆性 B 细胞。当记忆性 B 细胞再次遇到同种抗原时,可迅速分裂,形成众多的浆细胞,表现快速免疫应答。而由 TI 抗原活化的 B 细胞,不能形成记忆细胞,并且只产生 IgM 抗体,不产生 IgG。

五、特异性免疫的抗感染作用与获得途径

(一)抗感染作用

感染是指病原体侵入机体,在体内繁殖,释放出毒素和酶,或侵入细胞组织,引起细胞组织以致器官发生病理变化的过程。这一过程同时也伴随着机体的免疫应答和非特异性防御功能。当非特异性免疫不能阻止侵入的病原体生长繁殖并加以消灭时,对该病原体的特异性免疫逐渐形成,这就大大加强了机体抗感染免疫的能力,使感染向有利于机体的方向转化,直至感染中止。

1.抗细菌感染免疫

细菌感染引起疾病的机理有多种,一般是通过释放毒素或通过侵入和繁殖,引起宿主细胞物理性破坏。细菌的毒素可以分为两类:一类是从细菌内分泌的外毒素,如破伤风毒素、白喉毒素等;一类是从 G^- 菌细胞壁得来的内毒素,如沙门氏菌的内毒素。

细菌感染可分为细胞外感染和细胞内感染。细胞外感染是指某种病原菌,如葡萄球菌、链球菌、巴氏杆菌、炭疽杆菌等,它们在吞噬细胞外繁殖,引起急性感染。急性细菌性感染多属细胞外细菌感染。细胞内感染是指某些细菌如结核杆菌、布鲁氏菌、炭疽杆菌等,在被吞噬后能抵抗吞噬细胞的杀菌作用,它们在吞噬细胞内能长期生存,甚至繁殖,不仅可利用吞噬细胞作为运输工具散布到其他部位,还可逃避体液因子和药物的作用。因此,细胞内感染多为慢性感染。

(1)抗细胞外细菌感染的免疫。细菌的细胞外感染免疫以多形核白细胞的吞噬作用以及抗体和补体的调理吞噬作用和溶菌作用为主;因毒素致病的则以抗毒素的中和作用为主;抗细胞外细菌的侵袭主要依靠体液免疫。

①溶菌或杀菌作用。未被吞噬的细菌通常被体液中的杀菌因素所杀灭。血清中的杀菌活性主要由抗体、补体和溶菌酶所介导。抗体与细菌表面抗原结合后,可以激活补体,引起和溶血反应一样的细胞膜的损伤。但对于多数 G^- 菌来说,这一作用还不足以杀灭和溶解它们,如果同时结合溶菌酶的作用,破坏细菌表面的黏多糖,则补体可以直接达到细胞膜上,导致细菌溶解。

②调理吞噬作用。对于有荚膜的细菌,抗体作用于 O 抗原,使其失去抗吞噬能力,易被吞噬细胞所吞噬和消化。对于无荚膜的细菌,抗体作用于 O 抗原,通过 IgG 与巨噬细胞上的受体结合,以促进其吞噬活性。与细菌结合的抗体(IgG 和 IgM)又可活化补体,并通过活化的补体成分与巨噬细胞表面的受体结合,也可增加其吞噬作用。

③中和作用。细菌的外毒素和有致病作用的酶均可被相应的抗体(抗毒素)所中和而失去活性。抗毒素免疫虽然对本病有防御作用,但由于此种免疫功能形成较迟,对有荚膜的炭疽杆菌来说,吞噬细胞不能限制其侵袭性和产生毒素。因此,对没有免疫的动物来说,炭疽感染常导致动物的急性死亡。

(2)抗细胞内细菌感染的免疫。兽医学上比较重要的胞内菌有布鲁氏菌、结核杆菌、李氏杆菌和马鼻疽杆菌等。对这些病原的抵抗力主要来自细胞介导的免疫。感染动物的巨噬细胞在感染后约 10 天就获得了此种能力,细胞增大,代谢增强,这些变化本身是一种获得性

细胞介导免疫的表现。在接触细菌抗原后,致敏 T 淋巴细胞释放出多种淋巴因子武装或活化了巨噬细胞。此类巨噬细胞的反应相对来说是非特异性的。特别是李氏杆菌感染时,这些活化的巨噬细胞能杀灭多种通常对巨噬细胞有抵抗力的细菌。

2. 抗病毒感染免疫

抗病毒感染的免疫机制直接与病毒在宿主体内扩散、复制和感染的方式有关。病毒扩散和感染方式主要有细胞外、细胞内和核内 3 种。细胞外扩散是指病毒在细胞内复制成熟后,溶解破坏细胞,从细胞内释放到细胞外,如口蹄疫病毒、猪水疱病病毒;也有以出芽方式从感染细胞中释放出来的,此时不伴有感染细胞的破坏,如新城疫病毒、猪瘟病毒。

就免疫方式来说,对胞外扩散的病毒通常以体液免疫为主,而抗细胞内或核内病毒的感染则以细胞免疫为主。

病毒感染分为局部感染和全身感染。局部感染是指病毒仅感染黏膜或某一器官的局部;此类病毒主要激发机体产生体液免疫反应,特别是产生分泌型抗体。这种免疫持续时间不长,免疫力不强。大多数病毒感染表现为全身感染,它们先在侵入的局部复制,然后进入血流引起轻度病毒血症,使病毒扩散至全身,接着侵害与病毒亲和力最强的易感组织,在那里大量复制引起局部病变。少数病毒,如乙型肝炎病毒可直接进入血液引起全身感染。引起全身感染的病毒可激发体液免疫和细胞免疫,所产生的免疫力坚强而持久。

参与抗病毒感染的免疫因子可分为非特异性(干扰素可影响 T 细胞、B 细胞、巨噬细胞和 NK 细胞的活性,促进抗肿瘤和抗病毒免疫)和特异性两类。

①中和作用。抗体与病毒表面抗原结合后,可改变病毒的表面结构,从而阻止病毒黏附和穿入宿主细胞,保护细胞免受病毒感染。

循环抗体能有效地中和血液中的病毒,但其作用受到抗体所能达到的部位的限制。对进入细胞的病毒,抗体的作用难以发挥。一般认为,中和抗体在初次感染的恢复中作用不大,但在阻止病毒的再次感染中起着很重要的作用。

黏膜表面的分泌型 IgA 是机体防止再感染的重要机制。在适宜的侵入门户,抗病毒的分泌型 IgA 的水平与机体抵抗再感染的能力呈正相关,此种抗体在局部可维持数月之久。

②抗体依赖的细胞毒作用和免疫溶解反应。不饱和的病毒和抗体的复合物还可武装 K 细胞、巨噬细胞和 B 细胞,使它们获得对感染细胞的特异性杀伤作用。带抗原的感染细胞与抗体结合后,还可激活补体引起感染细胞的溶解。

参与抗病毒感染的细胞免疫主要有被抗原致敏的细胞毒 T 细胞,致敏 T 细胞释放淋巴因子,或抑制病毒复制,或直接杀死病毒,或裂解感染细胞,或增强巨噬细胞吞噬、破坏病毒的活力。

不少病毒能逃避宿主的免疫反应,呈持续感染状态。某些病毒可直接在淋巴细胞或巨噬细胞中繁殖,如白血病病毒主要感染淋巴细胞,这样就直接破坏了机体的免疫功能。此外,还有一种慢病毒感染,如绵羊痒病,病毒感染后不激发机体的免疫应答,也不诱发干扰素的产生。

3. 抗寄生虫感染免疫

宿主对寄生虫的免疫,表现为免疫系统对寄生虫的识别和试图清除寄生虫的反应,也包括非特异性免疫和特异性免疫。特异性免疫又称获得性免疫。

（1）获得性免疫的类型。宿主感染寄生虫后，大多数可以产生获得性免疫。由于宿主种类、寄生虫虫种以及宿主与寄生虫之间相互关系的不同，获得性免疫又可分为3种类型。

①缺少有效的获得性免疫。人体感染利什曼原虫时，虫体在巨噬细胞内繁殖和传播，很少出现自愈。

②非清除性免疫。寄生虫感染常常引起宿主对重复感染产生获得性免疫，此时宿主体内的寄生虫并未完全被清除，而是维持在低水平。如果宿主体内的虫体在使用药物后被清除，免疫力随即消失。这种免疫状态通常被称为带虫免疫。

③清除性免疫。这是寄生虫感染中少见的一种免疫类型。动物感染某种寄生虫并获得对该寄生虫的免疫力以后，临床症状消失，虫体完全被清除，并对再感染具有长期的特异性抵抗力。

（2）寄生虫的免疫逃避。寄生虫能在具有免疫力的宿主体内生存的现象称为免疫逃避。形成免疫逃避的原因有以下几点：

①抗原变异。寄生于家畜的布氏锥虫和伊氏锥虫的表面抗原经常发生变异，不断形成新的变异体，因而不受已经存在的抗体的作用，能在宿主体内长时间地存活下去。

②虫体体表获得宿主抗原。试验表明，血吸虫的早期童虫发育并移行至肺时，其表面抗原发生改变或被掩盖，因而可以逃避宿主免疫系统的识别。

③释放可溶性抗原。在锥虫病、犬恶丝虫病及血吸虫病患者血清中有寄生虫的可溶性抗原。这类抗原能阻止由特异性抗体介导的、作用于虫体的免疫效应，或者与抗体形成免疫复合物，从而抑制免疫反应。

④解剖位置的隔离。寄生于胃肠道或生殖道的寄生虫常受到局部分泌物中抗体的作用，而血循环中的抗体则较少发挥作用。如球虫得以逃避循环抗体的攻击。

（二）特异性免疫获得途径

1. 主动免疫

动物自身在抗原刺激下主动产生特异性免疫保护力的过程，称为主动免疫。

（1）天然主动免疫。是指动物在感染某种病原微生物耐过后产生的对该病原体再次侵入的抵抗力。某些天然主动免疫一旦建立，往往持续数年或终生存在。自然环境中的病原微生物可通过呼吸道、消化道、皮肤或黏膜侵入，在动物机体内不断增殖，同时刺激机体的免疫系统产生免疫应答，如果机体的免疫系统能将病原体清除，即动物可耐过发病过程而康复，耐过的动物对该病原体的再次侵入具有坚强的特异性抵抗力。

（2）人工主动免疫。是指人工给机体接种抗原物质（如各种疫苗、类毒素等），刺激机体免疫系统发生免疫应答所产生的特异性免疫。人工主动免疫产生的免疫力持续时间长，免疫期可达数月甚至数年，而且有回忆反应，某些疫苗免疫后，可产生终生免疫。生产中，人工主动免疫是预防和控制传染病行之有效的措施之一。由于人工主动免疫不能立即产生免疫力，需要一定的诱导期，所以在免疫防治中应着重考虑这一特点。

2. 被动免疫

免疫并非动物自身产生，而是被动接受其他动物形成的抗体或免疫活性物质而获得的特异性免疫力的过程，称为被动免疫。

（1）天然被动免疫。是指新生动物通过母体胎盘、初乳或卵黄从母体获得母源抗体，从而获得对某种病原体的免疫力。天然被动免疫持续时间较短,只有数周至几个月,但对保护胎儿和幼龄动物免于感染,特别是对于预防某些幼龄动物特有的传染病具有重要的意义。如动物的初乳中的 IgG、IgM 可抵抗败血性感染,IgA 可抵抗肠道病原体的感染等。

(2)人工被动免疫。是指给机体注射免疫血清、康复动物血清或高免卵黄抗体而获得的对某种病原体的免疫力。其免疫维持时间短,根据半衰期的长短,一般维持 1～4 周,多用于治疗和紧急预防。如抗犬瘟热病毒血清可防治犬瘟热,精制的破伤风抗毒素可防治破伤风,尤其是患病毒性传染病的珍贵动物,用抗血清防治更有意义。

任务三　变态反应

一、变态反应概述

变态反应是指免疫系统对再次进入机体的抗原做出过于强烈或不适当而导致组织器官损伤的一类反应,又称为超敏反应。除了伴有炎症反应和组织损伤外,它们与维持机体正常功能的免疫反应并无实质性区别。根据变态反应中所参与的细胞、活性物质、损伤组织器官的机制和产生反应所需时间等,Coombs 和 Gell(1963)将变态反应分为 Ⅰ 至 Ⅳ 4 个型,即:Ⅰ型变态反应(过敏性型或速发型)、Ⅱ 型变态反应(细胞溶解型或细胞毒型)、Ⅲ 型变态反应(免疫复合物型或血管炎型)、Ⅳ 型变态反应(迟发型)。其中前三型是由抗体介导的,共同特点是反应发生快,故又称为速发型变态反应;Ⅳ 型则是细胞介导的,称为迟发型变态反应。近年来,尽管有些学者提出了一些新的分型方法,但还未被广泛接受,上述分型至今仍是国际通用的方法。其实,临床所观察到的变态反应,往往是混合型的,而且其反应强度可因个体的不同而有很大差异。

此外,机体因自身稳定作用被破坏而出现针对自身组织成分的抗体(或细胞)介导免疫称自身免疫,又称自身变态反应。这是一个复杂的、多因素效应的自然现象。除外界影响(如药物半抗原、微生物感染)外,还与机体自身的遗传因素密切相关,特别是可能与主要组织相容性系统中的免疫应答基因和免疫抑制基因的异常有关。

二、变态反应的类型

(一)Ⅰ型变态反应

Ⅰ型变态反应(过敏反应)在四型超敏反应中发生速度最快,一般在第二次接触抗原后数分钟内出现反应,故称速发型超敏反应或变态反应。1921 年 Prausnitz 将其好友 Kustner 对鱼过敏的血清注入自己前臂皮内,一定时间后将鱼提取液注入相同位置,结果注射局部很快出现红晕和风团反应,他们将引起此反应的血清中的因子称为反应素。这就是著名的P-K试验,目前临床上用于诊断变态反应的皮肤试验也由此衍生而来。

1. 变应原

凡经吸入或食入等途径进入体内后能引起 IgE 类抗体产生并导致变态反应的抗原性物质称为变应原。多数天然变应原的分子量为 1 万~7 万道尔顿。引起变态反应的重要变应原有吸入性变应原和食物变应原两大类。

(1)吸入性变应原。广泛存在于大自然界中,预防接触吸入性变应原较难。真菌、植物花粉、螨、家养狗、猫和兔等的脱落上皮、毛、唾液、尿液、灰尘、羽毛、飘散在空气中的飞蛾、蜜蜂、甲虫、蟑螂、蚊蝇的鳞片、毫毛。

(2)食物变应原。常见的过敏性食物有蛋白质含量较高的牛奶和鸡蛋;海产类食物,如无鳞鱼、海蟹、虾、海贝等;蛋白质含量高且不易消化的食物,如蛤蟆类、鱿鱼;含有真菌食物,如蘑菇等。因保鲜食品,冷藏食品及人工合成饮料日益增多,因而食物添加剂(染料、香料等)、防腐剂、保鲜剂和调味剂就成了一类新的重要变应原。

药物可经口服、注射和吸入等途径进入体内,少数病人用药后出现局部或全身药物过敏反应,如药疹、阿司匹林性哮喘、青霉素过敏性休克等。

2. Ⅰ型超敏反应的特点

(1)发生快,几秒钟至几十分钟内出现症状,消退也快;可逆性反应。

(2)由结合肥大细胞和嗜碱性粒细胞上的 IgE 抗体所介导。

(3)主要病变在小动脉,毛细血管扩张,通透性增加,平滑肌收缩。

(4)有明显个体差异和遗传背景,只有少数过敏性体质的机体易发。

(5)补体不参与此型反应,仅引起生理机能紊乱,而无后遗性的组织损伤。

(6)反应重,不但可引起局部反应,而且发生全身症状,重者可因休克而死亡。

(二)Ⅱ型变态反应

Ⅱ型变态反应(细胞溶解反应、细胞毒反应)分为以下两个基本类型。

1. 同种不同个体间的Ⅱ型超敏反应

(1)输血反应。ABO 血型是人红细胞膜上最主要的系统。AB 血型的人有 A 和 B 基因,其红细胞表面有 A 和 B 抗原,而 O 型血的人没有 A 和 B 基因,故只合成 H 物质。A 型血的人血清中有天然抗 B 抗体,B 型血的人则相反,而 O 型血的人有抗 A 和抗 B 抗体。这些同族血细胞凝集素结合,补体被激活,红细胞被破坏,出现溶血、血红蛋白尿等现象。结合了同族血细胞凝集素的红细胞也可被吞噬细胞吞噬消灭。

(2)新生儿溶血症。Rh 血型为一重要抗原系统,其中 RhD 抗原最重要。如母亲为 Rh 阴性,胎儿为 Rh 阳性,在首次分娩时,胎儿血进入母体内,母亲被胎儿的 Rh 阳性红细胞致敏,产生了以 IgG 类为主的抗 Rh 抗体。当再次妊娠时,抗 Rh 抗体经胎盘进入胎儿体内,并与胎儿红细胞膜上的 RhD 抗原结合,红细胞被溶解破坏。分娩后 72 h 内给母体注射抗 RhD 血清能成功预防 Rh 血型不符所引起的溶血症。

(3)移植排斥反应。器官移植后的排异反应,其机制十分复杂,细胞免疫和体液免疫均参与。针对移植抗原的抗体对移植物可有直接细胞毒性,或引起吞噬细胞的黏附或由 K 细胞行使非特异性攻击。当抗体与血管内皮表面上抗原结合时,抗体也可引起血小板黏附。超急排斥反应为受者体内预存的抗体所介导。

2. 自身免疫性Ⅱ型超敏反应

(1)自身免疫性溶血性贫血。患者产生了抗自身红细胞抗体,主要为 IgG 类。引起红细胞溶血的主要机制:如补体活化至 C9,则红细胞直接被溶解;如补体仅激活 C3,则覆盖有 IgG 抗体和 C3b 的红细胞被肝脾中的吞噬细胞吞噬消化。引起红细胞溶解的自身抗体有温抗体和冷抗体两类,它们分别在 37 ℃和 20 ℃以下发挥作用。

(2)肺出血肾炎综合征。是由自身抗体引起的以肺出血和严重肾小球肾炎为特征的疾病。自身抗体与肺泡和肾小球毛细血管基底膜中第Ⅳ型胶原结合并在局部激活补体和中性白细胞。显微镜下可见坏死、白细胞浸润及抗体和补体沿基底膜呈线状沉积。

(3)自身免疫性受体病。抗细胞表面受体的自身抗体与相应受体结合导致细胞功能紊乱,但无炎症现象和组织损伤。细胞功能的异常可以表现为受体介导对靶细胞的刺激作用,也可表现为抑制作用,如 Grave 病、重症肌无力、胰岛素抗性糖尿病。

(4)抗激素。自身抗体所致的疾病,有的恶性贫血与抗体内源性因子即肠道吸收维生素 B_{12} 辅因子的自身抗体有关。自身抗体与该因子结合后,辅因子功能被抑制,结果维生素 B_{12} 缺乏,造成血细胞生成异常和幼巨细胞贫血。

3. Ⅱ型药物反应

药物为半抗原,结合于血液有形成分的表面则成为细胞-药物复合物并导致细胞毒抗体的产生。如与持续服用氯丙嗪或非那西汀有关的溶血性贫血,与服氨基匹林或奎尼丁有关的粒细胞缺乏症,用司眠脲引起的血小板减少性紫癜等均属此类。

(三)Ⅲ型超敏反应

引起Ⅲ型超敏反应(免疫复合物反应、血管炎型)的抗原除异种动物血清外,还有微生物、寄生虫和药物等,产生的抗体属沉淀型抗体,主要为 IgG,也有 IgM 或 IgA。

当抗原再次进入机体内,由于抗原与抗体两者的比例不同,形成的循环免疫复合物的分子大小也不一样:如抗原与抗体比例比较适当(4:6),常形成较大分子的不溶性免疫复合物,易在血液中被巨噬细胞吞噬清除;当抗原量明显超过抗体量时(2:1),则形成细小的可溶性免疫复合物,容易通过肾小球被滤出,随尿排出体外;只有当抗原量稍多于抗体(3:2),形成中等大小分子的可溶性免疫复合物时,既不易被吞噬细胞清除,又不能通过肾小球排出,而是较长时间循环于血流中,有的则向毛细血管壁外渗,并沉积于血管壁的基底膜、肾小球基底膜、关节滑膜等处,激活补体,并在嗜碱性粒细胞、嗜中性粒细胞、血小板等的参与下引起水肿、出血、炎症、局部组织坏死等一系列反应。

急性血清病、肾小球肾炎、关节炎、过敏性肺炎等都属于这一类型。

1. 常见的Ⅲ型超敏反应性疾病

(1)局部形成的免疫复合物所致的炎症损伤。

①Arthus 反应。用马血清皮内免疫家兔几周后发现,再次重复注射同样的血清后,在注射局部均出现红肿反应,3～6 h 反应达高峰。红肿程度随注射次数增加而加重,注射 5～6 次后,局部出现缺血性坏死,反应可自行消退或痊愈,此即 Arthus 反应。

②对吸入抗原的反应。对吸入外源性抗原的肺内 Arthus 反应与人类很多超敏反应性疾病有关,它们多表现为与职业有关的超敏反应性肺炎,如农民肺患者吸入嗜热放线菌孢子或菌丝后 6 ~ 8 h 内出现严重呼吸困难,是吸入的抗原与特异性 IgG 抗体结合成免疫复合物所致。

③对内源性抗原的反应。感染因子在局部释放的抗原常引起Ⅲ型超敏反应,如淋巴管中的死丝虫引起炎症反应,使淋巴流动受阻。在有高水平抗体的患者,治疗使抗原突然释放出而产生免疫复合物介导的Ⅲ型超敏反应。

(2)循环免疫复合物所致的疾病。

①血清病。与 Arthus 反应不同,血清病是一种由循环免疫复合物引起的全身的Ⅲ型超敏反应性疾病。用马抗白喉或破伤风类毒素的抗血清被动免疫以预防和治疗这些严重疾病,到今天仍不失为一种重要手段。有些病人在注射动物抗血清后 7 ~ 10 天出现体温升高、全身荨麻疹、淋巴结肿大、关节肿痛等症状。有的还可有轻度急性肾小球肾炎和心肌炎。血清中补体水平下降。由于该病主要因注射异种动物血清所致,故称为血清病。在停止注入上述血清后,症状一般不经治疗可自行消退。

由于一次注射大量异种蛋白抗原引起的血清病称急性血清病,其特征是有大量免疫复合物沉积,因反复注射异种蛋白抗原所者称慢者称慢性血清病,复合物形成较少,并常沉积在肾、动脉和肺中。

②免疫复合物性肾小球肾炎。在有慢性感染和自身免疫情况下,因抗原持续存在而使免疫复合物的沉积长期存在。很多肾小球肾炎与循环免疫复合物有关,如系统性红斑狼疮病人肾中有 DNA/抗 DNA/补体沉积物。最明显的是由肾原性链球菌某些菌株感染以后所引起的肾病以及与三日疟有关的尼日利亚儿童的肾病综合征。

③复合物在身体其他部位的沉积。脉络膜丛是一个主要的过滤场所,故也有利于免疫复合物的沉积,这是系统性红斑狼疮病人出现中枢神经系统症状的原因,脑脊液中 C4 水平常下降。在亚急性硬化性泛脑炎病人的神经组织中有麻疹抗原和相应抗体的复合物沉积。在血清病和系统红斑狼疹的皮疹中,其表皮与真皮连接的基底膜上有 Ig 和 C3 沉积。最近报告,结节性多动脉炎病损部位含有乙型肝炎病毒的免疫复合物。青霉素等药物与人体蛋白质结合后具有了抗原性,与相应抗体结合的复合物也可引起Ⅲ型超敏反应。

(四)Ⅳ型超敏反应

Ⅳ型超敏反应(迟发型变态反应)是细胞免疫型变态反应,发生过程最为缓慢,故又称迟发型变态反应。

动物机体初次接触变应原后,一般经 2 ~ 3 周才形成效应 T 细胞及淋巴因子,同时形成记忆 T 细胞,使机体处于致敏状态,这种致敏状态可保持多年。被致敏的机体再次接触同一变应原后,使得记忆细胞活化、增殖,并分化为杀伤 T 细胞等效应 T 细胞,释放出各种淋巴因子及白细胞介素-2(IL-2)等淋巴因子,使变应原周围的微血管通透性异常增高,吞噬作用过强,引起局部组织肿胀、化脓、坏死等炎性变化。利用这一原理,对牛进行结核菌素点或皮内注射后,就可根据局部炎症情况判定牛是否感染了结核分枝杆菌。

接触性皮炎、器官移植排斥反应、结核分枝杆菌或布氏杆菌对动物的感染等过程中都伴随着Ⅵ型变态反应。

三、变态反应的防治

在变态反应发生前,需确定过敏原,避免动物与之接触。变态反应开始发生时,应降低机体免疫应答的强度,以防止反应加重。出现明显症状后,需要及时进行对症治疗,促使损伤组织结构和机能的恢复。

1. 确定变应原

一定剂量的变应原可以引起明显的局部变态反应,但对动物整体功能无影响。利用这一原理进行过敏试验,如人的青霉素皮内试验等,从而确定过敏原。

2. 脱敏疗法

为防止免疫血清、抗毒素等异种蛋白引起变态反应,采取少量、多次注射的方法,称为脱敏疗法。如给动物首次皮下注射 $0.1 \sim 2.0$ mL 异种蛋白,间隔 $15 \sim 30$ min 后再注射 $10 \sim 100$ mL,若无严重反应,经 $15 \sim 30$ min 后再注射至全量。

3. 药物疗法

肾上腺素、麻黄素、氨茶碱等药物能抑制粒细胞释放活性物质,缓解平滑肌痉挛。皮下注射1:1 000 肾上腺素,不仅能解除痉挛,还能收缩外周小血管,用于过敏性休克的抢救。苯海拉明、扑尔敏等具有抗组织胺的作用;乙酰水杨酸为缓激肽的拮抗剂,均可用于消除或缓解过敏症状;钙剂及维生素 C 不仅有解痉作用,而且能降低微血管的通透性。另外,应采取强心、补液等辅助疗法。

任务四　免疫检测

一、体液免疫检测

血清学试验

抗原与抗体的特异性结合既会在体内发生,也可以在体外进行,体外进行的抗原抗体反应习惯上称作血清学反应。抗原和抗体的体外反应是应用最为广泛的一种免疫学技术,为疾病的诊断、抗原和抗体的鉴定及定量提供了良好的方法。

1. 血清学反应的一般规律

(1)敏感性。抗原抗体的结合具有高度的敏感性,不仅可定性检测,还可以定量检测微量、极微量的抗原或抗体,其敏感度大大超过当前所应用的化学分析方法。

(2)特异性和交叉性。抗原抗体的结合实质上是抗原表位与抗体超变区中抗原结合位点之间的结合。由于两者在化学结构和空间构型上呈互补关系,因此抗原与抗体的结合具有高度的特异性。例如,白喉抗毒素只能与其相应的外毒素结合,而不能与破伤风外毒素结合。但较大分子的蛋白质常含有多种抗原表位。如果两种不同的抗原分子上有相同的抗原表位,或抗原、抗体间构型部分相同,皆可出现交叉反应。

(3)最适比与带现象。在抗原抗体特异性反应时,生成结合物的量与反应物的浓度有关。无论是在一定量的抗体中加入不同量的抗原,还是在一定量的抗原中加入不同量的抗体,只有在两者分子比例合适时才出现最强的反应。以沉淀反应为例,若向一排试管中加入一定量的抗体,然后依次向各管中加入递增量的相应可溶性抗原,根据所形成的沉淀物及抗原抗体的比例关系可绘制出反应曲线,曲线的高峰部分是抗原抗体分子比例合适的范围,称为抗原抗体反应的等价带。

在此范围内,抗原抗体充分结合,沉淀物形成快而多。反应最快,沉淀物形成最多,上清液中几乎无游离抗原或抗体存在,表明抗原与抗体浓度的比例最为合适,称为最适比。当抗原或抗体过量时,由于其结合价不能相互饱和,就只能形成较小的沉淀物或可溶性抗原抗体复合物,无沉淀物形成,称为带现象。抗体过量时,称为前带;抗原过剩时,称为后带。

(4)可逆性。抗原与抗体结合有高度特异性,这种结合虽相当稳定,但为可逆反应。抗原与抗体的结合是分子表面的结合,结合条件为 $0 \sim 40\ ℃$,pH 值为 $4 \sim 9$。抗原抗体复合物的解离取决于两方面的因素:一是抗体对相应抗原的亲和力;二是环境因素对复合物的影响。解离后的抗原或抗体均能保持未结合前的结构、活性及特异性。在环境因素中,凡是减弱或消除抗原抗体亲和力的因素都会使逆向反应加快,复合物解离增加。如 pH 值改变,过高或过低的 pH 值均可使离子间静电引力消失。对亲和力本身较弱的反应体系而言,仅增加离子强度即可解离抗原抗体复合物。

(5)抗原抗体反应的阶段性。第一阶段为抗原抗体特异性结合,需时短,仅几秒到几分钟的时间;第二阶段为可见反应阶段,需时较长,数分钟到数日,表现为凝集、沉淀、细胞溶解等。

(6)用已知测未知。在血清学试验中,只能有一种材料是未知的。

2. 血清抗体的制备原则

用抗原反复多次注射同一动物体,能够产生含有高效价的血清抗体,含有抗体的血清被称为免疫血清或抗血清。由于抗原分子具有多种抗原决定簇,每一种决定簇可激活具有相应抗原受体的 B 细胞产生针对某一抗原决定簇的抗体。因此,将抗原注入机体所产生的抗体是针对多种抗原决定簇的混合抗体,故称为多克隆抗体。

(1)动物的选择。最常用来做试验的抗体来源是血清。供免疫用的动物有哺乳类和禽类,常选用家兔、山羊、绵羊、马、骡和豚鼠等。动物种类的选择主要是根据抗原的特性和所要获得抗体的量和用途来确定。如马匹常用于制备大量抗毒素血清,但其沉淀素抗体的等价带较窄,用于免疫电泳不理想;豚鼠适用于制备抗酶类抗体和供补体结合试验用的抗体,但抗血清产量较少;对于难以获得的抗原,且抗体需要量少,可用纯系小鼠制备。免疫用动物应适龄、健壮,最好为雄性。由于动物个体间的免疫应答能力差异较大,每批免疫最好同时使用数只动物。

(2)抗原及佐剂。不同抗原的免疫原性强弱不一,这取决于其分子质量、化学活性基团、立体结构、物理性状和弥散速度等。抗原的免疫剂量依照给予抗原的种类、免疫次数、注射途径、受体动物的种类、免疫周期及所要求的抗体特性等的不同而异。剂量过低不能形成足够强的免疫刺激,但剂量过高又有可能造成免疫耐受。在一定范围内,抗体效价随注射抗原的剂量而增高,蛋白质抗原的免疫剂量比多糖类抗原范围大。一般来说,小鼠首次抗原剂量为 50～400 μg/次;大鼠为 100～1 000 μg/次;兔为 200～1 000 μg/次。加强免疫的剂量为首次剂量的 1/5～2/5。如需制备高度特异性的抗血清,可选用低剂量抗原短程免疫法;反之,欲获得高效价的抗血清,宜采用大剂量抗原长程免疫法。

佐剂是指那些与抗原一起或先于抗原注入机体后可增强机体对该抗原的免疫应答能力或改变免疫应答类型的物质。佐剂是非特异性的免疫增强剂。

对可溶性抗原常需加用佐剂,以增强抗原的免疫原性或改变免疫反应的类型,以刺激机体产生较强的免疫应答。如用可溶性蛋白质抗原免疫家兔或山羊,在加用佐剂时一次注入量一般为 0.5～1 mg/kg;如不加佐剂,则抗原剂量应加大 10～20 倍。佐剂有弗氏佐剂、脂质体佐剂及氢氧化铝佐剂等。其中最常用的是弗氏佐剂,根据其组成分为完全弗氏佐剂(CFA)和不完全弗氏佐剂(IFA)两种。IFA 通常由羊毛脂 1 份、石蜡油 5 份组成。IFA 中加入 1～20 mg/mL 的卡介苗即为 CFA。

(3)免疫方案。通常根据抗原性质、免疫原性及动物的免疫反应性决定注射途径、免疫次数、间隔时间等。抗原注射途径可根据不同抗原及试验要求,选用皮内、皮下、肌内、静脉或淋巴结内等不同途径。一般常采用背部、足掌、淋巴结周围、耳后等处皮内或皮下多点注射。初次免疫与第二次免疫的间隔时间多为 2～4 周。

常规免疫方案为抗原加 CFA 皮下多点注射进行基础免疫;再以免疫原加 IFA 做 2～5 次加强免疫,每次间隔 2～3 周。皮下或腹腔注射加强免疫。完成免疫程序后,先取少量血清测试抗体效价,如达到要求,即可进行心脏穿刺(豚鼠及家兔)、颈静脉或颈动脉放血(家兔、羊及马匹)。待血液凝固后,离心沉淀分离出血清,应注意避免溶血,血红蛋白会干扰如补体结合试验等反应。有时为了诊断目的,可以用其他的分泌物,如阴道黏液、乳、初乳或乳清来做试验,后者是加凝乳酶于初乳中而得到的。在掌握了更多的关于 IgA 型抗体在诊断上的重要性以后,也可以用粪便和唾液来作为抗体制剂。

(4)血清的保存。做免疫学试验时,虽然血清不需要无菌,但应该避免污染,因为试验往往是在适于细菌繁殖的温度下进行的。细菌繁殖会干扰试验,甚至破坏抗体。若条件许可,血清应在 -20 ℃的冰箱中保存。如果适当地避免细菌污染,血清可在普通冰箱中或在工作台上保存数天。为防止细菌污染,血清中最好加入少量防腐剂,如 0.1% 叠氮钠、0.01% 柳硫汞、0.25% 石炭酸或等量的中性甘油,但需注明血清样品已加入的防腐剂名称,因为有些防腐剂可以干扰要进行的试验。也可将抗血清冷冻干燥后保存。

3.影响血清学反应的因素

影响抗原抗体反应的因素很多,既有反应物自身的因素,也有环境条件因素。

(1)抗体。抗体是血清学反应中的关键因素,它对反应的影响可来自以下几个方面。

①抗体的来源。不同动物的免疫血清,其反应性也存在差异。家兔等多数实验动物的免疫血清具有较宽的等价带,通常在抗原过量时才易出现可溶性免疫复合物;人和马免疫血清的等价带较窄,抗原或抗体的少量过剩便易形成可溶性免疫复合物;家禽的免疫血清不能结合哺乳动物的补体,并且在高盐浓度(NaCl 50g/L)溶液中沉淀现象才表现明显。

②抗体的浓度。血清学反应中,抗体的浓度往往是与抗原相对而言。为了得到合适的浓度,在许多实验之前必须认真滴定抗体的水平,以求得最佳实验结果。

③抗体的特异性与亲和力。抗体的特异性与亲和力是血清学反应中的两个关键因素,但这两个因素往往难以两全其美。例如,早期获得的动物免疫血清特异性较好,但亲和力偏低;后期获得的免疫血清一般亲和力较高,但长期免疫易使免疫血清中抗体的类型和反应性变得复杂;单克隆抗体的特异性毋庸置疑,但其亲和力较低,一般不适用于低灵敏度的沉淀反应或凝集反应。

(2)抗原。抗原的理化性状、抗原决定簇的数目和种类等均可影响血清学反应的结果。例如可溶性抗原与相应抗体可产生沉淀反应,而颗粒性抗原的反应类型是凝集;单价抗原与抗体结合不出现可见反应;粗糙型细菌在生理盐水中易发生自凝,这些都需要在实验中加以注意。

(3)电解质。抗原与抗体发生特异性结合后,抗原抗体结合物,若溶液中无电解质参加,仍不出现可见反应。电解质是抗原抗体反应系统中不可缺少的成分,它可使免疫复合物出现可见的沉淀或凝集现象。为了促使沉淀物或凝集物的形成,一般用浓度8.5 g/L的 NaCl 溶液作为抗原和抗体的稀释剂与反应溶液。特殊需要时也可选用较为复杂的缓冲液,例如在补体参与的溶细胞反应中,除需要等渗 NaCl 溶液外,加入适量的 Mg^{2+} 和 Ca^{2+} 可得到更好的反应结果。如果反应系统中电解质浓度低甚至无,抗原抗体不易出现可见反应,尤其是沉淀反应。但如果电解质浓度过高,则会出现非特异性蛋白质沉淀,即盐析。

(4)酸碱度。适当的 pH 值是血清学反应取得正确结果的另一影响因素。抗原抗体反应必须在合适的 pH 值环境中进行。蛋白质具有两性电离性质,因此每种蛋白质都有固定的等电点。血清学反应一般在 pH 值 6~9 进行,超出这个范围,不管过高还是过低,均可直接影响抗原或抗体的反应性,导致假阳性或假阴性结果。但是不同类型的抗原抗体反应又有不同的 pH 值合适范围,这是许多因素造成的。

(5)温度。抗原抗体反应的温度适应范围比较宽,一般在 15~40 ℃均可以正常进行。但若温度高于 56 ℃,可导致已结合的抗原抗体再解离,甚至变性或破坏。在 40 ℃时,结合速度慢,但结合牢固,更易于观察。常用的抗原抗体反应温度为 37 ℃。但每种试验都可能有其独特的最适反应温度,例如冷凝集素在 4 ℃左右与红细胞结合最好,20 ℃以上反而解离。

(6)振荡。适当的机械振荡能增加分子或颗粒间的相互碰撞,加速抗原抗体的结合反应,但强烈的振荡可使抗原抗体复合物解离。

(7)时间。时间本身不会对抗原抗体反应主动施加影响,但是实验过程中观察结果的时间不同可能会看到不同的结果,这一点往往被忽略。时间因素主要由反应速度来体现,反应速度取决于抗原抗体亲和力、反应类型、反应介质、反应温度等因素。例如,在液相中抗原抗体反应很快达到平衡,但在琼脂中就慢得多。另外,所有免疫试验的结果都应在规定的时间内观察。

(8)杂质和异物。试验中若有与反应无关的杂质、异物存在,会抑制反应的进行或引起非特异性反应,所以,每次血清学试验都应设阳性对照和阴性对照试验。

4.血清学反应的应用

血清学检测是一种特异性的诊断方法。根据抗原抗体结合形成免疫复合物的性状与活性特点,对样品中的抗原或抗体进行定性、定位或定量的检测,广泛用于临床检测,以进行疾病诊断和流行病学调查。

(1)抗原抗体的定性检测。

①检测抗体。抗体检测可用于评价人和动物免疫功能的指标。抗体用于临床治疗或实验研究时也需做纯度测定。临床上检测抗病原生物的抗体、抗过敏原的抗体、抗 HLA 抗原的抗体、血型抗体及各种自身抗体,对有关疾病的诊断有重要意义。

用于研究动物免疫状态的技术,都是以检查与测定血清中和其他体液中的抗体为基础的。其中的大多数是在体外进行的,而且有肉眼可见其结果的免疫反应,如沉淀、凝集或溶解等。被检出的免疫球蛋白,可能是在免疫应答中所产生的全部或其中一部分,这要看所用的检验方法如何而定。

动物血清中存在抗体,说明该动物曾经与同源抗原接触过。抗体的出现意味着动物现在正患病或过去患过病,或意味着动物接种疫苗已经产生效力。如果在一个时期内测定抗体几次,就有可能判明出现的抗体是由哪种情况产生的。如果抗体水平迅速升高,表明感染正在被克服。如果抗体水平下降,表示这些抗体可能是传染病或接种疫苗的残余抗体。接种疫苗后测定抗体,可以明确人工免疫疗效的程度,而作为以后是否需要再接种疫苗的参考。

②检测抗原。可作为抗原进行检测的物质分为以下 4 类。

各种微生物及其大分子产物:用于传染病诊断、微生物的分类及鉴定,以及对菌苗、疫苗的研究。

生物体内各种大分子物质:包括各种血清蛋白(如各类免疫球蛋白、补体的各种成分)、可溶性血型物质、多肽类激素、细胞因子及癌胚抗原等均可作为抗原进行检测,在对这些成分的生物学作用的研究以及各种疾病的诊断有重要意义。

人和动物细胞的表面分子:包括细胞表面各种分化抗原(如 CD 抗原)、同种异型抗原(如血型抗原或 MHC 抗原)、病毒相关抗原和肿瘤相关抗原等。检测这些抗原对各种细胞的分类、分化过程及功能研究,对各种与免疫有关的疾病的诊断及发病机制的研究,均有重要意义。

各种半抗原物质:某些药物、激素和炎症介质等属于小分子的半抗原,可以分别将它们偶联到大分子的载体上,组成人工结合的完全抗原。用其免疫动物,制备出各种半抗原的抗体,应用于各种半抗原物质的检测,例如对血液中药物浓度的监测,或对违禁药品的检测,都是应用半抗原检测的方法。

(2)抗原的定位检测。利用免疫组织化学技术,采用已知的抗体对相应抗原定位测定。它把抗原抗体反应的特异性和组织化学的可见性巧妙地结合起来,借助显微镜(包括荧光显微镜、电子显微镜)的显像和放大作用,在细胞、亚细胞水平检测各种抗原物质,如蛋白质、多糖、酶、激素、病原体以及受体等,并可在原位显示相应的基因和基因表达产物。

（3）抗原或抗体的定量检测。对抗原或抗体进行定量检测时，反应中加入抗原和抗体的浓度与形成免疫复合物的浓度呈函数关系。

根据免疫复合物产生的多少来推算样品中抗原（或抗体）的含量。在一定的反应条件下，加入一定量的已知抗体（或抗原），反应产生的免疫复合物多少与待检样品中含有相应抗原（或抗体）的量成正比。也就是抗体浓度一定时，免疫复合物越多则样品中的抗原量也越多。可用实验性标准曲线推算出样品中抗原（或抗体）的含量。如免疫单向扩散试验、免疫比浊试验和酶联免疫检测等都属于这类方法。

抗原或抗体效价滴定。当抗原抗体复合物形成的多少不能反映抗原抗体反应强弱时，就不能以检测反应强度来对抗原或抗体进行定量。在实际工作中，把浓度低的反应成分（抗原或抗体）的浓度固定，把浓度高的另一种反应成分做一系列稀释。

免疫组化技术对抗原检测。免疫组化技术近年来得到迅速发展。20 世纪 50 年代还仅限于免疫荧光技术，60 年代以后逐渐发展建立起高度敏感，且更为实用的免疫酶技术。特别是过氧化物酶-抗过氧化物酶技术，这是一种具有较高敏感性的新方法。胶体金（银）技术、胶体铁技术也逐渐受到人们的重视。与此同时，亲和细胞化学在免疫组化中占有重要位置，特别是与基因探针、核酸分子杂交、原位 PCR 等技术相结合，使免疫组织化学进入一个新的发展阶段。图像分析、流式细胞仪的应用，使免疫细胞化学定量分析技术提高到了更精确的水平。

二、凝集试验

某些微生物颗粒性抗原的悬液与含有相应的特异性抗体的血清混合，在一定条件下，抗原与抗体结合，凝集在一起，形成肉眼可见的凝集物，这种现象称为凝集（图 4.11），或直接凝集。凝集中的抗原称为凝集原，抗体称为凝集素。凝集反应是早期建立起来的 4 个古典的血清学方法（凝集反应、沉淀反应、补体结合反应、中和反应）之一，在微生物学和传染病诊断中有广泛的应用。按操作方法分为试管法、玻板法、玻片法和微量法等。

抗原　　　　　　抗体　　　　　　　　　抗原抗体复合物

图 4.11　凝集试验示意图

（一）直接凝集试验

直接凝集试验是指颗粒性抗原与相应抗体直接结合，在电解质的参与下凝聚成团块的现象。按操作方法可分为平板凝集试验和试管凝集试验。

1. 平板凝集试验

平板凝集试验（图 4.12）是一种定性试验，可在玻板或载玻片上进行。将含有已知抗体的诊断血清与待检菌悬液各一滴在玻片上混合均匀，数分钟后，若出现颗粒状或絮状凝集，即为阳性反应。反之，也可用已知的诊断抗原悬液检测待检血清中有无相应的抗体。此法简便快速,适用于新分离细菌的鉴定、分型和抗体的定性检测。如大肠杆菌和沙门氏菌等的鉴定,布氏杆菌病、鸡白痢、禽伤寒和败血霉形体病的检疫,也可用于血型的鉴定等。

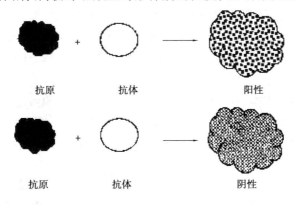

图 4.12　平板凝集试验示意图

2.试管凝集试验

试管凝集试验是一种定性和定量试验,可在小试管中进行。操作时将待检血清用生理盐水或其他稀释液作倍比稀释,然后每管加入等量抗原,混匀,37 ℃水浴或放入恒温箱中数小时,观察液体澄清度及沉淀物,根据不同凝集程度记录结果。以出现50%以上凝集的血清最高稀释倍数为该血清的凝集价,也称效价或滴度。本试验主要用于检测待检血清中是否存在相应的抗体及其效价,如布氏杆菌病的诊断与检疫。

(二)间接凝集试验

将可溶性抗原(或抗体)先吸附于与免疫无关的小颗粒的表面,再与相应的抗体(或抗原)结合,在有电解质存在的适宜条件下,可出现肉眼可见的凝集现象(图4.13)。用于吸附抗原(或抗体)的颗粒称为载体。常用的载体有动物红细胞、聚苯乙烯乳胶、硅酸铝、活性炭和葡萄球菌 A 蛋白等。抗原多为可溶性蛋白质,如细菌、立克次氏体和病毒的可溶性抗原、寄生虫的浸出液、动物的可溶性物质、各种组织器官的浸出液、激素等,亦可为某些细菌的可溶性多糖。吸附抗原(或抗体)后的颗粒称为致敏颗粒。

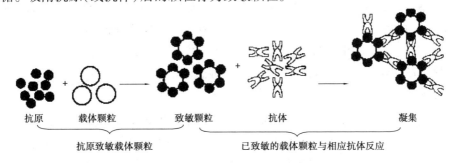

图 4.13　间接凝集反应原理示意图

间接凝集试验根据载体的不同,可分为间接血凝试验、乳胶凝集试验、协同凝集试验和炭粉凝集试验等。

1.间接血凝试验

以红细胞为载体的间接凝集试验,称为间接血凝试验。吸附抗原的红细胞称为致敏红细胞。致敏红细胞与相应抗体结合后,能出现红细胞凝集现象。用已知抗原吸附于红细胞上检测未知抗体称为正向间接血凝试验,用已知抗体吸附于红细胞上鉴定未知抗原称为反向间接血凝试验。常用的红细胞有绵羊、家兔、鸡及人的O型红细胞。由于红细胞几乎能吸附任何抗原,而且红细胞是否凝集容易观察,因此,利用红细胞作载体进行的间接凝集试验已广泛应用于血清学诊断的各个方面,如多种病毒性传染病、霉形体病、衣原体病、弓形体病等的诊断和检疫。

间接血凝抑制试验:抗体与游离抗原结合后就不能凝集抗原致敏的红细胞,从而使红细胞凝集现象受到抑制,这一试验称为间接血凝抑制试验。通常是用抗原致敏的红细胞和已知抗血清检测未知抗原或测定抗原的血凝抑制价。血凝抑制价即抑制血凝的抗原最高稀释倍数(图4.14)。

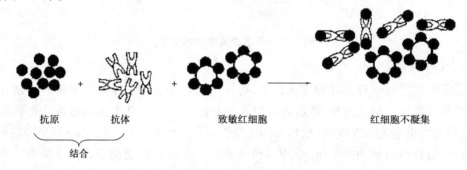

| 抗原 | 抗体 | 致敏红细胞 | 红细胞不凝集 |

结合

图4.14 间接血凝抑制反应原理示意图

2. 乳胶凝集试验

以乳胶颗粒作为载体的间接凝集试验,称为乳胶凝集试验。该试验既可检测相应的抗体,也可鉴定未知的抗原,而且方法简便、快速,在临床诊断中广泛应用于伪狂犬病、流行性乙型脑炎、钩端螺旋体病、猪细小病毒病、猪传染性萎缩性鼻炎、禽衣原体病、山羊传染性胸膜肺炎、囊虫病等的诊断。

3. 协同凝集试验

葡萄球菌A蛋白是大多数金黄色葡萄球菌的特异性表面抗原,能与多种哺乳动物IgG分子的Fc片段相结合,结合后的IgG仍保持其抗体活性。当这种覆盖着特异性抗体的葡萄球菌与相应抗原结合时,可以相互连接引起协同凝集反应,在玻板上数分钟内即可判定结果。目前已广泛应用于快速鉴定细菌、霉形体和病毒等。

4. 炭粉凝集试验

以极细的活性炭粉作为载体的间接凝集试验,称为炭粉凝集试验。反应在玻板上或塑料反应盘进行,数分钟后即可判定结果。通常是用抗体致敏炭粉颗粒制成碳素血清,用以检测抗原,如马流产沙门氏菌;也可用抗原致敏炭粉,用以检测抗体,如腺病毒感染、沙门氏菌病、大肠杆菌病、囊虫病等的诊断。

三、沉淀试验

可溶性抗原与相应抗体结合,在适量电解质存在下,经过一定时间,出现肉眼可见的白色沉淀,称为沉淀试验。参与试验的抗原称为沉淀原,主要是蛋白质、多糖、类脂等,如细菌的外毒素、内毒素、菌体裂解液、病毒悬液、病毒的可溶性抗原、血清和组织浸出液。反应中的抗体,称为沉淀素。

常用的沉淀试验有环状沉淀试验、絮状沉淀试验、琼脂扩散试验和免疫电泳试验等。

1. 环状沉淀试验

环状沉淀试验是一种快速检测溶液中的可溶性抗原或抗体的方法。即将可溶性抗原叠加在小口径试管中的抗体表面,数分钟后在抗原抗体相接触的界面出现白色环状沉淀带,即为阳性反应。本法主要用于抗原的定性试验,如炭疽病的诊断(Ascoli 氏试验)、链球菌的血清型鉴定和血迹鉴定等(图 4.15)。

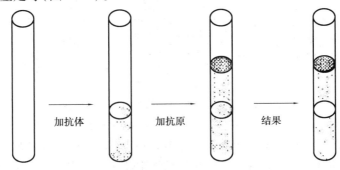

加抗体　　　加抗原　　　结果

图 4.15　环状沉淀反应原理示意图

2. 絮状沉淀试验

抗原与抗体在试管内混合,在电解质存在下,抗原抗体复合物可形成絮状物。当比例最适时,出现反应最快和絮状物最多。本法常用于毒素、类毒素和抗毒素的定量测定。

3. 琼脂扩散试验

琼脂扩散试验简称琼扩。抗原抗体在含有电解质的琼脂凝胶中扩散,当两者在比例适当处相遇时,即发生沉淀反应,出现肉眼可见的沉淀带,称为琼脂扩散试验。

琼脂扩散试验有单向单扩散、单向双扩散、双向单扩散和双向双扩散 4 种类型。最常用的是双向双扩散。

(1)单向单扩散。单向单扩散,即在冷至 45 ℃左右质量分数为 0.5% ~1% 的琼脂中加入一定量的已知抗体,混匀后加入小试管中,凝固后将待检抗原加于其上,置密闭湿盒内,于37 ℃温箱或室温扩散数小时,抗原在含抗体的琼脂凝胶中扩散,在比例最适处出现沉淀带。此沉淀带的位置随着抗原的扩散而向下移动,直至稳定。抗原浓度越大,则沉淀带的距离也越大,因此可用于抗原定量。

(2)单向双扩散。单向双扩散在小试管内进行。先将含有抗体的琼脂加于管底,中间加一层不含抗体的同样浓度的琼脂,凝固后加待检抗原,置密闭湿盒内,于 37 ℃温箱或室温扩散数日。抗原抗体在中间层相向扩散,在比例最适处形成沉淀带。此法主要用于复杂抗原的分析,目前较少应用。

(3)双向单扩散。双向单扩散,即在冷至 45 ℃左右质量分数为 2% 的琼脂中加入一定量的已知抗体,制成厚 2 ~3 mm 的琼脂凝胶板,在板上打孔,孔径 3 mm,孔距 10 ~15 mm,于孔内滴加抗原后,置密闭湿盒内,37 ℃温箱或室温进行扩散。抗原在孔内向四周辐射扩散,与琼脂凝胶中的抗体接触形成白色沉淀环,环的大小与抗原浓度呈正比。本法可用于抗原的定量和传染病的诊断,如马立克氏病的诊断。

(4)双向双扩散。双向双扩散,即用质量分数为1%的琼脂制成厚2～3 mm的凝胶板,在板上按规定图形、孔径和孔距打圆孔,于相应孔内滴加抗原、阳性血清和待检血清,放于密闭湿盒内,置37 ℃温箱或室温扩散数日,观察结果。

当用于检测抗原时,将抗体加入中心孔,待检抗原分别加入周围相邻孔,若均出现沉淀带且完全融合,说明是同种抗原;若两相邻孔沉淀带有部分相连并有交角,表明二者有共同抗原决定簇;若两相邻孔沉淀带互相交叉,说明二者抗原完全不同(图4.16)。

图4.16　双向双扩散用于检测抗原结果判定

抗—抗体;1、2、3、4、5、6—被检抗原

当用于检测抗体时,将已知抗原置于中心孔,周围1、2、3、4孔分别加入待检血清,其余两对应孔加入标准阳性血清,若待检血清孔与相邻阳性血清孔出现的沉淀带完全融合,则判为阳性;若待检血清孔无沉淀带或出现的沉淀带与相邻阳性血清孔出现的沉淀带相互交叉,判为阴性;若待检血清孔无沉淀带,但两侧阳性血清孔的沉淀带在接近待检血清孔时向内弯曲,判为弱阳性,而向外弯曲,则判为阴性(图4.17)。

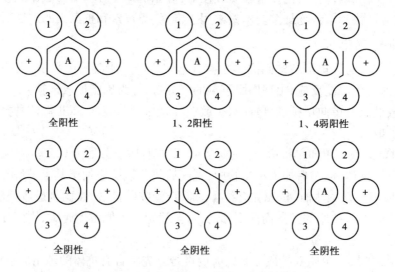

图4.17　双向双扩散用于检测抗体结果判定

A—抗原;＋—阳性血清;1、2、3、4—被检血清

本法应用广泛,已普遍用于传染病的诊断和抗体的检测,如鸡马立克氏病、鸡传染性法氏囊炎、禽流感、霉形体病、鸡传染性喉气管炎、伪狂犬病、牛地方性白血病、马传染性贫血和蓝舌病等。

4.免疫电泳技术

免疫电泳技术是将琼脂双扩散与琼脂电泳技术两种方法结合起来的一种血清学检测技术。临床上应用比较广泛的有对流免疫电泳和火箭免疫电泳。

(1)对流免疫电泳。对流免疫电泳是在电场的作用下,利用抗原抗体相向扩散的原理,使抗原抗体在电场中定向移动,限制了双向双扩散时抗原、抗体向多方向的自由扩散,可以提高试验的敏感性,缩短反应时间。试验时,在pH值为8.6的琼脂凝胶板上打孔,两孔为一组,孔径为3 mm,抗原、抗体孔间距为4~5 mm。将抗原加入负极端孔内,抗体加入正极端孔内,用2~4 mA/cm电流电泳1 h左右,观察结果,在两孔之间出现沉淀带的为阳性反应。沉淀带出现的位置与抗原抗体的泳动速度及含量有关,当二者平衡时所形成的沉淀带在两孔之间,呈一直线。若二者泳动速度悬殊,则沉淀带位于对应孔附近,呈月牙形。当抗原或抗体含量过高时,可使沉淀带溶解。因此,对每份检样应选2~3个稀释度进行试验(图4.18)。

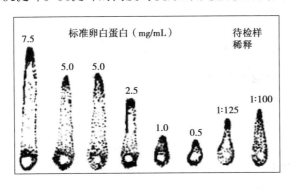

图4.18 对流免疫电泳示意图

Ag—抗原;Ab—抗体;+—阳性血清;——阴性血清;1、2、3、4、5、6—待检血清

(2)火箭免疫电泳。火箭免疫电泳是单向单扩散和电泳技术相结合的一种血清学试验。它是让抗原在电场的作用下,在含有抗体的琼脂中定向泳动,二者比例合适时形成类似火箭样的沉淀峰。沉淀峰的高度与抗原的浓度成正比(图4.19)。

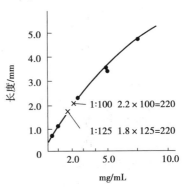

图4.19 火箭免疫电泳

琼脂凝胶中抗血清量1:15,抗原量每孔2 μL,2.5 mA/cm电泳5 h

试验时,在冷至56 ℃左右的巴比妥缓冲液琼脂中加入一定量的已知抗体,制成琼脂凝胶板。在板的负极端打一排孔,孔径3 mm,孔距8 mm,然后滴加待检抗原和已知抗原,以2~4 mA/cm电流电泳1~5 h。若抗原与抗体比例合适,则孔前出现顶端完全闭合的火箭状

沉淀峰;抗原大量过剩时或不形成沉淀峰,或沉淀峰不闭合;抗原中等过剩时沉淀峰呈圆形;当二者比例不适当时,常不能形成火箭状沉淀峰。

四、补体结合试验

补体结合试验是应用可溶性抗原如蛋白质、多糖类、脂质、病毒等,与相应抗体结合后,其抗原抗体复合物可以结合补体。但这一反应肉眼看不到,只有在加入一个指示系统即溶血系统的情况下,才能判定。参与反应的抗体主要是 IgG 和 IgM。

(一)补体结合试验的原理

补体结合试验有溶菌和溶血两大系统,含抗原、抗体、补体、溶血素和红细胞 5 种成分。补体没有特异性,能与任何一组抗原抗体复合物结合,如果与细菌及相应抗体形成的复合物结合,就会出现溶菌反应;而与红细胞及溶血素形成的致敏红细胞结合,就会出现溶血反应。

试验时,首先将抗原、待检血清和补体按一定比例混匀后,保温一定时间,然后再加入红细胞和溶血素,作用一定时间后,观察结果。不溶血为补体结合试验阳性,表示待检血清中有相应的抗体,抗原抗体复合物结合了补体,加入溶血系统后,由于无补体参加,因此不溶血。溶血则为补体结合试验阴性,说明待检血清中无相应的抗体,补体未被抗原抗体复合物结合,当加入溶血系统后,补体与溶血系统复合物结合而出现溶血反应(图4.20)。

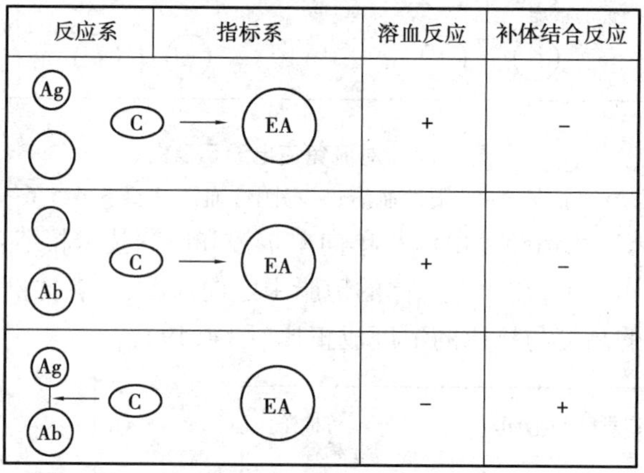

反应系	指标系	溶血反应	补体结合反应
(Ag) ○	(C) → (EA)	+	−
○ (Ab)	(C) → (EA)	+	−
(Ag) (Ab)	(C) (EA)	−	+

图4.20　补体结合反应原理示意图
Ag—抗原;Ab—抗体;C—补体;EA—致敏红细胞

(二)补体结合试验的应用

补体结合试验可用于检测未知抗原或抗体,生产上用于多种传染病(如口蹄疫、水泡病、副结核病、山羊传染性胸膜肺炎、禽衣原体病等)的诊断及抗原的定型。但由于操作较烦琐,影响因素较多,已逐渐被其他简易敏感的试验所替代。

五、中和试验

病毒或毒素与相应抗体结合后,丧失了对易感动物、鸡胚和易感细胞的致病力,称为中和试验。本试验具有高度的特异性和敏感性,并有严格量的要求。

(一)毒素和抗毒素中和试验

由外毒素或类毒素刺激机体产生的抗体,称为抗毒素。抗毒素能中和相应的毒素,使其失去致病力。主要有以下两种方法。

体内中和试验,一种是将一定量的抗毒素与致死量的毒素混合,在恒温下作用一定时间后,接种实验动物,同时设不加抗毒素的对照组。如果试验组的动物被保护,而对照组的动物死亡,即证明毒素被相应抗毒素中和。在兽医临床上,常用于魏氏梭菌和肉毒梭菌毒素的定型。做此试验时,首先要测定毒素的最小致死量或半数致死量。另一种是在细胞培养上进行的毒素中和试验和溶血毒素中和试验。方法同第一种。

(二)病毒中和试验

病毒免疫动物所产生的抗体,能与相应病毒结合,使其感染性降低或消失,从而丧失致病力。应注意,抗体只能在细胞外中和病毒,对已进入细胞的病毒则无作用。而且抗体并不都有中和活性,有些抗体与病毒结合后不能使其失活,如马传染性贫血病毒与相应抗体结合后,仍保持高度的感染力。试验有体内和体外两种方法。

1.体内中和试验

体内中和试验也称保护试验,即先给实验动物接种疫苗或抗血清,间隔一定时间后,再用一定量病毒攻击,视动物是否得到保护来判定结果。常用于疫苗免疫原性的评价和抗血清的质量评价。

2.体外中和试验

体外中和试验是将病毒悬液与抗病毒血清按一定比例混合,在一定条件下作用一段时间,然后接种易感动物、鸡胚或易感细胞,根据接种后动物、鸡胚是否得到保护,细胞是否有病变来判定结果。此试验常用于病毒性传染病的诊断,如口蹄疫、猪水疱病、蓝舌病、牛黏膜病、牛传染性鼻气管炎、鸡传染性喉气管炎、鸭瘟和鸭病毒性肝炎等的诊断。此外,还可用于新分离病毒的鉴定和定型等。

六、免疫标记技术

抗原抗体的结合具有高度特异性,其反应强度与抗原或抗体的量有关。在反应量不足或抗原为半抗原、抗体为单价抗体时,肉眼不易察出。有一些物质即使在含量极微时,仍能用某种特殊的理化测试仪器将其检测出来。如将这些物质标记在抗体或抗原分子上,它就能追踪抗原或抗体并与之结合,通过化学或物理的手段使不可见的反应放大、转化为可见的、可测知的、可描记的光、色、电、脉冲等信号。根据抗原抗体结合的特异性和标记分子的敏感性建立的试验技术,称为免疫标记技术。主要有荧光抗体技术、酶标记抗体技术、放射免疫技术等。这些技术可用于检测抗原或抗体,其特异性和敏感性远远高于常规的血清学技术。以下着重介绍荧光抗体技术和酶标记抗体技术。

(一)荧光抗体技术

荧光抗体技术,又称免疫荧光技术,是用荧光色素对抗体或抗原进行标记,再与相应抗原或抗体结合,然后在荧光显微镜下观察荧光以分析示踪相应的抗原或抗体的方法。本法既有免疫学的特异性和敏感性,又有借助显微镜观察的直观性与精确性,已广泛应用于细菌、病毒、原虫等的鉴定和传染病的快速诊断。

1. 荧光色素的选择

用于标记抗体或抗原的荧光色素必须具有活性基团,使之易与蛋白质稳定结合;能发射可见的荧光颜色,荧光效率高;性质较稳定,不影响抗体或抗原的免疫活性以及抗原与抗体的特异性结合。目前,广泛用于标记抗体或抗原的荧光色素主要是异硫氰酸荧光素(FITC)。此外,还有四乙基罗丹明(RB 200)、四甲基异硫氰酸罗丹明(TMRITC)和三氯三嗪基氨基荧光素(DTAF)等。

2.(标)片的制备

根据被检样品的性质不同,可采取不同的制备方法。细菌培养物、感染动物的组织或血液、脓汁、粪便和尿沉渣等,可制备涂片或压印片,感染组织还可制备冰冻切片或低温石蜡切片。对于病毒,也可用生长在盖玻片上的单层细胞培养物做标本。标本的固定,常用丙酮和95%的乙醇。固定后的标本应随即用 PBS 反复冲洗,干燥后即可染色。

3. 染色方法

荧光抗体染色方法有直接法和间接法。

(1)直接法。用荧光抗体直接检查抗原。即直接滴加相应荧光抗体于标本区,置湿盒内,于 37 ℃温箱染色 30~60 min 后取出,用 0.01 mol/LPBS(pH 值为 7.2~7.4)充分漂洗 3 次,每次 3~5 min,再用蒸馏水漂洗 2 次,每次 1~2 min,吹干,然后滴加缓冲甘油封片,即可于荧光显微镜下观察(图 4.21)。

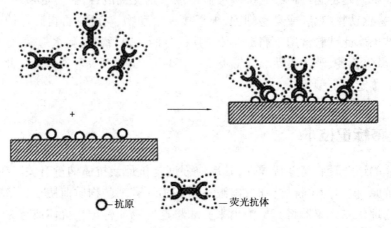

○—抗原   —荧光抗体

图 4.21 直接荧光抗体染色法示意图

(2)间接法。先将已知未标记的抗体加到未知抗原上,或用未知未标记抗体加到已知抗原上,再加相应的荧光抗体。如抗原与抗体发生反应,则抗体被固定,并与荧光抗体结合,发出荧光,从而可鉴定未知的抗原或抗体。试验时,于标本区滴加未标记的相应抗体;置湿盒内,于 37 ℃温箱作用 30~60 min,取出后以 0.01 mol/LPBS(pH 值为 7.2~7.4)充分漂洗 3 次,每次 3~5 min;再用蒸馏水漂洗 2 次,每次 1~2 min,吹干;然后滴加荧光抗体,置湿盒内,于 37 ℃温箱染色 30 min;再如前漂洗、吹干,滴加缓冲甘油封片、镜检。

间接法的优点是比直接法敏感,对一种动物而言,只需制备一种荧光抗体,即可用于多种抗原或抗体的检测,镜检所见的荧光也比直接法明亮。

4.荧光显微镜检查

用 FITC 标记抗体染色标本在荧光显微镜的蓝紫光或紫外光的照射下,抗原所在部位发出黄绿色荧光。

(二)酶标记抗体技术

酶标记抗体技术又称免疫酶技术,是利用抗原抗体结合的特异性和酶的高效特异的催化作用显色而建立起来的免疫检测技术。常用的标记酶是辣根过氧化物酶(HRP),其作用底物为过氧化氢,催化时需要供氢体,无色的供氢体氧化后生成有色产物,使不可见的抗原抗体反应转化为可见的呈色反应。常用的供氢体有 3,3'k-二氨基联苯胺(DAB)和邻苯二胺(OPD),前者反应后形成不溶性的棕色物质,适用于免疫酶组化法;后者反应后形成可溶性的橙色产物,敏感性高,易被酸终止反应,呈现的颜色可数小时不变,是 ELISA 中常用的供氢体。下面主要介绍免疫酶组化技术、酶联免疫吸附试验和斑点酶联免疫吸附试验。

1.免疫酶组化技术

免疫酶组化技术又称免疫酶染色法,是将免疫酶应用于组织化学染色,以检测组织和细胞中或固相载体上抗原或抗体的存在及其分布位置的技术。方法有直接法和间接法两种(图4.22)。

(1)直接法。用酶标记抗体直接处理含待检抗原的标本,洗涤后浸于含有过氧化氢和 DAB 的显色液中作用,然后在普通光学显微镜下观察颜色反应,抗原所在部位呈棕黄色。

(2)间接法。含待检抗原的标本先用未标记的抗血清处理,洗涤后加相应的酶标记抗抗体,洗涤,然后浸于含有过氧化氢和 DAB 的显色液中作用,普通光学显微镜下观察颜色反应,抗原所在部位呈棕黄色。

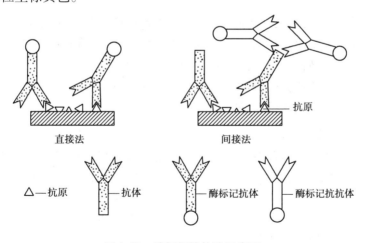

图 4.22　酶标记抗体法示意图

2.酶联免疫吸附试验

酶联免疫吸附试验,简称 ELISA,为一种固相免疫酶测定技术,是当前应用最广、发展最快的一项新技术。其基本过程是将抗原或抗体吸附于固相载体的表面,酶标记物与相应的抗体或抗原反应后,形成酶标记抗原抗体复合物,在遇到相应底物时,复合物上的酶催化底物使其水解、氧化或还原成可溶性或不溶性的有色物质,可用肉眼或酶标测定仪判定结果。颜色的深浅与相应的抗体或抗原含量成正比,因此,可对抗体或抗原进行定量测定。目前多采用 ELISA 试剂诊断盒进行检测。本试验广泛用于猪瘟、猪传染性胃肠炎、猪呼吸与繁殖综合征、流行性乙型脑炎、伪狂犬病、弓形虫病、旋毛虫病和鸡新城疫等传染病的诊断。

3. 斑点酶联免疫吸附试验

斑点酶联免疫吸附试验是近几年创建的一项免疫酶新技术,不仅保留了常规 ELISA 的优点,而且还弥补了抗原或抗体对载体包被不牢等缺点,以其独特的优势,广泛用于猪瘟、猪伪狂犬病、猪细小病毒病、牛副结核、马传染性贫血等多种传染病的抗原和抗体的检测以及杂交瘤细胞的筛选。其原理是以纤维素薄膜为固相载体,在膜上进行免疫酶反应。先将抗原或抗体吸附在纤维素膜的表面,通过相应的抗体或抗原和酶标记物的一系列反应,形成酶标记抗原抗体复合物,加入底物后,结合物上的酶催化底物使其水解、氧化成另一种带色物质,沉着于抗原抗体复合物吸附部位,呈现出肉眼可见的颜色斑点,试验结果可通过颜色斑点的出现与否和色泽深浅进行判定。

免疫酶技术是血清学试验中最为完善的一类免疫检测技术,可用于抗原或抗体的定性、定量和定位分析,而且具有敏感、特异、简便、快速、易标准化和商品化等优点。

任务五　细胞免疫检测

由于免疫系统或其他系统的疾病,或由于免疫接种或某些临床治疗措施及某些外界环境因素的影响,免疫细胞的数量或功能均可发生变化。因此,进行细胞免疫检测,对于某些疾病的诊断和发病机理研究、免疫治疗或预防接种的效果评估及环境因素对机体免疫功能的影响,都具有重要的意义。细胞免疫检测的方法很多,可根据要达到的目的和条件适当选用。细胞免疫检测法主要有以下两种。

1. 免疫细胞的数量检测

正常情况下,身体各部分各类免疫细胞的含量与分布保持相对稳定。任何疾病或异常原因打乱免疫细胞的新生与破损死亡两个过程的平衡,即可造成这些细胞数量与分布的变化。各种原因引起的免疫细胞数量变化多数都在血液中有所反映。血液是细胞免疫检测法最常选用的样品,只有在必要时,才从骨髓或其他免疫器官取材检查。常检查的项目有血液白细胞计数、血液中白细胞的分类计数、血中 T 细胞与 B 细胞的分类计数。

2. 免疫细胞的功能检测

在自然条件下,免疫细胞的功能都是在体内完成的。但在进行免疫细胞功能检查时,主要采用体外试验的方法。根据所用刺激物的性质不同,可将试验分为特异性反应功能检测和非特异性反应功能检测两类。淋巴细胞转化试验是淋巴细胞功能检测最基本的方法。此外,还有淋巴因子产生试验、细胞介导的细胞毒试验、抗体分泌细胞的检测、嗜中性粒细胞吞噬功能的检测、嗜中性粒细胞 NBT 还原试验、巨噬细胞吞噬功能的测定。

实训 14　E-玫瑰花环试验

一、基本原理

玫瑰花环试验是体外检测人和动物细胞免疫功能的一种方法。E-玫瑰花环试验是 T 淋巴细胞计数的一种重要方法。由于人和动物的 T 淋巴细胞表面有红细胞受体,因此红细胞可以黏附到 T 淋巴细胞的周围而形成玫瑰花样的细胞团。在红细胞中,以绵羊红细胞最为常用。B 淋巴细胞没有红细胞受体,所以不能形成 E-玫瑰花环,以资鉴别。

二、仪器材料

(1)肝素抗凝剂。

(2)淋巴细胞分层液:配制方法见细胞分离技术。用 5.6% $NaHCO_3$ 调 pH 值至 7.2,115 ℃ 15 min 灭菌。4 ℃储藏备用。

(3)5.6% $NaHCO_3$ 液:$NaHCO_3$ 5.6 g,H_2O 100 mL,115 ℃ 20 min 灭菌,4 ℃储藏备用。

(4)0.8% 戊二醛溶液:25% 戊二醛溶液,0.32 mL Hank's 液,9.68 mL 用前配制。

(5)Giemsa-weight 染色液:Giemsa 粉 0.03 g,Weight 粉 0.3 g,甲醇 100 mL。

先将染料一起放入研钵内,加入少量甲醇,研磨细,然后倒入瓶内,并用甲醇冲洗研钵内染料,一起倒入玻瓶内,补足甲醇量,备用。

三、方法与步骤

(1)取肝素抗凝血 2 mL,置 37 ℃水浴自然沉淀 30～40 min,吸取全部血浆(约 1 mL)。

(2)于血浆中加 Hank's 液数毫升,洗涤,1 500 r/min 离心 5～10 min,弃上清液。重复洗涤 4 次,沉淀均匀即为淋巴细胞悬液。

(3)采绵羊肝素抗凝血,加数倍 Hank's 液,洗涤 3 次,最后以 Hank's 配成 10% 悬液,4 ℃保存。

(4)取 0.1 mL 淋巴细胞悬液,加 10% 红细胞悬液 0.1 mL,加小牛血清 0.1 mL。

(5)37 ℃水浴 10 min 600 r/min,低速离心 5 min。

(6)吸弃多余的上清液后,放入 4 ℃冰箱 2～4 h。

(7)取出后,将沉淀轻轻摇起,加 0.8% 戊二醛 0.1 mL,混匀后 4 ℃固定 15 min。

（8）将干净的玻片用 Hank's 液沾湿，滴一小滴混悬液，让其自然散开即可。

（9）自然干燥后，用吉姆萨-瑞氏液或苏木精-伊红染色，水洗，干燥镜检。

四、实验结果

凡 1 个淋巴细胞结合 3 个或 3 个以上的红细胞者为 1 个 E-玫瑰花环。检查 200 个淋巴细胞，按相应公式计算其玫瑰花环形成率。

某些动物 E – 玫瑰花环率

五、注意事项

（1）影响 E-玫瑰花环试验最主要的因素是淋巴细胞和红细胞的新鲜程度，被检血样必须新鲜、无菌，采血后要求在 3 ~ 4 h 内进行检验，否则由于淋巴细胞的死亡，受体脱落，影响检查结果。红细胞用阿氏液保存最多不要超过 3 周，且不应溶血。

（2）反应温度、时间等条件的控制对玫瑰花环形成率有较大影响。选 37 ℃ 作用 10 min，低速离心 5 min，置 4 ℃ 2 ~ 4 h，其结果稳定性较好，结合率较高。如在 37 ℃ 作用时间较长，可见玫瑰花环发生变形，结合部位松弛、拉开，甚至解离。

（3）指示红细胞的动物种类也与玫瑰花环的形成率有关。如马淋巴细胞与豚鼠红细胞结合较好，而驴淋巴细胞则与绵羊红细胞结合较好。Melinda 氏报道，人、马、牛、猪、狗、猫、鼠与豚鼠红细胞的结合率都高于绵羊红细胞的结合率。

（4）加犊牛血清能增加玫瑰花环形成细胞的稳定性，增强与指示红细胞结合的牢固性。

（5）Hank's 液的 pH 值以 7.2 ~ 7.4 为宜。

实训 15　T 淋巴细胞转化试验

一、原理

T 淋巴细胞在有丝分裂原植物血凝素（PHA）等刺激后，细胞的形态和代谢发生变化，发生一系列增殖反应，如出现细胞体积增大、核染色质疏松、蛋白质和核酸合成增加，并转化为淋巴母细胞。T 淋巴细胞转化试验有形态学计数法、MTT 法、同位素法等，这里主要运用形态学计数法。

二、仪器及材料

RPMI 1640 培养液(小牛血清 10%、青霉素 100 μg/mL、链霉素 100 μg/mL,用无菌的 3% NaHCO₃ 调 pH 值至 7.2 ~ 7.4)、PHA(用含 10% 小牛血清的 RPMI 1640 培养液稀释至 500 ~ 1 000 g/mL)、肝素抗凝血、姬姆萨染液、细胞培养瓶、CO₂ 培养箱、超净台、高压灭菌器;无菌过滤装置、离心机、显微镜等。

三、方法与步骤

(1)取肝素抗凝血 0.2 mL,注入预先加有 1.8 mL RPMI 1640 培养液的培养瓶内,同时加入 PHA(500 g/mL)0.1 mL,对照瓶内不加 PHA。混匀后置 37 ℃、5% CO₂ 培养箱内孵育 72 h,其间每天旋转摇匀一次。

(2)培养结束后,弃去上清液,混匀细胞,加入离心管中,1 500 rpm 离心 10 min。

(3)弃上清液,吸取白细胞层制片,自然干燥。

(4)甲醇固定 1 ~ 2 min 后,吉姆萨染色 15 ~ 20 min,水洗,干燥。

(5)油镜下计数 200 个淋巴细胞,观察淋巴细胞的形态变化,计算淋巴细胞转化率。

四、结果判定

(一)形态

1. 成熟的小淋巴细胞

与未经培养的小淋巴细胞一样,直径为 6 ~ 8 μm,核染色致密,无核仁,核与胞浆比例大,胞浆染色为轻度嗜碱性。

2. 淋巴母细胞

细胞体积增大,直径为 20 ~ 30 μm,形态不整齐,常有小突出,核质染色疏松,有核仁 1 ~ 2 个,胞浆变宽,常出现胞浆空泡。

3. 过渡型淋巴细胞

比小淋巴细胞大,直径为 10 ~ 20 μm,核染色致密,但出现核仁,此为与成熟小淋巴细胞鉴别要点。

4. 其他细胞

如中性粒细胞在培养 72 h 后,绝大部分衰变或死亡,呈碎片。

未转化和转化淋巴细胞的形态特征

项目	转化的淋巴细胞		未转化的淋巴细胞
	淋巴母细胞	过渡型	
细胞大小(直径/μm)	12 ~ 20	12 ~ 16	6 ~ 8

续表

项目	转化的淋巴细胞		未转化的淋巴细胞
	淋巴母细胞	过渡型	
核大小、染色质	增大、疏松	增大、疏松	不增大、密集
核仁	清晰、1~4个	有或无	无
有丝分裂	有或无	无	无
胞质、着色	增多、嗜碱	增多、嗜碱	极少、天青色
浆内空泡	有或无	有或无	无
伪足	有或无	有或无	无

（二）淋巴细胞转化率

按上述分类检查推片头、体、尾三部分，分别计数淋巴母细胞、过渡型母细胞和核有丝分裂相细胞以及成熟的小淋巴细胞，以前三者为转化细胞，每份标本计数 200 个细胞，按下列公式计算转化率：

$$转化率 = \frac{转化的淋巴细胞数}{转化和未转化的淋巴细胞数} \times 100\%$$

在正常情况下，PHA 诱导的淋巴细胞转化率为 60%～80%，如为 50%～60% 则偏低，50% 以下则为降低。

五、注意事项

（1）培养基成分对转化率影响较大，注意其有效期。

（2）小牛血清用前需灭活。

（3）培养时要保证有足够的气体，保证无菌。

（4）PHA 剂量过大对细胞有毒性，PHA 转化反应剂量一般 10 mL，培养瓶内液体总量不要超过 2 mL，太小不足以刺激淋巴细胞转化，试验前应先测定。

PHA 淋转实验形态学检查法

【思考与练习】

1.名词解释：免疫、非特异性免疫、特异性免疫、自动免疫、人工自动免疫、人工被动免疫、被动免疫、免疫活性细胞、免疫器官、抗原、抗原决定簇、抗原结合价、完全抗原、半抗原、异嗜性抗原、佐剂、抗体、免疫球蛋白、补体、免疫应答、感应阶段、反应阶段、效应阶段、体液免疫、细胞免疫、初次应答、再次应答、变态反应、Ⅰ型变态反应、Ⅱ型变态反应、Ⅲ型变态反应、Ⅳ型变态反应、自身免疫、免疫耐受、免疫抑制、免疫缺陷、免疫防御。

2. 免疫系统由_____、_____和_____组成。

3. 免疫功能包括_____、_____和_____。

4. 免疫功能失调可发生_____、_____、_____和_____。

5. 免疫应答分为 B 细胞介导的_____和 T 细胞介导的_____。

6. 免疫应答的基本过程分为_____、_____和_____3 个阶段。

7. 中枢免疫器官有_____、_____、_____,外周免疫器官有_____、_____、_____。

8. 细胞免疫应答常和_____共存。

9. 胸腺的作用是(　　　　)。

    A. T 细胞发生场所　　　　　　　B. B 细胞定居场所

    C. T 细胞成熟、分化场所　　　　　D. B 细胞产生免疫应答的场所

    E. T 细胞定居场所

10. 再次应答时抗体产生的特点是(　　　　)。

    A. IgM 抗体显著升高　　　　B. 产生快,维持时间长　　　　C. 潜伏期长

    D. 浓度低　　　　　　　　　　E. 亲和力低

11. 机体受抗原刺激后产生免疫应答的部位是(　　　　)。

    A. 胸腺　　　　　　　　　　B. 骨髓　　　　　　　　　　C. 腔上囊

    D. 淋巴结　　　　　　　　　E. 血液

12. 外周免疫器官不包括(　　　　)。

    A. 骨髓　　　　　　　　　　B. 淋巴结　　　　　　　　　C. 脾脏

    D. 黏膜伴随淋巴组织　　　　E. 扁桃体

13. 中枢免疫器官与外周免疫器官的区别是(　　　　)。

    A. 中枢免疫器官是 T 细胞分化成熟的场所

    B. 外周免疫器官是 B 细胞分化成熟的场所

    C. 中枢免疫器官是免疫细胞产生、分化成熟的场所,而外周免疫器官是淋巴细胞分布定居和产生免疫应答的场所

    D. 外周免疫器官是 B 细胞分化成熟的场所

    E. 中枢免疫器官是 B 细胞分化成熟的场所

14. 免疫对于机体(　　　　)。

    A. 有利　　　　　　　　　　B. 有害　　　　　　　　　　C. 有利也有害

    D. 无利、无害　　　　　　　E. 正常情况下有利,某些情况下有害

15. 与载体偶联才具有免疫原性的物质称为(　　　　)。

    A. 变应原　　　　　　　　　B. 完全抗原　　　　　　　　C. 半抗原

    D. 佐剂　　　　　　　　　　E. 载体

16. 甲、乙两种抗原都能与某一抗体发生特异性结合反应,这两种抗原相互称为(　　　　)。

    A. 半抗原　　　　　　　　　B. 完全抗原　　　　　　　　C. TD-Ag

    D. TI-Ag　　　　　　　　　E. 共同抗原

17. 抗体分子中与抗原结合的部位是(   )。

    A. CH1　　　　　　　　　B. CL　　　　　　　　　C. CH2

    D. CH3　　　　　　　　　E. VH 与 VL

18. 可将 IgG 分解成 F(ab')2 和 pFC' 的酶是(   )。

    A. 木瓜蛋白酶　　　　　　B. 胰酶　　　　　　　　C. 胃蛋白酶

    D. 激肽原酶　　　　　　　E. 脂氧化酶

19. 下列成分有可能与大分子抗原结合而出现肉眼可见反应的是(   )。

    A. IgG 的 H 链　　　　　　B. IgG 的 L 链　　　　　C. Fc 段

    D. F(ab')2 段　　　　　　　E. Fab 段

20. 血清中含量最高的 Ig 是(   )。

    A. IgM　　　　　　　　　B. IgG　　　　　　　　C. IgA

    D. IgE　　　　　　　　　E. IgD

21. 特异性体液免疫应答的介导细胞主要是(   )。

    A. T 淋巴细胞　　　　　　B. B 淋巴细胞　　　　　C. 巨噬细胞

22. 免疫应答的发生场所是(   )。

    A. 骨髓　　　　　　　　　B. 胸腺　　　　　　　　C. 腔上囊

    D. 淋巴结　　　　　　　　E. 血液

23. 初次应答时抗体产生的特点是(   )。

    A. 潜伏期短　　　　　　　B. 抗体亲和力高　　　　C. 抗体维持时间短

    D. 抗体含量高　　　　　　E. 以 IgG 为主

24. 再次应答时抗体产生的特点不包括(   )。

    A. 潜伏期短　　　　　　　B. 抗体亲和力高　　　　C. 抗体维持时间长

    D. 以 IgM 类抗体为主　　　E. 迅速产生大量 IgG 类抗体

25. 体液免疫初次应答时产生 Ig 的特征是(   )。

    A. 产生的抗体以 IgG 为主　B. IgG 出现较晚　　　　C. 抗体为高亲和力抗体

    D. 抗体含量比再次应答高　E. 抗体的产生持续时间较长

26. 天然免疫耐受失调可导致(   )。

    A. 免疫抑制　　　　　　　B. I 型超敏反应　　　　C. 自身免疫病

    D. 移植排斥反应　　　　　E. 肿瘤免疫

27. 下列物质中,可引起 I ~ IV 型变态反应的变应原是(   )。

    A. 药物　　　　　　　　　B. 尘屑　　　　　　　　C. 真菌

    D. 食物　　　　　　　　　E. 花粉

28. 青霉素引起的变态反应性疾病中属于 I 型变态反应的是(   )。

    A. 过敏性休克　　　　　　B. 溶血性贫血　　　　　C. 接触性皮炎

    D. 免疫复合物病　　　　　E. 血小板减少

29. 如何理解"免疫"的概念? 机体的免疫反应有何功能?

30. 哪些因素构成机体的非特异性免疫?

31. 机体的免疫系统包括哪些脏器?

32. 何谓抗原? 构成抗原的基本条件是什么?

33. 如何理解抗原的特异性和类属性？在医学上有何意义？

34. 根据抗原的化学组成及不同，可将抗原区分为几种？试举例说明。

35. 何谓抗体？简述免疫球蛋白的基本结构。

36. 根据化学结构的特性，可将免疫球蛋白分为哪几类？各有何作用？

37. 何为特异性体液免疫和细胞免疫？

38. 试述特异性免疫的形成过程。

39. 试述抗体产生的一般规律，说明哪些因素影响抗体的产生。

40. 何谓变态反应？根据其发生的原理不同可将其分为几种类型？各有何特点？

项目五　微生物应用技术

【学习目标】

1. 掌握生物制品的运输、保存方法。
2. 掌握生物制品免疫途径的选择和接种技术。
3. 了解免疫接种方案制订和选择最佳免疫途径。
4. 了解常见生物制品制备方法。
5. 掌握免疫诊断、防治和免疫检测的方法。
6. 会进行免疫诊断、检测，能设计免疫防治方案并实施。
7. 了解微生物在生产实践中的应用。
8. 基本掌握微生物饲料的类型及生产过程。
9. 基本掌握乳品、肉及肉制品、蛋及蛋制品中的微生物种类和作用。
10. 能检测饲料、乳品、肉及肉制品、蛋及蛋制品中的微生物。

任务一　常用生物制品的制备及检验

一、兽用生物制品的概述

生物制品是指以微生物、寄生虫、动物毒素、生物组织作为起始材料，采用生物学工艺或分离纯化技术制备，并以生物学技术和分析技术控制中间产物和成品质量制成的生物活性制剂，包括菌苗、疫苗、毒素、类毒素、免疫血清、血液制品、免疫球蛋白、抗原、变态反应原、细胞因子、激素、酶、发酵产品、单克隆抗体、DNA重组产品、体外免疫诊断制品等。

生物制品包括预防用生物制品、治疗用生物制品和诊断生物制品。

1. 预防用生物制品

预防用生物制品是指用于传染病或其他疾病预防的细菌性疫苗、病毒性疫苗、类毒素等人用生物制品。

2.治疗用生物制品

治疗用生物制品是指采用不同表达系统的工程细胞(如细菌、酵母、昆虫、植物和哺乳动物细胞)所制备的蛋白质、多肽及其衍生物,包括细胞因子、纤维蛋白溶解酶原激活因子、重组血浆因子、生长因子、融合蛋白、酶、受体、激素和单克隆抗体等;也包括从人或者动物组织提取的单组分的内源性蛋白;以及基因治疗产品、变态反应原制品、由人或动物的组织或者体液提取或者通过发酵制备的具有生物活性的多组分制品、微生态制品等生物制品。

3.诊断生物制品

诊断生物制品包括诊断血清和诊断抗原,主要用于检测相应抗原、抗体或机体免疫状态,属于免疫学方法诊断。随着免疫学技术的发展,诊断用生物制品的种类不断增多,不仅用于传染病,也用于其他疾病。主要包括:诊断血清,包括细菌类、病毒立克次氏体类、抗毒素类、肿瘤类、激素类、血型及 HLA、免疫球蛋白诊断血清、转铁蛋白、红细胞溶血素、生化制剂等;诊断抗原,包括细菌类、病毒立克次氏体类、毒素类、梅毒诊断抗原、鼠疫噬菌体等。此外,还有红细胞类、荧光抗体、酶联免疫的酶标记制剂、放射性核标记的放射免疫制剂、妊娠诊断制剂(激素类)、诊断用单克隆抗体。

二、 生物制品的分类

(一)疫苗

疫苗是指病原微生物、寄生虫及其组织成分或代谢产物制成并用于人工自动免疫的生物制品。通过疫苗的动物接种,刺激了机体产生免疫应答,从而抵抗特定病原微生物或寄生虫的感染,达到了预防疾病的目的。

1.活苗、灭活苗及类毒素

(1)活苗。病原微生物毒力逐渐减弱或丧失,但仍保持良好的免疫原性,用该种活的、变异的病原微生物制成的疫苗,称为活苗或弱毒苗。

优点:活苗能在体内短期繁殖,多为一次免疫使用剂量小,免疫力强,成本低,有多种免疫途径且不需佐剂。

缺点:有排毒危险或组织反应,难以制成联苗,运输保存较困难,现多制成冻干苗。

(2)灭活苗(死苗)。选用免疫原性强的细菌、病毒等经人工培养后用理化方法将其杀死(灭活)后制成的疫苗,称为灭活苗或死苗。

优点:灭活苗安全易保存,容易制成联苗或多价苗。

缺点:不能在体内增殖,免疫期短,常需多次免疫,使用剂量大且只能注射,可能有毒性等副作用。

(3)类毒素。将细菌的外毒素用 0.3% ~0.4% 甲醛溶液脱毒制成的生物制品。外毒素经脱毒后失去毒性,但保留较强的免疫原性。

2.联苗与多价苗

(1)联苗,是指不同种微生物或其代谢产物组成的疫苗。

(2)多价苗,是指同种微生物不同型或株所制成的疫苗。

联苗与多价苗的应用可简化接种程序,减少接种动物应激反应的次数,因而对畜牧生产有利。通常的使用原则不加重接种副作用,不发生免疫干扰现象,并且能提高各个制剂或其中之一的免疫效果。

3. 寄生虫疫苗

由于寄生虫大多有复杂的生活史,其虫体抗原极其复杂并具有高度多变性,因而至今仍无理想的寄生虫疫苗。多数研究者认为,只有活的虫体才能诱发机体产生保护性免疫。目前,国际上已应用并收到良好免疫效果的疫苗有犬钩虫疫苗及抗球虫活苗等,随后又相继出现了旋毛虫虫体组织佐剂苗、猪全囊虫匀浆苗、弓形虫佐剂苗和伊氏锥虫致弱苗等。

4. 亚单位苗

利用微生物的一种或几种亚单位或亚结构制成的疫苗,称为微生物亚单位苗或亚结构苗;由微生物的某些化学成分制成的疫苗,称为化学苗。此类疫苗没有病原微生物的遗传信息,可免除微生物苗的一些副作用,保证了疫苗的安全性,如 A 族链球菌 M 蛋白疫苗及大肠杆菌菌毛疫苗等。

5. 基因工程苗

近年来,随着生物技术的发展,基因工程苗已越来越受青睐。目前,已知的基因工程苗有基因工程亚单位苗、基因缺失苗、基因工程活载体苗和基因工程多决定簇颗粒性疫苗等。其中,基因工程亚单位苗为死苗,免疫原性差且成本高,因而未普遍推广。

基因工程活载体苗是以痘病毒、疱疹病毒等为载体,将目的基因插入此种病毒基因组的特定位置上,使载体病毒获得表达外源基因新特性的重组体疫苗,又称为重组活毒疫苗。

优点:一个载体病毒可插入多种抗原基因构成多价疫苗,宿主范围广,且无致瘤和致癌性,可避免母源抗体的干扰,且剂量小、成本低、易于推广。

基因工程多决定簇颗粒性疫苗,是将病原保护性抗原基因嵌合到多聚体颗粒中,使外源抗原暴露于颗粒外表面,构成多个抗原决定簇所制成的疫苗。该疫苗具有颗粒特性,因而免疫原性较好。

基因缺失苗是利用基因工程技术切去病毒基因组编码致病物质的某一片段核苷酸序列,使其致病力丧失,但仍保持免疫原性与复制成的疫苗。此种缺失株较稳定,不易发生返强现象。

(二)免疫血清

动物经反复多次注射同一种病原微生物等抗原后,机体体液中尤其血清中产生大量抗该抗原的抗体,由此分离所得的血清称为免疫血清、高免血清或抗血清。此种免疫持续时间短,只适用于治疗与紧急预防,属人工被动免疫。临床上应用的抗炭疽血清及破伤风抗毒素均属此类。

(三)诊断液

专供诊断动物传染病及寄生虫病或检测动物免疫状态和鉴定病原的生物制品,称为诊断液或诊断制剂,通常包括诊断抗原、诊断抗体(血清)。此外,标记抗体、单克隆抗体等也已作为诊断制剂而得到广泛应用。

三、疫苗制造的基本程序

(一)疫苗的菌种与毒种

1. 菌种、毒种的一般要求

菌种、毒种是国家的重要生物资源,世界各国都为此设置了专业性保藏机构。一般的菌种、毒种必须符合下列要求:

(1)来源清楚,资料完整。我国《兽医生物制品制造及检验规程》规定,经研究单位大量研究选出并用于生产的现有菌种、毒种,均由国家相关部门或委托分管单位负责供应。

(2)生物学特性比较典型,指形态、生化、培养、免疫学及血清学特性以及对动物的致病性和引起细胞病变等特征均应符合标准。

(3)血清型相符。在菌种、毒种的选择时,需特别注意其血清型是否与疫苗使用地区流行的病原相符,血清型相符者才能保证免疫效果。

(4)遗传性状稳定。菌种、毒种在保存、传代和使用过程中,因受各种因素影响容易变异,因此遗传性状稳定是保证疫苗质量的重要因素之一。

2. 菌种、毒种的鉴定与保存

(1)菌种、毒种的鉴定。菌种在投入大量生产之前,需进行毒力与免疫原性的鉴定及稳定性试验,从而确定强毒菌种对本动物及实验动物的致死剂量、弱毒株的致死和不致死动物范围及接种的安全程度,通过制成菌苗免疫试验动物后攻强毒确定免疫原性;对制造弱毒活苗菌种需反复传代和接种易感动物来确定其毒力是否返强。

毒种纯化、检查比较困难,通常是采用某些动物或鸡胚来鉴定。依据各自的致病力、特定组织含毒量及对动物的免疫力作为选择和鉴定的标准。

(2)菌种、毒种的程序。为了保持稳定性,最好采用冷冻真空干燥法保存菌种和毒种。冻干的细菌、病毒分别保存于4 ℃和 –20 ℃以下温度,有条件的放在液氮中保存效果更好。

(二)灭活、灭活剂与佐剂

1. 灭活与灭活剂

灭活是指破坏微生物的生物学特性,但尽可能避免影响其免疫原性或破坏血清中补体活性的过程。灭活的方法有物理(如加热)和化学方法两种,但疫苗生产上主要采用化学法灭活。

用来进行灭活的试剂,如甲醛、苯酚、结晶紫及烷化剂等,其中甲醛应用最为广泛。甲醛为无色气体,易溶于水和乙醇,36% ~40%的甲醛溶液称为福尔马林,有强烈刺激性。甲醛的灭活作用是其醛基能够破坏微生物蛋白质和核酸的基本结构,导致细菌死亡。一般需氧菌和厌氧菌所用甲醛的浓度分别为0.1% ~0.2%、0.4% ~0.5%,37 ~39 ℃处理24 h以上或更长时间,如气肿疽灭活苗常用0.5%甲醛溶液37 ~38 ℃灭活72 ~96 h;病毒所用甲醛浓度为0.05% ~0.4%,多数用0.1% ~0.3%的浓度。

灭活的效果与温度、pH值、微生物的种类和含氮量、灭活剂的特异性及浓度以及是否存在有机物等因素有关。通常高温与碱性环境能加速灭活但易破坏抗原性,而含氮量较高及有机物的存在会消耗部分灭活剂,使灭活速度减慢。

2.佐剂

(1)佐剂的概念与要求。单独使用一般无免疫原性,而与抗原物质合用能增强后者的免疫原性和机体的免疫应答,或改变机体免疫应答类型的物质称为佐剂。佐剂必须是无毒、无致癌性及其他明显的副作用和易于吸收、吸附力强的化学纯物质;佐剂疫苗经 1~2 年保存应不致引起不良反应,效力无明显改变。

(2)佐剂的分类与常用佐剂。

①储存型。有不溶性胶体液和油乳佐剂。

不溶性胶体液:$Al(OH)_3$、$AlPO_4$、$Kal(SO_4)_2 \cdot 12H_2O$、$Ca_3(PO_4)_2$、炭末及其他。

油乳佐剂:弗氏完全佐剂、弗氏不完全佐剂、Span 白油佐剂等。

常与抗原混合成悬浊状态,使抗原在注射局部存留时间延长,通过抗原的缓慢释放,持续刺激机体的免疫系统。

氢氧化铝胶(铝胶)是常用佐剂之一,它既有良好的吸附性,又能浓缩抗原,减少注苗剂量。铝胶成本低,使用方便,且基本无毒,因而也是人用疫苗的主要佐剂。用铝胶稀释比用生理盐水稀释的免疫效果好。但铝胶也有易引起轻度局部反应、冻后易变性、无明显的细胞免疫以及可能对人和动物的神经系统有影响等缺点。

白油 Span-85 佐剂是当前的主要油乳佐剂,该佐剂用轻质矿物油(白油)作油相,Span-80 或 Span-85 及吐温-80 作为乳化剂。配制时可将白油与 Span-80 按 94:6 比例混合,再加总重量 2% 的硬脂酸铝溶化混匀后,116 ℃ 高压灭菌 30 min 即为油相,将抗原溶液和吐温-80 以 96:4 比例混合作为水相,两相之比为 1:1。有研究证明,同时含油相和水相乳化剂的疫苗比仅含油相的疫苗免疫效果好,在 37 ℃ 条件下更稳定,黏度也低。

②非储存型。有生物佐剂和非生物佐剂。

生物佐剂(微生物及其产物):结核菌、卡介苗、乳酸菌类、短小棒状杆菌、葡萄球菌、链球菌、百日咳杆菌、布氏杆菌、细菌脂多糖、酵母多糖等。

非生物佐剂:表面活性剂、胺及其类似物、核酸及其类似物、药物等。

四、疫苗的使用注意事项

1.疫苗接种一般注意原则与要求

(1)所用的疫苗必须与预防的疾病相符合。

(2)由疫苗引起的免疫应答确实能起到保护作用。如鸡霍乱,所得病由环境引起,注射了疫苗,饲养管理不够,看不到效果。

(3)在使用疫苗前,必须了解接种疫苗后的危险。

(4)在使用疫苗接种后注意群体观察。

2.免疫途径

选择免疫途径的原则:

(1)根据疫苗的特性:死苗,注射,活苗,不太受限制。

(2)产生了良好的应答:既可产生全身免疫,又可产生局部免疫。

(3)仿效自然感染途径。

(4)选择使用方便,节省人力。

3.常用的几种免疫途径

(1)肌内注射、皮下注射。优点:容易掌握剂量,接种密度强,免疫效果可靠。缺点:占用劳力多,易产生应激反应。

(2)黏膜接种:滴鼻、点眼、饮水、气雾。优点:先产生局部免疫,再产生全身免疫。缺点:略。

(3)滴鼻、点眼。优点:剂量准,密度强,效果可靠。缺点:费力。

(4)饮水。优点:方法简便,耗力少,反应小,副作用小。缺点:效果较差,容易漏免。其注意事项有:①剂量要大(3~5倍);②有较多的饮水器;③断水,在饮疫苗前,夏天断1~2 h,冬天3~4 h;④在疫苗中加入保护剂,2%脱脂乳奶粉;⑤用软水(河水、渠水),防止消毒液进入水中。

(5)气雾:疫苗雾化,吸收。优点:简便,省力,省时,效果好。缺点:容易激发某些呼吸道病。

注意事项:①雾粒30 nm左右,过大到地面(>200 nm),蒸发掉(<5 nm);②在气雾免疫前后3 d,添加抗生素,预防慢性呼吸道病。

4.免疫程序

疫苗接种的间隔时间、次数、接种方法、剂量等,动物年龄,疫苗种类。可依据以下内容:

(1)当地疾病流行情况及其规律。

(2)根据畜禽的种类、用途、饲养管理条件、畜禽及其产品上市的旺季。

(3)母源抗体的水平。

(4)疫苗的种类、性质、免疫途径及免疫期。

五、生物制品制备技术

1.疫苗制备

(1)细菌性灭活苗的制备。种子培养(注意选强毒株细菌);菌液培养;灭活与浓缩;配苗与分装。注意,整个过程都必须在无菌条件下按照无菌操作进行。

(2)细菌性活疫苗的制备。包括:种子液及菌液培养(选择合格的弱毒菌种);浓缩、配苗与冻干。

(3)病毒性组织苗的制备。包括:种毒与接种,收获与制苗。

制备弱毒苗需要按无菌操作剔除脏器上的脂肪与结缔组织,称重后剪碎并加适量保护剂制成匀浆,过滤和适当稀释后加余量保护剂及青霉素和链霉素各500~1 000 IU/mL,摇匀并在0~4 ℃储存,检测合格的分装并冻干。

制备组织灭活苗可收获组织脏器,经纯度检验和毒价测定,合格的按比例加平衡液和灭活剂制成匀浆,灭活后分装和标记,0~4 ℃保存。

(4)病毒性禽胚苗的制备。过程与病毒性组织苗过程相似。

2.免疫血清制备

详见抗体部分。

3.卵黄抗体的制备

(1)将抗原接种于健康鸡,一般免疫2~3次,每次间隔10~14天,待卵黄琼扩反应效价达 1:128 以上收蛋。

（2）无菌操作取出卵黄，加入适量灭菌生理盐水或 PBS，充分捣匀后用纱布过滤。

（3）用辛酸提取抗体，加入终浓度 0.01% 硫柳汞及青、链霉素使终浓度为 1 000 IU（μg）/mL 而制成。

实训 16　大肠杆菌灭活苗的制备

一、基本原理

致病性大肠杆菌能引起人和多种动物发病，其有效的防控手段多为抗生素治疗与疫苗免疫。大肠杆菌灭活苗是一种常见的大肠杆菌疫苗类型，制作方法一般是将动物体分离或实验室保存鉴定的大肠杆菌菌株，经扩增培养，制备适当浓度，用甲醛灭活，使大肠杆菌失去毒力但又保持免疫原性，制成灭活疫苗，此外在疫苗中添加白油佐剂，有利于增强疫苗的免疫效果。

甲醛是最古老常用的灭活剂，现在我国用的 26 种灭活疫苗，均以甲醛为灭活剂。甲醛水溶液又称福尔马林，是一种活泼的烷化剂，可作用于蛋白质氨基酸上的氨基、羧基、羟基和巯基，分别产生经甲基胺、亚甲基二醇单酯、经甲基酚和硫代亚甲基二醇，以羟甲基替代敏感氢原子，破坏生命基本结构，导致细菌死亡和病毒灭活。

乳化剂是一种降低其他溶液表面张力作用的物质，可使一种物质分散混合于另一种不相溶的液体中。司盘-80 或吐温-80 是乳化剂，它们可使油类和水剂疫苗乳化均匀。

二、仪器与材料

分光光度计、超净台、离心机、组织匀浆器、恒温培养箱、培养皿、涂布器、棉签、三角烧瓶、牛肉膏培养基、生理盐水、大肠杆菌、甲醛、白油、司盘-80。

三、方法与步骤

（一）细菌的培养

1. 细菌复苏

将冰箱保存的大肠杆菌取出，自然解冻，用接种环在营养琼脂平板上划线培养，37 ℃ 培养 18 ~ 24 h。

2. 细菌鉴定

将培养的细菌挑去单个菌落，革兰氏染色，用显微镜观察。

3.细菌增菌

挑取与镜检菌落一样的菌落到普通肉汤培养管中增菌培养,37 ℃摇床培养 8 h,将菌液取出均匀涂抹于营养琼脂平板表面,37 ℃培养 18～24 h,以灭菌生理盐水洗下所有培养物,置灭菌三角瓶中。

(二)油乳剂灭活苗的制备

1.灭活

取细菌培养液,以灭菌生理盐水稀释至含细菌总数为 15×10^8 mL(麦氏比浊法 5 号管),加入菌液体积 0.4% 的福尔马林,于 37 ℃恒温条件下灭活 48 h,其间每隔 4～5 h 摇振一次。

2.油相制备

将白油加热至 50～60 ℃,加入 6% 司盘-80,不断搅拌、混匀。

3.乳化

将油相加入烧杯中电动搅拌,缓慢加入水相(油相、水相为 2:1),逐渐增大搅拌速度,在组织搅拌机下以 10 000～12 000 r/min 搅拌 3 min,停 2 min,重复 3 次,将菌苗分装。

4.检查

(1)外观检查。观察疫苗的外观。

(2)稳定性检查。将疫苗置离心管中,3 500 r/min 离心 15 min,观察有无分层或破乳。

(3)剂型检查。将疫苗滴于冷水表面,不分散为油包水型,分散则为水包油型;用出口内径为 1.2 mm 的 1 mL 吸管在常温下吸满 1 mL 疫苗后垂直放出 0.4 mL 所需时间为疫苗的黏度单位,黏度单位越小越易吸收。

(4)洁净检查。取适量灭活苗,接种于肉汤培养基上,置 37 ℃,培养 3 d 后,吸取培养物,观察有无细菌生长。

(5)安全性检查。深部肌内接种 3 只 18 日龄健康雏鸡(1 mL/只),3 只 120 日龄成鸡(2 mL/只),观察有无不良反应。

(6)免疫保护试验。将疫苗分别接种到 10 只 18 日龄非免疫健康雏鸡,0.5 mL/只,同时设对照组 3 只,不作免疫。接种前与接种后 7、14、21、28、42、56 d 采血,用试管凝聚法检测抗体,免疫 14 d 后用制苗菌液(0.1 mL/只)攻毒。观察免疫组和对照组的发病情况。

实训 17　免疫血清的制备

本实验以兔抗根瘤菌血清的制备为例说明。

一、仪器及材料

(1)菌种:艾特利根瘤菌。

（2）动物：2~3 kg 的健康雄家兔或未怀孕的雌家兔。

（3）药品、试剂：生理盐水、完全弗氏佐剂、1% 硫柳汞。

（4）器材：一次性注射器、碘酒酒精棉球、10×100 试管、100 mL 血清瓶。

二、方法与步骤

（1）制备抗原：用 YMA 斜面培养艾特利根瘤菌 3 天，用 0.5% 石炭酸生理盐水洗涤 3 次后制成悬液；100 ℃ 水浴处理 1 h，用麦氏比浊管将菌液浓度调至 10^9 个/mL，保存于 50 mL 血清瓶备用，加 1 滴 1% 硫柳汞防腐，于 4 ℃ 冰箱保存。

（2）免疫兔子：以艾特利根瘤菌菌悬液为抗原按表 5.1 对兔子进行免疫。

表 5.1　免疫日程表

时间/天	免疫方式、剂量等过程
1	1 mL（加佐剂）皮下注射
14	1 mL（不加佐剂）耳缘静脉注射
28	1 mL（不加佐剂）耳缘静脉注射
30	抗体效价测定
37	1 mL（不加佐剂）耳缘静脉注射
44	心脏采血

取 2 mL 抗原与 2 mL 完全弗氏佐剂于小烧杯，60 ℃ 水浴中充分混合（用无针头 1 mL 一次性注射器来回抽吸）。取 1 mL 抗原-佐剂混合物注射兔子后腿肌内。两周后，不加佐剂对兔子进行静脉注射，抗原剂量为 1 mL。4 周后，再对兔子进行一次静脉注射。

（3）抗体效价测定：最后一次注射 7 天之后，对兔子进行耳缘静脉取血 5 mL。待血液凝固后吸出血清，保存于 10 mL 血清瓶中。取 10 支血清管（10×100 试管），用生理盐水按图 5.1 对免疫血清进行稀释。另取 2 支相同试管作对照，编号为 11 和 12，取 2.5 mL 生理盐水分别加入这 2 支试管中。在 1—11 号管中加入抗原 2.5 mL，在 12 管中加 2.5 mL 生理盐水。将 12 支试管放入 60 ℃ 水浴中 1h 后，观察实验结果，出现絮状沉淀的最高稀释度即为抗体的效价。

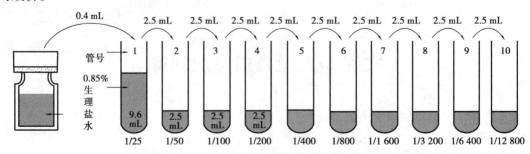

图 5.1　抗体的稀释

（4）心脏采血：当抗体效价达到 1/1 600 时，开始大量采集抗体。用 20 mL 注射器从兔子心脏采血25 mL,放入100 mL血清瓶中,待血清析出,用移液管转入另一血清瓶中,加1滴1%柳硫汞防腐,置－20 ℃冰箱保存备用。

三、实验结果

观察血清的量及颜色,并做好标记。

四、注意事项

(1)免疫家兔时注意无菌操作,以防感染。
(2)分离血清时所用器皿要干燥、清洁以防溶血。

实训18　鸡新城疫和传染性法氏囊病卵黄抗体的制备

一、仪器及材料

(1)新城疫灭活油佐剂苗。
(2)患传染性法氏囊炎的法氏囊组织。
(3)传染性法氏囊炎弱毒苗。
(4)健康产卵鸡群。
(5)新城疫血凝抗原。
(6)传染性法氏囊炎琼扩抗原。
(7)其他。

二、方法与步骤

(1)传染性法氏囊炎组织灭活苗的制备。将有病变的法氏囊组织称重,以组织捣碎器捣成匀浆,按1:5(重量:体积)加灭菌生理盐水继续捣匀,然后用5层灭菌纱布过滤,加入0.3%的甲醛,混匀,37 ℃放置24 h,中间振荡数次。灭活后,以常规培养基进行杂菌检查,以小白鼠进行安全检查,合格后,置阴凉处备用。

(2)传染性法氏囊炎灭活油佐剂组织苗的制备。将10号白油按2%加硬脂酸铝粉和6%的司盘-80混合加热融化后,分装保存。灭活组织液以4%比例加入吐温-80,以油相:水相＝3:1的剂量制成灭活油佐剂组织苗。先将油相搅拌起来,逐渐加入水相,充分搅拌即可。

(3)选取健康无主要传染病,特别是无鸡白痢、沙门氏菌病的高产鸡群。

（4）将鸡新城疫灭活油佐剂苗与传染性法氏囊炎灭活油佐剂组织苗等量混合,给每只鸡皮下注射 2 mL。

（5）14 天后,从鸡翅静脉采血,采集血清做鸡新城疫血凝抑制试验和传染性法氏囊琼脂扩散试验。血凝抑制价平均达到 1:2 084,琼扩效价达到 1:16 以上,即为合格。如不合格,可继续重复步骤(4)。

（6）效价合格,收获鸡蛋。

（7）将鸡蛋水洗后,浸入 0.50% 石炭酸水中消毒半小时,捞出后,置无菌室紫外线照射 20 min。无菌操作去蛋皮,收取卵黄,按 1:1 加入灭菌的含 1% 石炭酸生理盐水,搅拌,以两层纱布过滤,滤液即为鸡新城疫和传染性法氏囊炎二联高免卵黄抗体。

（8）4~8 ℃保存备用。

三、实验结果

（1）物理性状。呈均一的橙黄色带胶状的液体,放置一定时间,下沉多量的黄白色絮状沉淀,摇匀后,仍呈均一黄色或淡白色液体。

（2）效价。新城疫血凝抑制价应大于 1 024 ×,传染性法氏囊炎琼扩效价应大于 8 ×。

（3）安全检查。取 3~5 mL 卵黄液一次皮下注射小白鼠或雏鸡,无任何影响。

（4）杂菌检查。应无菌生长。

（5）效力检查。对典型的新城疫病鸡和传染性法氏囊炎病鸡,肌内或皮下注射 1 mL,3 天内应有 80% 以上明显好转或痊愈。

任务二　免疫诊断与免疫防治

一、免疫诊断与检测

免疫诊断是应用免疫学的理论、技术和方法诊断各种疾病和测定免疫状态。在医学上,它是确定疾病的病因和病变部位,或是确定机体免疫状态是否正常的重要方法。此外,还应用于法医学的血迹鉴定、生物化学的血清成分鉴定和物种进化关系的研究等。可在体内和体外进行。

从免疫学的角度免疫诊断可应用于以下几类:①检查免疫器官和功能发生改变的疾病,如免疫缺陷病、自身免疫病;②由免疫机制引起的疾病,如输血反应、移植排斥反应;③一些内分泌性的疾病,从临床学的角度来说,免疫诊断可应用于检查传染性疾病、免疫性疾病、肿瘤和其他临床各科疾病。就所检测的反应物免疫诊断大致可以分为以下两类,一类是免疫血清学诊断:检测病人血清或组织内有无特异性抗体或特异性抗原;另一类是免疫细胞学诊断:测定病人细胞免疫力的有无和强弱。

免疫诊断须体现 3 项要求:①特异性强,尽量不出现交叉反应,不出现假阳性,以保证诊断的准确性;②灵敏度高,能测出微量反应物质和轻微的异常变化,有利于早期诊断和排除可疑病例;③简便、快速、安全。

(一)血清学技术诊断与检测

1.疾病诊断

取患病动物的组织或血清作为检测材料,利用适当的血清学试验,能够定性或定量地检测微生物或寄生虫抗原,确定它们的血清型及亚型,或检测相应的抗体,从而对疾病进行确诊。免疫学诊断可以对动物疾病进行流行病学分析。常用的有凝集试验、沉淀试验、中和试验、免疫标记技术。

2.妊娠诊断

利用间接凝集试验或间接凝集抑制试验,检测妊娠动物尿液标本中是否有相应激素存在,进行早期妊娠诊断。

3.生物活性物质的超微定量

血清学技术特别是酶免疫标记技术和放射免疫标记技术,可检测出 $ng(10^{-9})$ 和 pg (10^{-12}) 水平的物质,实现对生物活性物质的超微量测定。

4.物种鉴定

通过不同物种之间抗原性差异的程度,作为物种鉴定和生物分类的依据,也可进行人和动物血型的分类与鉴定。

血清学还可应用于免疫增强药物和疫苗研究,免疫学诊断方法与其他先进技术相结合,可产生许多新的免疫鉴定技术。

(二)变态反应诊断

利用变态反应原理,能确定动物机体是否已被感染相应的微生物或寄生虫,且能分析动物的整体免疫功能。目前,用结核菌素进行皮内注射、点眼诊断是动物结核病的规范化检疫方法。

(三)细胞免疫测定技术

常用的细胞免疫测定技术有 E-玫瑰花环试验、T 淋巴细胞转化试验、细胞毒性 T 细胞试验。

二、免疫防治

机体对病原微生物的免疫力分为先天性免疫和后天获得性免疫两种,获得性免疫力的建立有主动免疫和被动免疫两种途径,主动免疫是机体受抗原刺激后,本身主动产生的免疫;而被动免疫是动物通过接受其他个体产生的抗体而形成的免疫。不论主动免疫或被动免疫,都可通过天然和人工两种方式获得,二者特点见表 5.2。

表 5.2　人工自动免疫和人工被动免疫特点

项目	人工自动免疫	人工被动免疫
接种物质	抗原	抗体
接种次数	1～3 次	1 次
生效时间	2～3 周	立即
维持时间	数月～数年	2～3 周

　　免疫治疗是指利用免疫学原理,针对疾病的发生机制,人为地调整机体的免疫功能,达到治疗目的所采取的措施。传统的免疫治疗分类方法按免疫增强或抑制疗法,主动或被动免疫治疗,特异或非特异免疫治疗分类,各类之间又有交叉(表 5.3)。随着近年来生物技术的发展,已能制备多种重组细胞因子或免疫细胞,并用于临床治疗,这些进展更新了免疫治疗的概念。

表 5.3　免疫治疗的分类

名称	用途或特点
免疫增强疗法	感染、肿瘤、免疫缺陷病的治疗
免疫抑制疗法	移植排斥、自身免疫病、超敏反应病、炎症的治疗
主动免疫治疗	人为提供具免疫原性的制剂,使机体主动产生特异免疫力
被动免疫治疗	人为提供免疫应答的效应物质,直接发挥免疫效应
特异性免疫治疗	调整机体免疫功能所用制剂的作用具有抗原特异性
非特异性免疫治疗	调整机体免疫功能所用制剂的作用没有抗原特异性

(一)分子治疗

　　分子治疗是指给机体输入分子制剂,以调节机体的特异性免疫应答,如使用抗体、细胞因子以及微生物制剂等。

1. 分子疫苗

合成肽疫苗、重组载体疫苗和 DNA 疫苗可作为肿瘤和感染性疾病的治疗性疫苗。

2. 抗体

(1)多克隆抗体。用传统方法免疫动物制备的血清制剂。

(2)单克隆抗体与基因工程抗体。单克隆抗体在临床的应用,已从体外实验诊断发展到体内影像诊断和治疗。基因工程抗体去除鼠源性抗体中 Fc 段和可变区中架骨区,保留抗体结合抗原的特异性,降低其进入人体的免疫原性。

3. 细胞因子

(1)外源性细胞因子治疗。重组细胞因子已用于肿瘤、感染、造血障碍等疾病的治疗。

(2)细胞因子拮抗疗法。原理是通过抑制细胞因子的产生、阻止细胞因子与相应受体结合或阻断结合后的信号转导,阻止细胞因子发挥生物学效应。

4. 微生物抗原疫苗

人类的许多肿瘤与微生物感染有关,使用这些微生物疫苗或抗病毒制剂可预防和治疗相应的肿瘤。

(二)细胞治疗

细胞治疗是指给机体输入细胞制剂,以激活或增强机体的特异性免疫应答,例如使用细胞疫苗、干细胞移植、过继免疫治疗等。

1. 细胞疫苗

(1)肿瘤细胞疫苗。其包括灭活瘤苗、异构瘤苗等。

(2)基因修饰的瘤苗。将肿瘤细胞用基因修饰方法改变其遗传性状,降低致瘤性,增强免疫原性。

(3)树突状细胞疫苗。树突状细胞是人体内最有效的抗原递呈细胞,近年来已成为肿瘤生物治疗中备受关注的热点。使用肿瘤提取物抗原或肿瘤抗原多肽等体外刺激树突状细胞,或用携带肿瘤相关抗原基因的病毒载体转染树突状细胞,再回输给患者,可有效激活特异性抗肿瘤免疫应答。

2. 过继免疫治疗

取自体淋巴细胞经体外激活、增殖后回输患者,直接杀伤肿瘤或激发机体抗肿瘤免疫效应,此为过继免疫治疗。

3. 造血干细胞移植

干细胞是具有多种分化潜能,自我更新能力很强的细胞,在适当条件下可被诱导分化为多种细胞组织,即骨髓、外周血、脐血。

(三)生物应答调节剂与免疫抑制剂

1. 生物应答调节剂

生物应答调节剂(BRM)是指具有促进或调节免疫功能的制剂,通常对免疫功能正常者无影响,而对免疫功能异常,特别是免疫功能低下者有促进或调节作用。

(1)微生物制剂。包括卡介苗、短小棒状杆菌、丙酸杆菌、链球菌低毒菌株、金葡菌肠毒素超抗原、伤寒杆菌脂多糖等,具有佐剂作用或免疫促进作用。

(2)胸腺素。从小牛或猪胸腺提取的可溶性多肽混合物,包括胸腺素、胸腺生成素等,对胸腺内 T 细胞的发育有辅助作用。因其无种属特异性和明显的副作用而常用于治疗细胞免疫功能低下的病人,如病毒感染、肿瘤等。

2. 免疫抑制剂

免疫抑制剂能抑制机体的免疫功能,常用于防止移植排斥反应的发生和自身免疫病的治疗。

(1)化学合成药物,如糖皮质激素、环磷酰胺、硫唑嘌呤等。

(2)微生物制剂。

①环孢素 A(CsA)。商品名新山地明,是真菌代谢产物的提取物,目前已能化学合成。主要通过阻断 T 细胞内 IL-2 基因的转录,抑制 IL-2 依赖的 T 细胞活化,是防治移植排斥反

应的首选药物。

②FK-506。属大环内酯抗生素,为真菌产物。其作用机制与 CsA 相近,但作用比 CsA 强 10～100 倍,而且对肾脏的毒性较小,用于抗移植排斥反应有良效。

③麦考酚酸酯(MMF)。一种强效、新型免疫抑制剂,商品名骁悉。它是麦考酚酸(MPA)的 2-乙基酯类衍生物,体内脱脂后形成的 MPA 能抑制鸟苷的合成,选择性阻断 T 淋巴细胞和 B 淋巴细胞的增殖,用于移植排斥反应和自身免疫性疾病。

④雷帕霉素。属抗生素类免疫抑制剂,可能通过阻断 IL-2 诱导的 T 细胞增殖而选择性抑制 T 细胞,用于抗移植排斥反应。

任务三　微生物的其他应用

一、认知饲料中的微生物

饲料中存在着各种微生物。饲料为微生物提供了生长繁殖所需的物质和环境。同时,微生物的各种活动也极大地影响着饲料的营养价值。其中,有的对饲料的生产加工、保存和动物健康有益;有的却能破坏饲料的营养成分,危害动物健康。

微生物饲料是原料经微生物及其代谢产物转化而成的新型饲料,没有使用药剂,其生产环境很少受到污染,是动物的"绿色食品"。用于生产微生物饲料的主要有细菌、酵母菌、霉菌、放线菌、单细胞藻类等。

微生物在饲料生产中的作用主要有 3 个方面:一是将各种原料转化为菌体蛋白而制成单细胞蛋白饲料,如酵母饲料和藻体饲料;二是改变原料的理化性状,提高其营养价值和适口性,如青贮饲料和发酵饲料;三是分解原料中的有害成分,如饼粕类发酵脱毒饲料。

(一)单细胞蛋白饲料

单细胞蛋白是单细胞或具有简单构造的多细胞生物的菌体蛋白的统称。单细胞蛋白不仅可用于饲料生产,而且对开发人类新型食品有重要意义。

酵母菌、白地霉、藻类及部分细菌、放线菌充分繁殖可形成大量的单细胞蛋白。由单细胞或简单多细胞生物组成、蛋白质含量较高的饲料,称为单细胞蛋白饲料。单细胞蛋白饲料不仅营养价值高,而且随着生物工程技术的不断发展,在利用酒精、啤酒副产品废水等生产单细胞蛋白饲料的技术方面有了很大进展,单细胞蛋白饲料在我国已有批量生产,显示出了很好的生产和应用前景。单细胞蛋白饲料包括酵母饲料、白地霉饲料、石油蛋白饲料和藻体饲料等。

1.酵母饲料

将酵母菌繁殖在工农业的副产品中制成的饲料称为酵母饲料。酵母饲料营养齐全,风干制品中粗蛋白质含量为50%～60%,其有效能值近似玉米,与鱼粉和优质豆饼相当,B族维生素及脂肪含量也比较丰富,在矿物元素中的锌、铁等的含量也较高,常作为畜禽蛋白质及维生素的添加饲料。

常用的酵母菌有产朊假丝酵母、热带假丝酵母、啤酒酵母等。它们对营养要求不高,除利用己糖外,也可利用植物组织中的戊糖作为碳源,并且能利用各种廉价的铵盐作氮源。因此,生产酵母饲料的原料广泛,如亚硫酸盐纸浆废液、废糖蜜、粉浆水等。如用农作物秸秆、玉米芯、糠壳、棉籽壳、锯末、畜禽粪便时,须预先水解为糖。上述各种原料中以利用亚硫酸盐纸浆废液最为经济。

制造酵母饲料的原理与酒精发酵不同。制造方法是在原料中加入适量的无机含氮物,液体原料需要通入足够的空气,使酵母菌pH值在4.5～5.8及适宜的温度下迅速繁殖,即得到酵母饲料。如将其中的酵母菌分离出来,经干燥、磨碎,就能得到纯酵母粉。

2.白地霉饲料

白地霉饲料是将白地霉培养在工农业副产品中形成的单细胞蛋白饲料。白地霉又称乳卵孢霉,属于霉菌。菌丝为分支状,宽3～7 μm,有隔菌丝。节孢子呈筒状、方形或椭圆形。白地霉为需氧菌,适合在28～30 ℃及pH值为5.5～6.0的条件下生长。在麦芽汁中生长可形成菌膜,在麦芽汁琼脂上生长能形成菌落。菌膜和菌落都为白色绒毛状或粉状。白地霉能利用蛋白胨、氨基酸、尿素、硫酸铵等作为氮源,利用多种糖作为碳源。白地霉饲料的营养价值与酵母饲料相当,生产时多采用液体培养法,原料和生产工艺与酵母饲料基本相同。

3.石油蛋白饲料

以石油或天然气为碳源生产的单细胞蛋白饲料称为石油蛋白饲料,又称烃蛋白饲料。能利用石油和天然气的微生物种类很多,包括酵母菌、细菌、放线菌和霉菌,生产上酵母菌和细菌较常用。以石油或石蜡为原料时主要接种解脂假丝酵母、热带假丝酵母等酵母菌;以天然气为原料时接种嗜甲基微生物。

以石油为原料时,所接种的酵母菌能利用其中的石蜡组分(十一碳以上的烷烃),在加入无机氮及无机盐,pH值为5和温度30 ℃左右的条件下通气培养,就能得到石油蛋白。将其从油中分离出来并干燥,就得到了石油蛋白饲料。

以石蜡为原料时,生产条件基本相同,但原料几乎全部能被酵母菌所分解。形成的石油蛋白也不混杂油类,只需要经过水洗、干燥,就能得到高纯度石油蛋白。

用天然气生产的石油蛋白为第二代石油蛋白。嗜甲基微生物能利用的碳源范围很广,包括甲烷、甲醇及其氧化物,如甲醛、甲酸;还包括含两个以上甲基但不含C—C键的物质,如三甲基胺等。在适宜条件下,嗜甲基微生物经过通气培养,就能将这些物质和含氮物转化成菌体蛋白。

4.藻类

藻类泛指生活在水域或湿地的一类光能自养型低等生物,单细胞或多细胞,无根茎叶,胞体多带有色素。

藻类细胞中蛋白质占干重的50%～70%,脂肪含量达干重的10%～20%,营养比其他任何未浓缩的植物蛋白都高。生产藻体饲料的藻类主要是体积较大的螺旋藻,如极大螺旋藻和钝顶螺旋藻。生产螺旋藻饲料与普通微生物培养不同,一般在阳光及二氧化碳充足的露天水池中进行,温度 30 ℃左右,pH 值为 8 ~ 10,通入二氧化碳则产量更高。得到的螺旋藻经过简单过滤、洗涤、干燥和粉碎,即可成为藻体饲料。水池养殖藻类既充分利用了淡水资源,又能美化环境。

(二)微生物与发酵饲料

粗饲料经过微生物发酵而制成的饲料称为发酵饲料。粗饲料富含纤维素、半纤维素、果胶物质、木质素等粗纤维和蛋白质,但难以被动物直接消化吸收,必须经过微生物发酵分解,才能提高利用率。发酵饲料包括米曲霉发酵饲料、纤维素酶解饲料、瘤胃液发酵饲料、担子菌发酵饲料等。

1. 米曲霉发酵饲料

米曲霉属于曲霉,生长快,菌落为绒毛状,初期为白色,以后变为绿色。菌丝细长;孢子梗为瓶状,长 6 μm,呈单层排列;分生孢子近球形,直径 3 μm,表面有突起。米曲霉繁殖时需要温度 30 ~ 32 ℃,pH 值为 6 ~ 6.5 的最适条件,但在 25 ~ 40 ℃及 pH 值为 5 ~ 7 时均能生长。

米曲霉能进行需氧呼吸,能利用无机氮和蔗糖、淀粉、玉米粉等碳源,具有极高的淀粉酶活性,能将较难消化的动物蛋白,如鲜血、血粉、羽毛等降解为可消化的氨基酸,形成自身蛋白。米曲霉在畜禽新鲜血液与米糠、麦麸的混合物中繁殖后,形成的发酵饲料含粗蛋白达干重的 30% 以上。

2. 纤维素酶解饲料

纤维素酶解饲料是富含纤维素的原料在微生物纤维素酶的催化下制成的饲料。细菌、霉菌和担子菌是生产纤维素酶解饲料的主要微生物。秸秆粉或富含纤维素的工业废渣,如蔗渣等,都可作为生产的原料。

3. 瘤胃液发酵饲料

瘤胃液发酵饲料是粗饲料经瘤胃液发酵而成的一种猪饲料。牛、羊瘤胃液中含有细菌和纤毛虫,它们能分泌纤维素酶,将纤维素降解。向秸秆粉中加入适量水、无机盐和氮素(硫酸铵),再接种瘤胃液,在密闭缸内保温发酵后,就可得到瘤胃液发酵饲料。

4. 担子菌发酵饲料

将担子菌接种于由粗饲料粉、水、铵盐组成的混合物中,担子菌就能使其中的木质素分解,形成粗蛋白含量较高的担子菌发酵饲料。

(三)微生物与青贮饲料

青贮饲料是指青玉米秆、牧草等青绿饲料在青贮塔或窖等密封条件下,经过微生物发酵作用而调制成的饲料。其颜色黄绿,气味酸香,柔软多汁,适口性好,是一种易加工、耐贮藏、营养价值高的饲料。

1. 青贮饲料中的微生物及其作用

天然植物体上附着多种微生物(表 5.4),它们在青贮原料中相互制约,巧妙配合,才能制成青贮饲料。

表 5.4　植物体上附着的微生物数量($\times 10^3$ 个/g)

原料种类	数量			
	腐败细菌（百万）	乳酸菌（千）	酵母菌（千）	酪酸菌（千）
玉米	42	17	5	1
草地青草	12	8	5	1
三叶草	8	10	10	1
甜菜茎叶	30	10	500	1

(1)乳酸菌。青贮中最重要的细菌,包括乳酸链球菌、胚芽乳酸杆菌、棒状乳酸杆菌等。它们能分解青贮原料而产生乳酸,使饲料中的 pH 值急剧下降,从而抑制腐败菌或其他有害菌的繁殖,起到防腐保鲜作用。乳酸菌不含蛋白水解酶,但能利用饲料中的氨基酸。乳酸菌都是革兰氏阳性菌,无芽孢,大多数无运动性,厌氧或微需氧。乳酸链球菌是兼性厌氧菌,要求 pH 值为 4.2 ~ 8.6;乳酸杆菌为专性厌氧菌,要求 pH 值为 3.0 ~ 8.6,产酸能力较强。利用乳酸菌进行乳酸发酵,每个细胞产生的乳酸为其体重的 1 000 ~ 10 000 倍,所以在调制青贮饲料时,原料本身自然附着的乳酸菌作为发酵菌种就足够了,当然如果当时自然界存在的杂菌比较复杂而多,则为了使乳酸菌迅速成为优势菌群,则必须添加发酵剂。

(2)酵母菌。在青贮初期的有氧及无氧环境中,酵母菌能迅速繁殖,分解糖类产生乙醇,使青贮饲料产生良好的香味。随着氧气的耗尽和乳酸的积累,酵母菌的活动很快停止。

(3)丁酸菌。其是一类革兰氏阳性、严格厌氧的梭状芽孢杆菌。它们分解糖类而产生丁酸和气体;将蛋白质分解成胺类及有臭味的物质;还破坏叶绿素,使青贮饲料带有黄斑,含量越多,青贮饲料的品质越差,并严重影响其营养价值和适口性。丁酸菌不耐酸,在 pH 值为 4.7 以下时则不能活动。

(4)肠道杆菌。其是一类革兰氏阴性无芽孢的兼性厌氧菌,以大肠杆菌和产气杆菌为主。分解糖类虽然能产生乳酸,但也产生大量气体,还能使蛋白质腐败分解,从而降低青贮饲料的营养价值。

(5)腐败菌。凡能强烈分解蛋白质的细菌统称为腐败菌,包括枯草杆菌、马铃薯杆菌、腐败梭菌、变形杆菌等。大多数能强烈地分解蛋白质和碳水化合物,并产生臭味和苦味,严重降低青贮饲料的营养价值和适口性。

另外,青贮原料密封不严时,霉菌、放线菌、纤维素分解菌等可以生长而使饲料发霉变质,甚至产生毒素。

2.青贮各时期微生物的活动

(1)预备发酵期。从原料装填密封后到酸性、厌氧环境形成为止。最初,需氧和兼性厌氧的微生物迅速繁殖,产生了多种有机酸。同时,微生物和植物细胞的呼吸作用使原料中的氧气逐渐耗尽。在酸性、厌氧的环境中,乳酸菌能大量繁殖,并抑制多种腐败菌、酵母菌、肠道细菌和霉菌的生长。

(2)发酵竞争期。在厌氧条件下,很多厌氧微生物或兼性厌氧菌都可在青贮饲料中进行发酵,其中乳酸菌发酵能否占主要地位,是青贮成败的关键。因此,必须尽快创造乳酸菌发酵所需的厌氧、低 pH 值的环境,以控制有害微生物的繁殖条件。

(3)酸化成熟期。先是乳酸链球菌占优势,随着酸度的增加,乳酸杆菌迅速繁殖。乳酸的积累使饲料酸化成熟,其他微生物进一步受到抑制而死亡。

(4)保存使用期。青贮饲料的 pH 值降到 4.0 ~ 4.2 以下时,乳酸杆菌逐渐停止活动而死亡,青贮饲料也已制作完成。开窖使用后,由于空气进入,好氧微生物(如霉菌)利用青贮饲料的营养成分进行发酵和产热,而引起青贮饲料品质败坏的现象称为二次发酵。故开窖后的青贮饲料应连续、尽快用完,每次取用后用薄膜盖紧。

3.影响乳酸发酵的因素

(1)原料含糖量。玉米、高粱、甘薯等比豆科作物含糖量高,易于青贮。一般来说,原料含糖量应不低于青贮原料重量的 1% ~ 2%。如原料含糖量低,可添加糖渣、酒糟等。

(2)原料含水量。原料的适宜含水量是 65% ~ 75%。水分不足,则原料不易压实而嗜氧菌大量繁殖,容易使青贮饲料腐烂;水分过多,则过早形成厌氧环境,引起丁酸菌活动过强,降低饲料品质。

(3)厌氧环境。将原料铡碎、压实、密封是青贮成功的关键。初期进入空气会降低乳酸含量和总酸度。

(4)添加剂。添加纤维素酶、淀粉酶等微生物酶制剂,可促进乳酸发酵。添加 0.2% ~ 0.3% 甲酸、甲酸钙、焦硫酸钠或 0.6% ~ 1.2% 甲醛等,可防止二次发酵。添加 0.5% 的尿素,能提高青贮料的产酸量和蛋白质含量。

二、认知畜产品中的微生物

(一)乳及乳制品中的微生物

乳中含有蛋白质、乳糖、脂肪、无机盐、维生素等多种营养物质,是微生物的天然培养基。有益微生物可以将鲜乳转化成丰富多彩的乳制品;但有的微生物可以引起鲜乳或乳制品变质,甚至使食用者感染发病。

1.鲜乳中的微生物

(1)鲜乳中生物的来源。鲜乳中的微生物来自乳房内部或外界环境。健康动物的乳头处常常含有微生物,随着挤奶而进入鲜乳。此外,乳畜体表、空气、水源、蝇类、挤奶用具及牧场人员所带的微生物,都会直接或间接地进入鲜乳,甚至使鲜乳含有病原微生物。

(2)鲜乳中微生物的类群及作用。鲜乳中最常见的微生物是细菌、酵母菌及霉菌,有时也有支原体和病毒。

①发酵产酸的细菌。主要包括乳酸链球菌和乳酸杆菌等乳酸菌,它们能在鲜乳中迅速繁殖,分解乳糖产生大量乳酸。乳酸既能使乳中的蛋白质均匀凝固,又可抑制腐败菌的生长,有的乳酸菌还能产生气体和芳香物质。因此,乳酸菌被广泛用于乳品加工。

②胨化细菌。胨化细菌有枯草杆菌、液化链球菌、蜡样芽孢杆菌、假单胞菌等。它们能产生蛋白酶,使已经凝固的蛋白质溶解液化,并产生不良气味。

③产酸产气的细菌。此类细菌使乳糖转化为乳酸、醋酸、丙酸、二氧化碳和氢等。大肠杆菌和产气杆菌的产酸产气作用最强,能分解蛋白质而产生异味;厌氧性丁酸梭菌能产生大

量气体和丁酸,使凝固的牛乳裂成碎块形成暴烈发酵现象,并出现恶臭;丙酸菌也能使乳品产酸产气,使干酪形成孔眼和芳香气味,对干酪的品质形成有利。

④嗜热菌与嗜冷菌。嗜热菌能在 30~70 ℃温度中生长发育。乳中的嗜热菌包括多种需氧和兼性厌氧菌,它们能耐过巴氏消毒,甚至 80~90 ℃ 10 min 也不死亡。乳中还有嗜冷菌,以革兰氏阴性杆菌为主,它们适合在低于 20 ℃的温度下生长。嗜热菌和嗜冷菌常生长在鲜乳消毒和加工设备中,能增加乳中的细菌数量并产生不良气味,降低鲜乳的品质。

⑤其他微生物。酵母菌、霉菌、放线菌和一些细菌可以使鲜乳变稠或凝固,有的细菌和酵母菌还能使鲜乳变色,降低了乳的品质。

⑥致病微生物。乳畜患传染病时,乳中常有病原微生物,如牛结核分枝杆菌、布氏杆菌、大肠杆菌、葡萄球菌、口蹄疫病毒等。乳畜患乳腺炎时,乳中还会有无乳球菌等病原菌。患有沙门氏菌病和结核病的工作人员也会将病原菌带到鲜乳中去。饲料中的李氏杆菌、霉菌及其毒素也可能污染鲜乳。

(3)鲜乳储藏过程中的微生物学变化。从乳畜挤出的正常乳汁在常温下会经过一系列微生物学变化,包括以下 4 个时期。

①抗菌期。鲜乳中含有溶酶体、抗体、补体等具有杀菌作用的物质,这些物质可使乳中的微生物总数减少,称此时期为细菌减数期。此期长短与乳汁温度、最初含菌量及乳中抗菌物质的多少有关。在 10 ℃以下时,此期约持续 24 h。

②发酵产酸期。随着抗菌作用的减弱,各种微生物开始生长。首先是腐败菌占优势,接着大肠杆菌和产气类杆菌继续发酵产酸,但很快乳酸菌就占优势,乳酸菌繁殖而大量产酸,最后乳酸菌也被抑制。此期大约为数小时到几天。

③中和期。酸性环境中,多数微生物都被抑制,但霉菌和酵母菌大量增殖。它们利用乳酸及其他酸类,同时分解蛋白质产生碱性物质,中和乳的酸性。此期约数天到几周。

④胨化期。当乳由酸性被中和至微碱性时,乳中的胨化细菌开始发育,分解酪蛋白;霉菌和酵母菌继续活动,将乳中固形营养物质分解无余,最后使乳变成澄清而有毒性的液体。

(4)乳的卫生标准。为了保证乳的卫生质量,鲜乳挤出后应该立即冷藏和消毒,并进行微生物检验。

按照国家标准,鲜乳及消毒乳中均不得检出致病菌;每毫升鲜乳(供消毒乳用)中菌落总数不得超过 500 000 个;每毫升巴氏消毒乳中菌落总数不得超过 30 000 个;每 100 mL 消毒乳的大肠菌群最近似数不得超过 90 个。

2. 微生物与乳制品

乳制品种类繁多,风味各异,但其加工大都离不开微生物。乳制品的变质也往往是微生物活动的结果。

(1)微生物在乳品中的作用。

①酸乳酪。酸乳酪又称酸性奶油,是稀奶油经乳酸发酵而制成的。在制备酸乳酪中,乳酸链球菌和乳酪链球菌有产酸作用,而柠檬酸链球菌和副柠檬酸链球菌能产生芳香物质。

②酸奶制品。嗜热链球菌、保加利亚乳酸杆菌与乳酸链球菌在适当温度下,经协同发酵作用可使原料产酸而形成酸奶。乳酸菌与酵母菌协同发酵后,还会形成含酒精的酸奶酒、马奶酒等酸乳制品。

③干酪。在乳酸菌的作用下,使原料乳经过发酵、凝乳、乳清分离而制得的固体乳制品称干酪。干酪中的乳酸链球菌、嗜热链球菌等有产酸作用,而丁二酮乳酸链球菌和乳酪串珠菌兼有产香和产气作用,使干酪带上孔眼和香味。在细菌等其他微生物参与的"成熟"过程中,干酪内残留的乳糖及蛋白质充分降解,并形成特殊的风味和香味。

(2)乳制品的变质。

①奶油变质。霉菌可引起奶油发霉;鱼杆菌和乳卵孢霉分解奶油中的卵磷脂而产生带鱼腥味的三甲胺;一些酵母、霉菌、假单胞菌、灵杆菌等能产生脂肪酶,使奶油中的脂肪分解为酪酸、己酸,使之散发酸臭味。

②干酪变质。大肠菌群和产气杆菌分解残留的乳糖,可引起干酪成熟初期的膨胀现象,而酵母菌和厌氧性丁酸梭菌可导致成熟后期发生膨胀,使干酪组织变软呈海绵状,并带上丁酸味和油腻味。干酪的酸度和盐分不足时,乳酸菌、胨化细菌及厌氧的丁酸梭菌等使干酪表面湿润、液化,并产生腐败气味。酵母菌、细菌和霉菌还可使干酪表面变色、发霉或带上苦味。

③甜炼乳变质。液态的甜炼乳含蔗糖的40%～50%,为高渗环境,一般微生物在其中难以生长,但耐高渗的酵母菌及丁酸菌繁殖后产气,造成胀罐;耐高渗的芽孢杆菌、球菌及乳酸菌可产生有机酸和凝乳酶,使炼乳变稠,不易倒出;霉菌生长后还会在炼乳表面形成褐色和淡棕色"纽扣"状菌落。

④其他乳制品的变质。淡炼乳灭菌不彻底时,耐热的芽孢杆菌会引起结块、胀罐及变味;球菌、芽孢杆菌、大肠菌群、霉菌等微生物常污染冰激凌;嗜热性链球菌等可能污染奶粉。

(二)肉及肉制品中的微生物

1.鲜肉中的微生物

(1)鲜肉中微生物的来源。内源性来源主要指动物屠宰后,体内或体表的微生物进入肌肉。外源性来源是动物在屠宰、加工、运输等过程中,微生物从水、用具、人员等外界环境中进入肌肉,这是主要污染来源。

(2)鲜肉的成熟与腐败。动物屠宰后一段时间内,肌肉在酶的作用下发生复杂的生物化学变化和物理化学变化,称为肉的"成熟"。在成熟过程中,肌肉中的糖原分解,乳酸增高,ATP转化为磷酸,使肌肉由弱碱性变为酸性,抑制了肉中的腐败菌和病原微生物的生长繁殖;蛋白质初步降解,肌肉、筋腱等变松软,并形成明显的气味和味道,这些变化有利于改善肉的风味和可消化性。成熟肉表面形成一层干燥膜,有羊皮纸样的感觉,可防止微生物的侵入。

成熟之后,在环境适宜时,肉中污染的细菌、酵母菌、霉菌等开始繁殖,引起蛋白质、脂肪、糖类等分解,使肉腐败变质。

(3)鲜肉中的病原微生物及其危害。

①鲜肉中的病原微生物。鲜肉中污染的微生物主要有细菌和霉菌,有时还出现酵母菌和致病菌。芽孢杆菌、假单胞菌及某些酵母菌能使鲜肉发黏和变色;变形杆菌、枯草杆菌及霉菌能使肌肉发霉和腐败。病原微生物可经内源性和外源性途径进入肉内。

鲜肉中可能的病原微生物有炭疽杆菌、结核分枝杆菌、布氏杆菌、沙门氏菌、鼻疽杆菌、钩端螺旋体、口蹄疫病毒等人畜共患传染病的病原,还有各种动物传染病的病原。

②肉中病原微生物的危害。一是导致传染病的流行。带有活的病原微生物的肉类被人畜食用,或在运输、加工过程中感染了健康人畜,都会引起传染病的发生和流行。二是导致细菌性食物中毒。因食用被病原菌及其毒素污染的食品而引起的人和动物的中毒称细菌性食物中毒。肉制品被沙门氏菌、致病性大肠杆菌、变形杆菌、副溶血弧菌、葡萄球菌或肉毒梭菌的毒素污染时,能引起细菌性食物中毒。

另外,少数真菌也能通过肉品引起食物中毒。

加强动物宰前检疫,保证屠宰场所及肉品市场的卫生,对肉品进行冷藏,搞好宰后检疫和肉品卫生检验等,都是保证肉品卫生质量的有效措施。

2. 肉制品中的微生物

(1)冷藏肉和冰冻肉中的微生物。肉类的低温冷藏和冰冻,在肉品工业中占有重要地位。低温虽能抑制微生物的生长繁殖,但能耐低温的微生物还是相当多的。如沙门氏菌,在 $-165\ ℃$ 可存活 3 天,结核分枝杆菌在 $-10\ ℃$ 可存活 2 天,口蹄疫病毒在冻肉骨髓中可存活 144 天,炭疽杆菌在低温条件下也可存活。因此不能以冷冻作为带病肉尸无害化处理的手段。肉类在冰冻前必须经过预冻,一般先将肉类预冷至 $4\ ℃$,然后采用 $-30\sim-23\ ℃$ 速冻,最后在 $-18\ ℃$ 冰冻保藏。

(2)熟肉中的微生物。熟肉制品中包括酱卤肉、烧烤肉、肉松、肉干等,经加热处理后,一般不含有细菌的繁殖体,但可能含少量细菌的芽孢。引起熟肉变质的微生物主要是真菌,如根霉、青霉及酵母菌等,它们的孢子广泛分布于加工厂的环境中,很容易污染熟肉表面并导致变质,因此,加工好的熟肉制品应在冷藏条件下运送、储存和销售。

(3)香肠和灌肠中的微生物。灌肠类肉制品系指以鲜(冻)畜肉腌制、切碎、加入辅料,灌入肠衣后经风(焙)干而成的生肠类肉制品,或煮熟而成的熟肠类肉制品。前者如腊(香)肠,后者如火腿肠等。

与生肠类变质有关的微生物有酵母菌、微杆菌及一些革兰氏阴性杆菌。熟肠类如果加热适当可杀死其中细菌的繁殖体,但芽孢可能存活,加热后及时进行冷藏,一般不会危害产品质量。

(4)腌腊肉制品中的微生物。腌制是肉类的一种加工方法,也是一种防腐的方法。这种方法在我国历史悠久,一直到现在还普遍使用,肉的腌制可分为干腌法和湿腌法。腌制的防腐作用,主要是依靠一定浓度的盐水形成高渗环境,使微生物处于生理干燥状态而不能繁殖。

(三)蛋及蛋制品中的微生物

1. 禽蛋中的微生物及其来源

正常情况下,鲜蛋内部是无菌的。蛋清内的溶菌酶、抗体等有杀菌作用,壳膜、蛋壳及壳外黏液层能阻止微生物侵入蛋内。但是,当家禽卵巢及子宫感染了微生物,或者蛋产出后在运输、储藏及加工中壳外黏液层破坏,微生物经蛋壳上的气孔侵入蛋内,使鲜蛋内部及蛋制品中会含有微生物。

鲜蛋内的微生物主要有细菌和真菌两大类,其中大部分是腐生菌,也有致病菌。如枯草杆菌、变形杆菌、假单胞菌、沙门氏菌、大肠杆菌、链球菌及霉菌等。

2. 微生物与禽蛋的败坏

（1）细菌性腐败。细菌侵入蛋壳内，使蛋黄膜破裂，蛋黄与蛋白液化、混合并黏附于蛋壳上，照蛋时呈灰黄色，称泻蛋黄，细菌进一步活动而产生氨、酰胺、硫化氢等毒性代谢物质，使外壳呈暗灰色，并散发臭气，照蛋时呈黑色，称黑腐蛋。黑腐蛋胀破后溢出灰绿色污秽液体。

（2）霉菌性腐败。霉菌孢子污染蛋壳表面后萌发为菌丝，并通过气孔或裂纹进入蛋壳内侧，形成霉斑。接着，菌丝大量繁殖，使深部的蛋白及蛋黄液化、混合，照蛋时可见褐色或黑色斑块，蛋壳外表面有丝状霉斑，内容物有明显霉变味，称霉变蛋。泻黄蛋、黑腐蛋及霉变蛋不能食用或加工。

3. 禽蛋的卫生保鲜

基本原则是防止微生物侵入蛋内；使蛋壳及蛋内已存在的微生物停止发育；减弱蛋内酶的活动。如将禽蛋放在干燥环境中，采用低温或冷冻保藏，对蛋壳进行化学处理或对鲜蛋进行加工等。

4. 蛋制品中的微生物

蛋制品包括两大类：一类是鲜蛋的腌制品，主要有皮蛋、咸蛋、糟蛋；另一类是去壳的液蛋和冰蛋，干蛋粉和干蛋白片。

（1）皮蛋。又称松花蛋，是用一定量的水、生石灰、纯碱、盐、草木灰配成液料，将新鲜完整的鸭蛋浸入液料中，每个蛋壳表面包一层以残料液拌调的黄泥，再滚上一层稻糠而制成，经 25～30 天后成熟。料液中的氢氧化钠具有强大的杀菌作用，盐也能抑菌防腐，故松花蛋能很好保存。

（2）咸蛋。咸蛋是将清洁、无破裂的鲜蛋浸于 20% 盐水中，或在壳上包一层含盐 50% 的泥浆或含盐 20% 的草木灰浆，经 30～40 天成熟。高浓度的盐溶液有强大的抑菌作用，所以咸蛋能在常温中保存而不腐败。

（3）糟蛋。糟蛋是先用糯米酿制成优质酒糟，加适量食盐，然后将鲜蛋洗净、晾干，轻轻击破钝端及一侧的蛋壳，但勿破壳膜，将蛋钝端向上插入糟内，使蛋的四周均有酒糟，依次排列，一层蛋一层糟，最上层以糟料盖严，最后密封，经 4～5 个月成熟。糟料中的醇和盐具有消毒和抑菌作用，所以糟蛋不但气味芳香，而且也能很好保存。

（4）液蛋和冰冻蛋。液蛋和冰冻蛋是将经过光照检查、水洗、消毒、晾干的鲜蛋，打出蛋内容物搅拌均匀，或分开蛋白、蛋黄各自混匀，必要时蛋黄中加一定量的盐或糖，然后进行巴氏消毒、装桶冷冻而成。液蛋极易受微生物的污染，污染的主要来源是蛋壳、腐败蛋和打蛋用具。故打蛋前要照蛋，剔除黏壳蛋、散黄蛋、霉坏蛋和已发育蛋。所有用具在用前用后要清洁、干燥、消毒。

（5）干蛋粉。干蛋粉分为全蛋粉、蛋黄粉和蛋白粉，是各类液蛋经充分搅拌、过滤，除去碎蛋壳、蛋黄膜、系带等，经巴氏消毒、喷雾、干燥而制成的含水量仅 4.5% 左右的粉状制品。干蛋粉的微生物来源及其控制措施除与液蛋相同外，必须严格按照干蛋粉制作的操作规程及对所用器具作清洁消毒。

（6）干蛋白片。干蛋白片是在蛋白液经搅拌、过滤、发酵除糖后不使蛋白凝固的条件下，蒸发其水分，烘干而成的透明亮晶片。干蛋白片的微生物污染及其控制措施与液蛋、冰蛋和干蛋粉基本相同。

三、认知微生态制剂

微生态制剂,也叫活菌制剂或生菌剂,是指运用微生态学原理,利用对宿主有益无害的益生菌或益生菌的促生长物质,经特殊工艺制成的制剂。含活菌和(或)死菌,包括其组分和产物的活菌制品,经口或经由其他黏膜途径投入,旨在改善黏膜表面处微生物或酶的平衡,或者刺激特异性或非特异性免疫机制。目前,微生态制剂已被应用于饲料、农业、医药保健和食品等各领域中。在饲料工业中广泛应用的有植物乳杆菌、枯草芽孢杆菌等,在食品中广泛应用的有乳酸菌、双歧杆菌、肠球菌和酵母菌等。近年来,家禽家畜养殖业中微生态制剂已经在逐步地取代传统的添加剂。未来,微生态制剂作为遵循生态环境自然循环法则的无公害制剂,将是添加剂行业的一种发展趋势。

(一)动物微生态制剂的分类

广义地说,微生态制剂包括动物微生态制剂和植物微生态制剂。动物微生态制剂既包括正常微生物成员,尤其是优势种群的活菌制剂;还包括一些能促进正常微生物群生长繁殖的物质所制备的制剂,能产生一定的生物效应或生长态效应,如益生元。

动物微生态制剂分类方法较多,但常用的分类有以下几种方式:

1. 根据微生态制剂使用的菌种类型分

主要分为单一菌类和复合微生态制剂两大类。其中单一菌类微生态制剂又包括以下4种类型。

(1)乳酸菌类微生态制剂。主要有嗜酸乳杆菌、双歧乳杆菌和粪链球菌等,是一种可分解糖类产生乳酸的革兰氏阳性菌,厌氧或兼性厌氧生长。乳酸菌在维持消化道的正常微生物群系的稳定性方面起着决定性的作用,缺点是大部分乳酸菌的耐热能力比较差,易导致产品质量不稳定,进而影响饲喂效果。据报道,乳酸菌不耐高温,经 80 ℃ 处理 5 min,将损失 70% ~80%;但耐酸,在 pH 值为 3.0 ~4.5 时仍可生长,对胃中的酸性环境有一定耐受性。在动物体内通过生物拮抗降低 pH 值,阻止和抑制致病菌的侵入和定植;降解氨、吲哚及粪臭素等有害物质,维持肠道中正常的生态平衡;活菌体和其代谢产物中含有较高的超氧化物歧化酶(SOD),能消除氧自由基的不利作用,增强体液免疫和细胞免疫。研究发现,乳酸菌在鱼体肠道定植,可抵抗革兰氏阴性致病菌,增强抗感染能力,增加肠黏膜的免疫调节活性,促进生长。乳酸菌可用于哺乳和断乳期动物的饲料中。

(2)芽孢杆菌类微生态制剂。主要有地衣芽孢杆菌、枯草芽孢杆菌、蜡样芽孢杆菌、东洋芽孢杆菌等,是一类好氧菌。在一定条件下产生芽孢,由于芽孢的特殊结构使芽孢杆菌对干燥、高温高压、氧化、强酸强碱、挤压等不良环境的抵抗力很强,产品稳定性高,并且具有很强的蛋白酶、脂肪酶、淀粉酶活性,在肠道发芽生长具有多种有效的酶促效应。

(3)酵母类微生态制剂。主要有啤酒酵母、产朊假丝酵母、酿酒酵母、红色酵母等,酵母细胞富含蛋白质、核酸、维生素和多种酶,具有增强动物免疫力,增加饲料适口性,促进动物对饲料的消化吸收能力等功能,可提高动物对磷的利用率,可以用来发酵生产饲用单细胞蛋白。

(4)光合细菌类微生态制剂。它是一类有光合作用能力的异养微生物,主要利用小分子有机物合成自身生长繁殖所需要的各种养分,富含蛋白质、B 族维生素、辅酶 Q、抗活性病毒因子等多种生物活性物质及类胡萝卜素、番茄红素等天然色素。光合细菌菌体蛋白中多种必需氨基酸的含量高于酵母菌。光合细菌在改善水体环境,促进水产动物生长,改善色泽等方面有良好的作用。

(5)复合微生态制剂。相比较前四种由单一菌种组成的微生态制剂,复合微生态制剂是由多种菌按照一定比例复合配制而成,适应多种条件和宿主,具有防病治病、促生长、提高饲料转化率等多种功能。

2. 按动物微生态制剂的用途分

主要分为以下 3 类。

(1)微生态治疗剂。主要由乳酸菌、双歧杆菌等种、属菌株组成,具有很强地调整消化道内环境和微生物区系平衡的作用,主要用于预防和治疗消化机能紊乱和消化道感染。

(2)微生态促生长剂。主要由真菌、酵母、芽孢杆菌等具有很强消化能力的种、属菌株组成,在消化道中能产生多种消化酶、丰富的 B 族维生素、维生素 K、未知生长因子和菌体蛋白等,可起到辅助消化、促进生长的作用。

(3)微生态多功能剂。由多种、属菌株配合而成,具有一定整肠保健、防治疾病作用,又有较好的辅助消化、促进生长等作用。

3. 根据微生态制剂的物质组成分

可分为益生素、益生元和合生元。

(1)益生素。改善宿主微生态平衡而发挥有益作用,达到提高宿主健康水平和健康状态的活菌制剂及其代谢产物。益生素在动物肠道内通过自身生长繁殖抑制有害细菌的生长,增强非特异性免疫功能,达到防治疾病、促进生长和提高饲料报酬的目的。

(2)益生元。又叫化学益生素,是一种不能被宿主消化吸收,也不能被肠道有害菌利用,只能被有益微生物选择性吸收利用或能促进有益菌的活性(或繁殖)的一类化学物质。它能选择性促进肠内有益菌群的活性或生长繁殖,起到增进宿主健康和促进生长的作用。

(3)合生元

合生元是益生菌和益生元的混合制剂,它既可发挥益生菌的生理活性,又能选择性地增加益生菌数量,使其作用更加显著和持久。目前,合生元产品多见于保健食品,常用于补充婴儿的益生菌源不足、肠道菌膜不健全、体质弱、食欲不振、大便干燥等症状中。

合生元虽是"益生元和益生菌的混合制剂",但并非是简单相加。对合生元中添加的益生元有严格要求:必须能通过促进肠道中的生理性细菌定植和增殖来抑制条件致病菌的增殖,这样的制剂才可以称为合生元。目前,常用的合生元制剂有乳酸菌 + 乳糖醇组合、双歧杆菌 + 低聚果糖或低聚半乳糖组合。

(二)微生态制剂在种植、畜牧、水产、环保、饲料上的应用

(1)在种植、畜牧、水产、环保、饲料上的主要作用。改良土壤,增强光合作用,改善水质,防治肠炎,除臭粪,促生长,抑菌,抗病,改善肉质等功效。

(2)主要产品。生物菌种,营养搭档伴侣,EM 原露,微生态制剂,曙光一号活菌制剂,生态发酵床懒汉养猪法菌种,发酵豆粕菌种,生物肽菌种,发酵棉粕菌种,发酵菜粕菌种,无抗发酵饲料菌种,粗纤维饲料发酵剂,秸秆饲料发酵剂,粗饲料发酵剂,糟渣饲料发酵剂,豆腐渣发酵剂,木薯渣发酵剂,生物饲料发酵剂,生物豆粕发酵剂,生物活性小肽发酵剂,棉粕菜粕杂粕脱毒剂,光合细菌菌种,光合细菌培养基,复合芽孢杆菌,枯草芽孢杆菌,地衣芽孢杆菌,纳豆菌,硝化细菌,反硝化细菌,利生素,噬菌酶,聚藻王,多种增氧剂,虾蟹鳗鳖鳜生物肥水素,(大水面混养鱼、滤食性鲢鳙鱼、珠蚌贝类混养)第四代生态鱼肥,精养池塘水产生物肥,复合氨基酸膏肥,生物有机肥菌种,酵素菌种,固氮解磷解钾菌,鸡粪发酵剂,猪粪发酵剂,牛粪发酵剂,动物粪便发酵剂,淤渣泥发酵剂,微生态活菌制剂,微生物活菌制剂,微生态饲料添加剂,微生态水质改良剂,活性益生菌。

畜禽上的微生态制剂有以下几种:

①乳酸菌类。嗜酸乳杆菌、嗜热乳杆菌、双歧杆菌、醋酸菌群。

②杆菌类。枯草芽孢杆菌、纳豆芽孢杆菌、地衣芽孢杆菌、蜡状芽孢杆菌、放线菌群。

③酵母菌。饲料酵母产品。

④光合细菌。水产养殖中运用的光合细菌主要是光能异养型红螺菌科的,如沼泽红假单胞菌。

⑤产酶益生素。筛选的益生素可以产酶,促进消化。

⑥复合菌类。发酵中药、专业发酵处理污水、垃圾、秸秆、生物肥料、生物饲料。

⑦中药微生态饲料添加剂。活菌发酵中药微生态、死菌中药微生态。

【思考与练习】

1. 鲜乳中微生物的来源有哪些?

2. 能使鲜乳发酵产乳酸菌的细菌有哪些?

3. 保证鲜乳安全和提高鲜乳品质的微生物学措施有哪些?

4. 鲜乳微生物学检验的内容是什么?

5. 酸乳制品包括哪些? 各有什么特点?

6. 微生物能引起鲜肉的哪些变化? 主要有哪些微生物参与?

7. 判定鲜肉的卫生质量有哪些? 如何进行?

8. 微生物污染鲜蛋的途径有哪些? 对鲜蛋的作用如何?

9. 鲜蛋内常见哪些微生物污染?

10. 试述种蛋消毒的各种方法。

11. 什么是青贮饲料? 简述青贮饲料的微生物发酵过程。

12. 我国饲料安全卫生标准中的微生物学指标通常包括哪几项?

参考文献

［1］陆承平. 兽医微生物学［M］.4 版.北京：中国农业出版社，2007.

［2］陆承平. 兽医微生物学［M］.5 版.北京：中国农业出版社，2013.

［3］胡桂学,陈金顶,彭远义. 兽医微生物学实验教程［M］. 北京：中国农业大学出版社，2015.

［4］李舫. 动物微生物与免疫技术［M］. 2 版.北京：中国农业出版社，2014.

［5］李舫. 动物微生物［M］. 北京：中国农业出版社，2006.

［6］曹军平，程汉. 动物微生物与免疫［M］. 北京：中国林业出版社，2013.

［7］曹军平，程汉. 动物微生物与免疫［M］.2 版.北京：中国林业出版社，2016.

［8］任俊玲. 动物微生物［M］.武汉：华中科技大学出版社，2012.

［9］杨玉平. 动物微生物［M］. 北京：中国轻工业出版社，2012.

［10］郝民忠. 动物微生物［M］. 重庆：重庆大学出版社，2007.

［11］王坤，乐涛. 动物微生物［M］. 北京：中国农业大学出版社，2007.

［12］王丽娟，卜春华. 动物微生物检测［M］. 北京：中国农业大学出版社，2014.

［13］裴春生，张进隆. 动物微生物免疫与应用［M］. 北京：中国农业大学出版社，2014.

［14］沙莎,宋振辉. 动物微生物实验教程［M］.重庆：西南师范大学出版社，2011.

［15］崔保安. 动物微生物学［M］.3 版.北京：中国农业出版社，2005.

［16］郭鑫. 动物免疫学实验教程［M］. 2 版.北京：中国农业大学出版社，2017.

［17］杨汉春. 动物免疫学［M］.2 版.北京：中国农业大学出版社，2011.

［18］杨本升，刘玉斌，荀仕金，等.动物微生物学［M］. 长春：吉林科学技术出版社，1995.

［19］崔治中. 兽医免疫学［M］.2 版.北京：中国农业出版社，2015.

［20］邢钊，乐涛. 动物微生物及免疫技术［M］. 郑州：河南科学技术出版社，2006.

［21］姚火春. 兽医微生物学实验指导［M］.2 版.北京：中国农业出版社，2012.